ZEW Wirtschaftsanalysen

Schriftenreihe des ZEW

Band 79

Christian Rammer · Volker Zimmermann · Elisabeth Müller · Diana Heger · Birgit Aschhoff · Frank Reize

Innovationspotenziale von kleinen und mittleren Unternehmen

Nomos

Die Deutsche Bibliothek – CIP-Einheitsaufnahme

Die Deutsche Bibliothek verzeichnet diese Publikation in
der Deutschen Nationalbibliografie; detaillierte bibliografische
Daten sind im Internet über http://dnb.ddb.de abrufbar.

ISBN 3-8329-1788-8

1. Auflage 2006

Geleitwort

Innovationen, technischer Fortschritt und die damit verbundene internationale Wettbewerbsfähigkeit sind für ein rohstoffarmes und exportorientiertes Land wie Deutschland von zentraler Bedeutung. Aus gesamtwirtschaftlicher Sicht bewirken erfolgreiche Innovationen einen beschleunigten strukturellen Wandel hin zu neuen, zukunftsfähigen Sektoren, die auch auf internationalen Märkten bestehen können. Innovationen bilden somit den Grundstein für Wirtschaftswachstum und steigenden Wohlstand. Nicht zuletzt wird mit einer regen gesamtwirtschaftlichen Innovationstätigkeit auch die Hoffnung auf die Festigung bestehender und die Schaffung neuer, zukunftssicherer Arbeitsplätze verbunden.

Im deutschen Innovationssystem haben die kleinen und mittleren Unternehmen (KMU) ihren festen Platz. Mit einem Anteil von rund einem Drittel an den deutschen Innovationsaufwendungen leisten sie einen markanten Beitrag zur Innovationsdynamik hierzulande. Kleine innovative Unternehmen greifen neue Technologien häufig als erste auf und entwickeln daraus marktgängige Produkte, während kleine etablierte Unternehmen dagegen häufiger als Technologienehmer auftreten. KMU sorgen somit sowohl für neue Basisinnovationen als auch für die Diffusion von Innovationen in die Breite. Aus einzelwirtschaftlicher Sicht sind Innovationen jedoch mit hohen Risiken verbunden, welche zum einen in der technologischen Machbarkeit, zum anderen in der Marktakzeptanz der Neuerung begründet sind. Die Durchführung von Innovationen erfordert daher Risikobereitschaft und Unternehmergeist sowie günstige Rahmenbedingungen.

Das deutsche Innovationssystem gehört nach wie vor zu den leistungsfähigsten weltweit. Dafür spricht eine Reihe von Indikatoren. So liegt Deutschland etwa, was die gesamtwirtschaftliche Intensität von Forschung und Entwicklung oder internationale Patentanmeldungen angeht, mit auf den vordersten Rängen.

Die in den zurückliegenden Jahren nachlassende Innovationstätigkeit gerade auch bei den KMU zeigt jedoch, dass eine hohe Innovationskraft kein Selbstläufer ist. Es gibt Anzeichen dafür, dass Deutschland seinen Vorsprung bei der technologischen Leistungsfähigkeit gegenüber anderen Ländern zunehmend verliert bzw. schon verloren hat. So ist beispielsweise der Anteil der FuE-Ausgaben am BIP gegenüber den 1980er Jahren deutlich niedriger. Der Weltmarktanteil Deutschlands bei FuE-intensiven Gütern ist im gleichen Zeitraum ebenfalls zurückgegangen. Deshalb müssen wir unsere Innovationsanstrengungen zukünftig verstärken, um auch weiterhin im sich verschärfenden internationalen Wettbewerb bestehen zu können. Besonders wichtig ist es, vorhandene Hemmnisse bei der Innovationstätigkeit von Unternehmen zu identifizieren und zu beseitigen, um so bisher brachliegendes Innovationspotenzial nutzbar zu machen.

Vor diesem Hintergrund haben das Zentrum für Europäische Wirtschaftsforschung (ZEW) und die KfW Bankengruppe gemeinsam die spezifischen Probleme und das mobilisierbare Leistungsvermögen von verschiedenen Gruppen von KMU bei der Durchführung von Innovationen analysiert. Die vorliegende Studie zeigt, dass es sich bei den KMU um eine sehr heterogene Gruppe handelt. Die einzelnen Teilgruppen sehen sich unterschiedlichen Innovationshemmnissen gegenüber. Die Adressierung von Innovationshemmnissen in KMU bedarf deshalb differenzierter wirtschaftspolitischer Instrumente. Die vorliegende Untersuchung liefert wichtige neue Einblicke in die Funktionsweise des deutschen Innovationssystems und ist deshalb von hoher wirtschaftspolitischer Relevanz.

Frankfurt am Main, im November 2005

Dr. Norbert Irsch
Chefvolkswirt der KfW

Inhalt

Abbildungsverzeichnis

Tabellenverzeichnis

1 Einleitung

Kleine und mittlere Unternehmen (KMU) sind eine zentrale Stütze des Innovationsgeschehens in Deutschland. Rund 95 % aller innovierenden Unternehmen im verarbeitenden Gewerbe haben weniger als 500 Beschäftigte, in den wissensintensiven Dienstleistungen liegt diese Quote sogar bei 98 % (vgl. Rammer et al., 2005a).[1] Über ein Viertel der gesamten Innovationsaufwendungen von Industrieunternehmen und fast die Hälfte der Innovationsaufwendungen in den wissensintensiven Dienstleistungen entfallen auf KMU. KMU sind auch ein wichtiges Potenzial für die Hervorbringung neuer Produkte und Technologien auf Basis von Forschung und Entwicklung (FuE). Ein knappes Viertel der KMU im verarbeitenden Gewerbe betreibt regelmäßig FuE, in den wissensintensiven Dienstleistungen ist es etwa jedes fünfte bis sechste Unternehmen mit weniger als 500 Beschäftigten. Zusammengenommen beläuft sich die Zahl der FuE betreibenden KMU in Deutschland auf rund 35.000. Die Zahl der KMU, die erfolgreich Produkt- oder Prozessinnovationen eingeführt haben und damit wesentlich zur Verbreitung neuer Technologien in der deutschen Volkswirtschaft beitragen, liegt mit rund 83.000 (2003) noch deutlich höher.[2]

In den vergangenen Jahren hat die Innovationskraft der KMU in Deutschland allerdings nachgelassen. Die Innovationsbeteiligung – das ist der Anteil der erfolgreich innovierenden an allen KMU – ist sowohl im verarbeitenden Gewerbe als auch in den wissensintensiven Dienstleistungen von etwa 66 % Ende der 1990er Jahre auf 58 % im Jahr 2003 zurückgegangen (Abbildung 1). Allerdings konnte in 2003 gegenüber dem Vorjahr wieder ein leichter Anstieg beobachtet werden.

Bei den Großunternehmen der Industrie lag sie dagegen auch in den Stagnationsjahren 2001 bis 2003 unverändert bei 90 % und darüber. In den unternehmensnahen Dienstleistungen zeigt sich ein ähnliches Bild. Der Rückgang der Innovationsbeteiligung der KMU ist in allen Größenklassen zu beobachten, wenngleich mit unterschiedlicher Dynamik. Im Jahr 2002 haben sich vor allem viele Kleinunternehmen (unter 100 Beschäftigte) in den wissensintensiven Dienstleis-

1 In dieser Studie stehen die KMU der beiden Sektoren des verarbeitenden Gewerbes und der wissensintensiven Dienstleistungen (zur Abgrenzung siehe weiter unten) im Mittelpunkt, da diese beiden Sektoren für die Entwicklung neuer Technologien und innovativer Dienstleistungsangebote – und damit auch für die Innovationspolitik in Deutschland – von herausgehobener Bedeutung sind.

2 Die Zahl der forschenden KMU in Sektoren außerhalb des verarbeitenden Gewerbes und der wissensintensiven Dienstleistungen ist klein und kann – auf Basis der Ergebnisse des Mannheimer Innovationspanels (vgl. Rammer et al., 2005a) – auf wenige Tausend geschätzt werden. Die Zahl der KMU mit erfolgreichen Produkt- oder Prozessinnovationen im sonstigen produzierenden Gewerbe (Baugewerbe, Energie- und Wasserversorgung) sowie in den sonstigen unternehmensnahen und distributiven Dienstleistungen ist dagegen beträchtlich, im Jahr 2003 belief sie sich auf ca. 40.000 (sonstiges produzierendes Gewerbe) bzw. 85.000 (sonstige Dienstleistungen ohne überwiegend personenbezogene Dienstleistungen).

tungen von Innovationsaktivitäten verabschiedet. Im verarbeitenden Gewerbe war bei den mittleren Unternehmen (100 bis 499 Beschäftigte) dagegen schon 1999 und 2000 ein starker Rückzug aus einer Innovationstätigkeit festzustellen. Die Innovatorenquoten der einzelnen Größenklassen der KMU liegen meist um etwa 10 Prozentpunkte unter dem Höchststand von Ende der 1990er Jahre.

Abbildung 1: Innovatorenquote im verarbeitenden Gewerbe und in den wissensintensiven Dienstleistungen Deutschlands 1992-2003 nach Unternehmensgrößenklassen (in %)

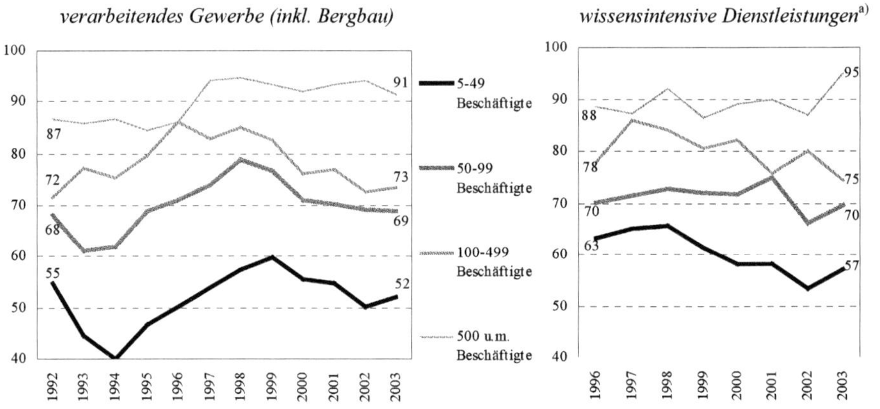

a) Banken/Versicherungen, Software/Telekommunikation, technische/FuE-Dienstleistungen, Unternehmensberatung (WZ 64.2-67, 72-74.4).
Quelle: Mannheimer Innovationspanel – Berechnungen des ZEW.

Auch bei den Aufwendungen für FuE und Innovationen blieb die Dynamik im deutschen KMU-Sektor jüngst verhalten. Zwar konnten KMU von 1991 bis 1997 ihre internen FuE-Aufwendungen rascher ausweiten als Großunternehmen, was zum Teil auf Strukturverschiebung hin zu den durch einen hohen KMU-Anteil charakterisierten Dienstleistungen zurückzuführen ist. Nach 1997 entwickelten sich die FuE-Aufwendungen der KMU in Deutschland weniger dynamisch als die der Großunternehmen (Abbildung 2). Dies gilt insbesondere für KMU des verarbeitenden Gewerbes. Der Anteil der KMU an den gesamten internen FuE-Aufwendungen der Unternehmen in Deutschland ist von 15 % im Jahr 1997 auf 13,3 % im Jahr 2003 gesunken. Gleichwohl sind auch in der konjunkturellen Schwächephase von 2001-2003 die FuE-Aufwendungen in KMU weiter gestiegen und lagen 2003 nominell um etwa 30 % über dem Niveau von 1995.

Die Aufwendungen für Innovationen, die neben den FuE-Aufwendungen auch Investitionen für Prozessinnovationen und die Einführung neuer Produkte, den Erwerb von externem Wissen wie Patente und Lizenzen sowie Aufwendungen für die Markteinführung neuer Produkte und die Implementation neuer Prozesse enthalten, sind seit 1995 vor allem in den Großunternehmen gestiegen. Im KMU-Sektor (verarbeitendes Gewerbe und wissensintensive Dienstleistungen zusammen) lagen sie im Jahr 2003 nominell nur etwa 10 % über dem Niveau von 1995 (Abbildung 3).

Abbildung 2: Interne FuE-Aufwendungen in Deutschland 1991-2003 nach Unternehmensgrößenklassen (in Mrd. € zu laufenden Preisen, 1995=100)

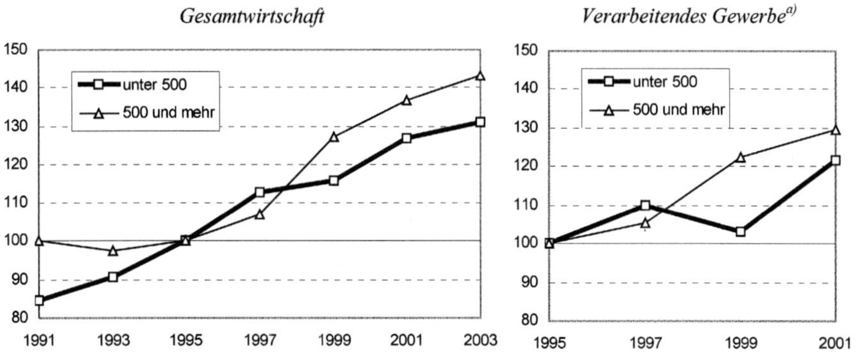

a) Werte für das verarbeitende Gewerbe vor 1995 wegen Umstellung in der Wirtschaftszweigsystematik nur eingeschränkt vergleichbar und daher nicht dargestellt; Werte für das verarbeitende Gewerbe für 2003 liegen noch nicht vor.
Quelle: Stifterverband: FuE-Erhebungen für die deutsche Wirtschaft – Berechnungen des ZEW.

Abbildung 3: Innovationsaufwendungen im verarbeitenden Gewerbe (inkl. Bergbau) und in den wissensintensiven Dienstleistungen Deutschlands 1995-2005 nach Unternehmensgrößenklassen (in Mrd. € zu laufenden Preisen, 1995=100)

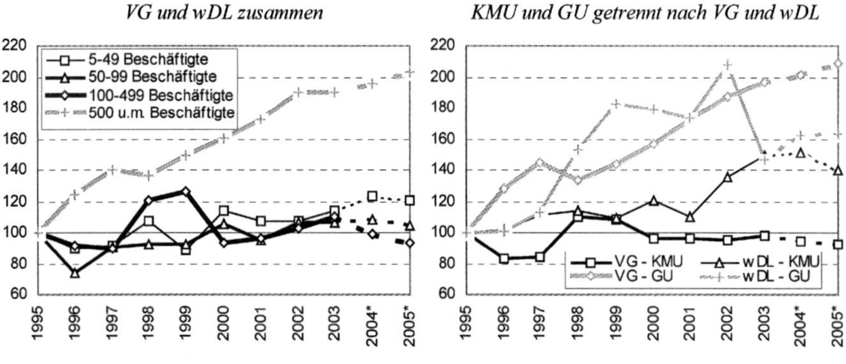

*geschätzt auf Basis von Planzahlen und Erwartungen der Unternehmen Mitte 2004.
VG: verarbeitendes Gewerbe, wDL: wissensintensive Dienstleistungen, KMU: Kleine und mittlere Unternehmen, GU: Großunternehmen; wDL Banken/Versicherungen, Software/Telekommunikation, technische/FuE-Dienstleistungen, Unternehmensberatung (WZ 64.2-67, 72-74.4).
Quelle: Mannheimer Innovationspanel – Berechnungen des ZEW.

Die Großunternehmen konnten ihre nominellen Innovationsaufwendungen in diesem Zeitraum dagegen um rund 90 % erhöhen. Während die mittelgroßen

KMU (100 bis 499 Beschäftigte) 1998/99 ihre Innovationsaufwendungen deutlich erhöhten, reduzierten sie die Mittel für Produkt- und Prozessinnovationsaktivitäten im Jahr 2000 wieder merklich. Dahinter stand damals wohl eine Kombination aus Fachkräftemangel und der Strategie, die knappen Ressourcen auf die Steigerung der Produktion zu konzentrieren. Seither konnte das Niveau von 1999 nicht mehr erreicht werden, und auch der Blick in die Zukunft war Mitte 2004 wenig optimistisch. Kleinere KMU weiteten im Zuge des New-Economy-Booms des Jahres 2000 ihre Innovationsaufwendungen kräftig aus und konnten sie seither auf diesem Niveau halten. Dahinter stehen insbesondere die KMU in den wissensintensiven Dienstleistungen. Diese haben auch 2002 und 2003 weiter ihre Innovationsbudgets erhöht, während die KMU im verarbeitenden Gewerbe seit 2000 das Ausgabenniveau für Innovationen de facto konstant halten.

Schließlich ist auch beim „Unternehmensnachwuchs“, d.h. den Neugründungen von Unternehmen, eine ungünstige Entwicklung zu beobachten: Die Zahl der Gründungen nahm im verarbeitenden Gewerbe insgesamt, aber auch in den forschungsintensiven Industriezweigen (Spitzen- und Hochwertige Technologie, vgl. Grupp et al., 2000) seit 1995 bis 2002 fast in jedem Jahr ab, nur 1998 war im forschungsintensiven Sektor eine leichte Zunahme der Gründungszahlen zu beobachten (Abbildung 4).

Abbildung 4: Unternehmensgründungen und -schließungen im verarbeitenden Gewerbe und in den wissensintensiven Dienstleistungen Deutschlands 1995-2003

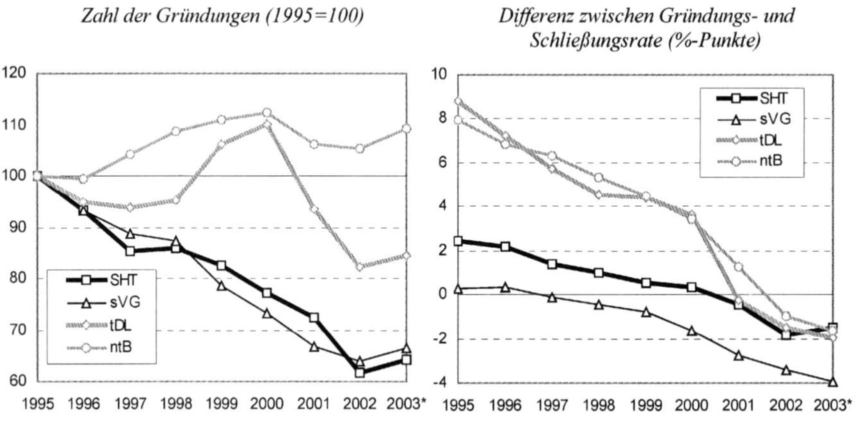

*vorläufige Zahlen.

Gründungsrate: Zahl der Unternehmensgründungen in einem Jahr in % des Unternehmensbestands zu Jahresbeginn; Schließungsrate: Zahl der Unternehmensschließungen in einem Jahr in % des Unternehmensbestands zu Jahresbeginn.

SHT: Spitzen- und Hochwertige Technologie (VG), sVG: sonstiges verarbeitendes Gewerbe, tDL: technologieorientierte Dienstleistungen, ntB: nicht-technische Beratung.

Quelle: Mannheimer Gründungspanel – Berechnungen des ZEW.

Der „Gründungsboom“ gegen Ende des letzten Jahrhunderts fand – was den wissensintensiven Sektor der Wirtschaft anbelangt – nur im Dienstleistungsbereich statt: Dort erhöhten sich die Gründungszahlen 1999 und 2000 deutlich. Im technologieorientierten Segment der wissensintensiven Dienstleistungen brach ab 2001 die Zahl der neu gegründeten Unternehmen dann allerdings ein und lag 2002 klar unter dem Niveau von 1998. Für 2003 zeigen die vorläufigen Zahlen wieder eine leichte Zunahme der Gründungsaktivitäten. Welche Rolle dabei arbeitsmarktpolitische Maßnahmen spielen, kann derzeit nicht quantifiziert werden.

Der Rückgang der Gründungszahlen ab 2000 wurde von einem kräftigen Anstieg der Zahl der Unternehmensschließungen begleitet. Wenngleich letztere nur ungenau zu erfassen sind, so ist doch davon auszugehen, dass seit 2001 (Spitzen- und Hochwertige Technologie, technologieorientierte Dienstleistungen) bzw. 2002 (nicht-technische Beratung) die Zahl der Schließungen jene der Neugründungen übersteigt, d.h. der Unternehmensbestand sinkt (vgl. Rammer, 2004a). Im sonstigen verarbeitenden Gewerbe ist dieser Prozess bereits seit 1998 zu beobachten.

Angesichts dieser Entwicklungen erscheint es als eine dringende Aufgabe der Innovationspolitik in Deutschland, den nachlassenden Innovationsaktivitäten von KMU entgegenzuwirken. Um Innovationshemmnisse in KMU abzubauen und die im KMU-Sektor Deutschlands vorhandenen Innovationspotenziale zu stimulieren, ist es notwendig, die verschiedenen Innovationsbarrieren, die in KMU wirken können, zu betrachten. Die Erfahrungen zeigen, dass in Bezug auf solche Hemmnisse KMU keineswegs eine homogene Gruppe sind:

- Junge KMU, insbesondere Neugründungen, stehen aufgrund ihrer erst kurzen Marktpräsenz vor spezifischen Problemen beim Zugang zu Fremdkapital und der Gewinnung von Kunden, die sich aus Informationsasymmetrien, fehlender Reputation und mangelnden Sicherheiten sowie einem wenig diversifizierten Produktangebot ergeben.
- Forschende KMU weisen eine deutlich andere Risikostruktur auf als nicht forschende KMU. Diese resultiert aus der hohen Abhängigkeit des Unternehmensfortbestands vom Erfolg einzelner FuE-Vorhaben aufgrund oft hoher Mindestgrößen von FuE-Projekten, die rasch einen beträchtlichen Teil der Unternehmensressourcen beanspruchen. Die mit FuE-Projekten einhergehende Unsicherheit schränkt die Möglichkeiten einer Fremdfinanzierung ein und macht Innovationsaktivitäten besonders stark von einer Innenfinanzierung abhängig. Zum anderen können sich forschende KMU durch innovative Produkte von ihren Wettbewerbern absetzen und dadurch leichter einem scharfen Preiswettbewerb entgehen und Marktnischen besetzen.
- Sehr kleine Unternehmen verfügen zwar häufig über eine größere Flexibilität in der Unternehmensorganisation und können sich dadurch rascher an veränderten Umfeldbedingungen anpassen, gleichzeitig fehlt es ihnen häufig an Sicherheiten für Fremdkapitalfinanzierung sowie an einem diversifizierten Wis-

sensstock (d.h. unterschiedlichen Erfahrungen und Fähigkeiten der Mitarbeiter), um komplexere Innovationsprojekte bis zum Markterfolg zu führen.
- KMU in Märkten, die durch monopolistischen Wettbewerb bei einer hohen Anzahl von Marktteilnehmern (sowie einer hohen Markteintritts- und -austrittsaktivität) gekennzeichnet sind, sehen sich deutlich anderen Innovationsanreizen und -hemmnissen gegenüber als KMU, die in eng abgegrenzten Märkten Nischenstrategien verfolgen, KMU in Märkten, die von wenigen Großunternehmen dominiert werden, oder KMU in neu entstehenden Märkten, die durch große Dynamik, aber auch große Unsicherheit über die künftige Entwicklung von Technologie, Nachfrage und Wettbewerb geprägt sind.
- Schließlich gehen auch vom technologischen Umfeld, in dem ein KMU tätig ist, unterschiedliche Innovationsanreize und -hemmnisse aus. In Technologiefeldern, die lange Entwicklungszeiten und hohe FuE-Investitionen erfordern, bis ein marktreifes Produkt vorliegt, liegen z.B. deutlich andere Finanzierungsschwierigkeiten vor als in Feldern, in denen zwar in kurzer Frist neue Produkte oder Prozesse entwickelt und eingeführt werden können, in denen aber die technologischen Rahmenbedingungen sehr dynamisch sind, d.h. immer wieder neue Technologien aufkommen. Dementsprechend unterscheidet sich auch der Bedarf nach komplementärem Wissen und damit nach Kooperationen in Innovationsprojekten sowie die Nachfrage nach Qualifikationen der Arbeitskräfte.

Es kann somit vermutet werden, dass sich die Barrieren, die KMU bei ihren Innovationsbemühungen behindern – und damit auch die Formen der innovationspolitischen Unterstützung, mit denen die im KMU-Sektor vorhandenen Innovationspotenziale ausgeschöpft werden sollen – nach verschiedenen Gruppen von KMU unterscheiden. Für eine KMU-orientierte Innovationspolitik sind daher empirische Informationen über diese KMU-Gruppen notwendig. Ziel der Studie ist es, diese Informationen bereitzustellen und die folgenden Fragen zu beantworten:
- Welche Kriterien sind heranzuziehen, um Gruppen von KMU so zu unterscheiden, dass unterschiedliche Innovationshemmnisse und Unterstützungsbedarfe abgebildet werden?
- Wie können diese KMU-Gruppen auf einfachem Weg empirisch erfasst werden?
- Wie viele Unternehmen gehören den einzelnen KMU-Gruppen in Deutschland aktuell an?
- Worin unterscheidet sich das Innovationsverhalten der einzelnen KMU-Gruppen?
- Welchen spezifischen Innovationsbarrieren sehen sich die einzelnen KMU-Gruppen gegenüber?
- Welche Ansatzpunkte sind notwendig, um diese Barrieren abzubauen und die Innovationspotenziale in den einzelnen KMU-Gruppen besser zu nutzen?

Um diese Fragen zu beantworten, werden zwei Vorgehensweisen gewählt:

Auf Basis von konzeptionellen Überlegungen zu Innovationsbarrieren und den diese bestimmenden Faktoren in KMU werden mehrere KMU-Gruppen unterschieden, die anhand von einigen wenigen, einfach und eindeutig zu beobachtenden Variablen (Alter, Größe, FuE-Tätigkeit, Branche) definiert werden. Für die einzelnen Gruppen werden das Innovationsverhalten, die Bedeutung verschiedener Innovationshemmnisse, die Inanspruchnahme öffentlicher Innovationsförderung und die Faktoren, die Innovationsaktivitäten stimulieren können, beschrieben und daraus Ansatzpunkte für innovationspolitischen Interventionen abgeleitet.

Unabhängig von einer A-priori-Gruppeneinteilung wird für die Gesamtheit der KMU untersucht, inwieweit wichtige Unternehmensmerkmale wie Alter, Größe, Branche (als Näherungsgröße für das Markt- und Technologieumfeld) und FuE-Tätigkeit ausschlaggebend für unterschiedliche Innovationshemmnisse, -potenziale und deren Nutzung sind. Dabei werden insbesondere die Finanzierungsbedingungen für Innovationsaktivitäten, die Umsetzung von Innovationsaufwendungen in Innovationserfolge, der Erhalt öffentlicher Innovationsförderung sowie die Hemmnisse und notwendigen Verbesserungen in den Rahmenbedingungen für Innovationsaktivitäten betrachtet.

Die empirische Untersuchung greift auf unterschiedliche Datenbestände zurück:

- Das *Mannheimer Innovationspanel* (MIP) des ZEW erlaubt eine Untersuchung des Innovationsverhaltens der einzelnen KMU-Gruppen über die Zeit sowie der Bedeutung unterschiedlicher Innovationshemmnisse. Auf Basis des MIP kann auch die Entwicklung der Zahl der KMU in den einzelnen Gruppen analysiert werden. Zusätzlich bietet das MIP die Möglichkeit, durch die bestehende Verknüpfung der Unternehmensdaten mit den FuE-Förderdaten des Bundes, soweit sie in der Datenbank PROFI dokumentiert sind, Fragen zur staatlichen Förderung einzelner KMU-Gruppen zu untersuchen.
- Das *KFW-Mittelstandspanel*, das im Jahr 2003 eingerichtet wurde, bietet insbesondere die Möglichkeit, Finanzierungsstrukturen von KMU und Finanzierungshemmnisse im Bereich der Investitionsfinanzierung durch Banken auszuwerten.
- Die *Antragsdaten der KfW* zu Breiten- und Innovationsprogrammen liegen für einen längeren Zeitraum (seit Anfang der 1990er Jahre) vor und können die Analysen im Bereich der Kennzahlen zum Innovationsverhalten sowie der staatlichen Förderung von KMU im Bereich der Investitionsfinanzierung ergänzen.
- Die *FuE-Erhebung des Stifterverbandes für die Deutsche Wissenschaft* wird im Rahmen einer Sonderauswertung genutzt, um insbesondere zur staatlichen Finanzierung von FuE in den einzelnen KMU-Gruppen Aussagen treffen zu können.

In dieser Studie werden die Branchengruppen des verarbeitenden Gewerbes (d.h. die Wirtschaftszweige [WZ] 15-37) und der wissensintensiven Dienstleistungen (WZ 64.2, 65-57, 72-73, 74.1-74.4) betrachtet. Dies sind jene Branchengruppen, in denen Innovationen für die Wettbewerbsfähigkeit der Unternehmen von besonderer Bedeutung sind.

Im folgenden Kapitel 2 wird die Abgrenzung von KMU-Gruppen, ihre empirische Messung, die Unternehmenszahl und deren Entwicklung in den einzelnen Gruppen sowie wichtige Strukturmerkmale der unterschiedenen KMU-Gruppen diskutiert. Kapitel 3 widmet sich dem Innovationsverhalten der einzelnen Gruppen und beschreibt wichtige Unterschiede in der Ausrichtung und den Strategien, die KMU in den einzelnen Gruppen bei ihren Innovationsaktivitäten verfolgen. Kapitel 4 befasst sich mit der Frage der Innovationshemmnisse in den unterschiedlichen KMU-Gruppen, wobei insbesondere auf Finanzierungsfragen eingegangen wird. Welche Innovationspotenziale in den einzelnen KMU-Gruppen aktuell (d.h. zum Beobachtungsstand von Mitte 2004) vorliegen, ist Gegenstand von Kapitel 5. Im abschließenden Kapitel 6 wird die Frage behandelt, mit welchen Maßnahmen diese Potenziale besser genutzt werden könnten, d.h. wie die vorhandenen Innovationshemmnisse in den einzelnen KMU-Gruppen mit Hilfe innovationspolitischer Instrumente abgebaut werden könnten.

2 KMU-Gruppen in Deutschland

Ziel dieses Kapitels ist es, verschiedene Gruppen von KMU zu identifizieren, für die vermutet werden kann, dass sie unterschiedliche Innovationshemmnisse aufweisen. Unterschiedliche Innovationshemmnisse implizieren, dass für jede Gruppe ein unterschiedlicher Mix an innovationspolitischen Instrumenten notwendig ist, um deren Innovationspotenziale zu stimulieren.

Zunächst wird auf einer konzeptionellen Ebene diskutiert, welche Innovationsbarrieren existieren, ob diese spezifisch für KMU sind und welche Faktoren Unterschiede im Vorhandensein und Ausmaß dieser Barrieren innerhalb der Gruppe der KMU bestimmen. Auf dieser Grundlage wird eine Typisierung von KMU vorgenommen, um: a) KMU-Gruppen zu definieren, die ein spezifisches Muster an Innovationshemmnissen aufweisen, die b) mit möglichst wenigen, leicht zugänglichen Informationen empirisch identifiziert werden können, wobei c) die Zahl der unterschiedenen KMU-Gruppen fünf nicht übersteigen soll. Damit soll gewährleistet werden, dass die Gruppeneinteilung auch für die innovationspolitische Praxis grundsätzlich tauglich ist, d.h. die einzelnen KMU-Gruppen als Adressaten der Innovationspolitik anhand weniger, einfacher Kriterien festgemacht werden können. Eine begrenzte Zahl von KMU-Gruppen ist notwendig, um die Handhabbarkeit der Gruppeneinteilung zu sichern.

Mit Hilfe der Daten des MIP und des KfW-Mittelstandspanels werden die Anzahl der Unternehmen in den einzelnen KMU-Gruppen sowie wichtige Strukturmerkmale der Unternehmen in den einzelnen Gruppen bestimmt. Die Analyse der Strukturmerkmale dient vor allem dazu zu überprüfen, ob die gewählte Abgrenzung auch den konzeptionellen Erwartungen entspricht und ob sich die einzelnen Gruppen bei wesentlichen Strukturmerkmalen unterscheiden.

2.1 Innovationsbarrieren und Heterogenität des KMU-Sektors

Obwohl die Einführung von Innovationen – so es sich um originäre Innovationen handelt – zumindest temporär die Erzielung von Monopolprofiten verspricht und somit für alle Unternehmen ökonomische Anreize bestehen, in Innovationen zu investieren, realisiert – wie gezeigt – nur ein Teil der KMU Innovationen. Vier Gruppen an Faktoren können Unternehmen von (erfolgreichen) Innovationsaktivitäten[3] abhalten:

1. verschiedene Formen von *Marktversagen*, die in innovationsbereiten Unternehmen die Durchführung von Innovationsprojekten be- oder verhindern und die im Folgenden näher diskutiert werden,
2. *Hemmnisse*, die die Umsetzung von Innovationsaktivitäten verhindern und stark verallgemeinert auf politische Faktoren (Regulierung, administrative

3 Innovationsaktivitäten im hier verwendeten Sinn schließen stets auch FuE-Aktivitäten mit ein.

Verfahren) oder Managementschwächen (organisatorische Probleme, interne Widerstände im Unternehmen, fehlende Erfahrung im Innovationsmanagement) zurückgeführt werden können,
3. *soziokulturelle Faktoren* wie z.B. Widerstand gegen die Adoption von Innovationen oder eine hohe Risikoaversität der Nachfrager und dadurch eine geringe Nachfrage nach Innovationen,
4. *Marktgegebenheiten*, die zumindest temporär zu einem – ökonomisch rationalen – Verzicht auf Innovationsaktivitäten führen können, wie z.B. lange Produktlebenszyklen und dadurch ein geringer Bedarf, alte Produkte durch neue zu ersetzen, aber auch bestimmte Formen des Wettbewerbs sowie der Nachfragestrukturen, die keine Anreize für Innovationen geben.

KMU sind von diesen Innovationsbarrieren teilweise anders betroffen als Großunternehmen, und auch innerhalb von KMU können diese Barrieren unterschiedlich wirken (vgl. Acs und Audretsch, 1990):

Externe Effekte von Innovationsaktivitäten in Form von *Spillovers von Wissen* an Wettbewerber werden meist als das wichtigste Hindernis für Innovationsaktivitäten angesehen. Das Vorliegen von externen Effekten ist gleichzeitig die zentrale Rechtfertigung für eine staatliche Intervention, um die Innovationsaktivitäten von Unternehmen zu unterstützen. Spillovers verhindern die vollständige Aneignung der Erträge aus Innovationsaktivitäten durch den Innovator, verringern damit die Rentabilität von Innovationsprojekten und können zur Verringerung des Umfangs von Innovationsaktivitäten bzw. zum Verzicht auf Innovationsprojekte führen. Diese Barriere betrifft alle Unternehmen gleichermaßen. Allerdings bestehen in Bezug auf die Möglichkeiten, durch Schutzinstrumente für geistiges Eigentum den Umfang dieser Spillovers einzuschränken, Unterschiede zwischen KMU und Großunternehmen sowie innerhalb der Gruppe der KMU: Denn die Nutzung von Patenten, Marken oder anderen formalen Schutzmechanismen ist zum einen mit Kosten verbunden (insbesondere die Suchkosten zu bereits existierenden Schutzrechten in dem Bereich, in dem das Unternehmen selbst Schutzrechte geltend machen will, sowie die Anmeldekosten inklusive notwendiger Rechtsberatungskosten), die für kleine Unternehmen einen hohen Anteil der gesamten Kosten eines Innovationsprojektes ausmachen können und sie vor einer Nutzung formaler Schutzmechanismen zurückschrecken lassen können. Zum anderen ist auch die rechtliche Durchsetzung der eigenen Schutzrechtsansprüche mitunter kostenintensiv, vor allem wenn finanzstarke Großunternehmen gegen die Schutzrechtsansprüche von KMU klagen. Schließlich stehen großen Unternehmen viel eher Möglichkeiten einer strategischen Patentierung offen. Denn sie können es sich einerseits leisten, in bestimmten Bereichen zu forschen und zu patentieren (vgl. Blind et al., 2003), ohne eine kommerzielle Nutzung der Forschungsergebnisse anzustreben. Andererseits können sie auch die Kosten einer solchen Schutzrechtsgeltendmachung ohne spätere kommerzielle Verwertung leichter tragen als KMU. Dabei spielt der Umstand eine Rolle, dass der Schutzrechtsbestand als intangibles Kapital bei der Unternehmensbewertung durch die

Finanzmärkte berücksichtigt wird. Für eigentümergeführte KMU (die den ganz überwiegenden Teil der KMU in Deutschland darstellen) ergeben sich dagegen kaum positiven Effekte eines großen Bestands an intangiblem Kapital auf die Unternehmensfinanzierung.

Die jeder Innovationsaktivität inhärente *Unsicherheit* (im Sinn von Knight, 1921) über das Ergebnis und die starke Idiosynkratie eines Innovationsvorhabens erschweren es beträchtlich, die Wahrscheinlichkeitsverteilung des Erfolgs eines konkreten Innovationsprojektes vorab zu ermitteln. Denn zum einen ist sowohl die technologische Umsetzbarkeit als auch die künftige Marktakzeptanz und die Reaktion der Wettbewerber zum Zeitpunkt der Projektkonzeption ungewiss. Zum anderen bedeutet der Neuheitscharakter von Innovationen, dass nur sehr eingeschränkt aus früheren Innovationen des Unternehmens oder aus den Innovationsaktivitäten anderer Unternehmen im selben Markt auf den möglichen Erfolg eines neuen Innovationsprojektes geschlossen werden kann. Kann keine Erfolgswahrscheinlichkeit ermittelt werden, ist weder eine Versicherung gegen das Ausfallrisiko möglich, noch kann ein Kreditgeber den adäquaten Zinssatz für die Finanzierung eines Innovationsprojektes ermitteln. Eine Kreditfinanzierung von Innovationen ist in diesem Fall nur bei Vorliegen von entsprechend *hohen Sicherheiten* möglich. Je kleiner und je jünger Unternehmen sind, desto geringer ist in der Regel der Bestand an besicherbaren Vermögenswerten.

Die Kreditfinanzierung von Innovationen wird außerdem dadurch ganz wesentlich eingeschränkt, dass die Verteilung der Erträge von Innovationsprojekten stark zu den Extremwerten hin streut: Im Fall eines ausbleibenden technologischen oder Markterfolgs fallen hohe Verluste an, während ein erfolgreiches Innovationsprojekt sehr hohe Ertragsraten verspricht. Während ein Kreditgeber im vollen Umfang an den Verlusten partizipiert (d.h. bis zum Totalausfall des Kredits), ist seine Partizipation an den positiven Erträgen auf die Höhe der vorab festgelegten Zinsen beschränkt. Diese Asymmetrie der Erfolgsbeteiligung von Kreditgebern führt entweder zu prohibitiv hohen Zinssätzen oder zum Verzicht einer Kreditfinanzierung von Innovationsprojekten. Diese *Schwierigkeiten einer Kreditfinanzierung von Innovationen* treten umso eher auf, je technologisch anspruchsvoller und radikaler eine Innovation ist. Zu berücksichtigen ist außerdem, dass in der Realität Kreditgeber nur in seltenen Fällen ein bestimmtes Innovationsprojekt finanzieren, sondern in der Regel die gesamten Investitionsaktivitäten eines Unternehmens bzw. die Geschäftstätigkeit des Unternehmens insgesamt. Je kleiner ein Unternehmen ist, desto höher ist in der Regel die relative Bedeutung eines Innovationsvorhabens für die gesamte Unternehmensfinanzierung, und desto stärker wird die Innovationstätigkeit als Restriktion für die Kreditfinanzierung bzw. die Kreditfinanzierungskosten wirken, da sie dann wesentlich die Bonitätseinstufung eines Unternehmens bestimmt.

Neben Angebotsrestriktionen am Kapitalmarkt können auch *Angebotsknappheiten am Markt für qualifizierte Arbeit* Innovationsanstrengungen behindern. Absolute Angebotsknappheiten können insbesondere am Markt für Hochqualifizierte auftreten: Denn während die Zeiträume für eine Ausweitung des Angebots durch Bildungsmaßnahmen (Ausweitung der Erstausbildung, Weiterbildung, Umschulung) in diesem Segment sehr lange sind, kann die Nachfrage nach bestimmten Qualifikationen in kurzer Frist stark ansteigen, insbesondere wenn – in Form einer positiven kumulativen Rückkoppelung – der Innovationserfolg einzelner Unternehmen eine große Zahl weiterer Unternehmen zu ähnlichen Innovationsaktivitäten stimuliert. Bei absoluten Angebotsknappheiten sind KMU gegenüber Großunternehmen beim Zugang zu Hochqualifizierten in der Regel benachteiligt, da sie einerseits als ein weniger attraktiver Arbeitgeber gelten (geringere Aufstiegschancen, geringere Reputation), andererseits Großunternehmen eher in der Lage sind, sehr hohe Löhne zu zahlen. Bei sehr kleinen Unternehmen kann dagegen vermutet werden, dass Angebotsrestriktionen bei Hochqualifizierten weniger stark wirken, da die absolute Nachfragemenge nach zusätzlicher Arbeit (d.h. in Vollzeitstellen gerechnet) vergleichsweise gering ist und kurzfristig auch über eine Ausweitung der Arbeitszeit der vorhandenen Arbeitskräfte (insbesondere der Unternehmenseigentümer und der meist sehr wenigen Manager) kompensiert werden kann.

Die Durchführung von Innovationsaktivitäten erfordert häufig einen Mindestumfang an Investitionen in das physische, vor allem aber in das Humankapital eines Unternehmens, die als Fixkosten eine wesentliche finanzielle Belastung darstellen. Diese *Fixkostenbelastung als Folge der Unteilbarkeit* von Innovationsaktivitäten ist umso höher, je kleiner das Unternehmen und je größer die Innovationsorientierung ist. Da diese Investitionen überwiegend immaterieller Natur sind (Humankapital, spezifisches Wissen), eignen sie sich nicht als Besicherungsobjekt, wodurch eine Fremdfinanzierung kaum möglich ist, sondern eine Innen- bzw. Eigenkapitalfinanzierung notwendig ist. Je höher der Anteil dieser Fixkosten an den Gesamtkosten des Unternehmens ist, desto folgenschwerer wirkt sich ein Misserfolg der Innovationsaktivitäten auf den Unternehmensbestand aus, bis hin zur Zahlungsunfähigkeit.

Informationsasymmetrien über das ökonomische und technologische Potenzial von Innovationsvorhaben können Innovationsvorhaben sowohl über unternehmensinterne als auch über unternehmensexterne Wirkungskanäle beeinträchtigen und unterbinden. Unternehmensintern können Informationsasymmetrien über die zu erwartenden Aufwendungen für und Erträge aus Innovationsprojekten vor allem zwischen den für die Umsetzung solcher Projekte verantwortlichen Abteilungen (Technik, Produktion) und den über die Allokation von Investitionsmittel entscheidenden Führungsebenen vorliegen. Dies betrifft insbesondere Großunternehmen. Unternehmensextern treten Informationsasymmetrien typischerweise zwischen KMU und externen Kapitalgebern auf, und zwar in Bezug auf Fremdkapitalgeber (Banken), externe Eigenkapitalgeber (z.B. Beteiligungsgesellschaften) und Lieferanten, die Lieferantenkredite gewähren. Informationsasymmetrien können zu einem Mangel an Finanzierungsquellen für Innovationsprojekte führen. Solche Informationsasymmetrien spielen vor allem in neu gegründeten und jungen Unternehmen eine große Rolle, da zu diesen Unternehmen noch keine für externe nachvollziehbaren Informationen über die Marktfähigkeit der vom Unternehmen angebotenen Leistungen und dessen Managementfähigkeiten vorliegen.

Die *Marktmacht* von Großunternehmen kann eine Markteintrittsbarriere für KMU darstellen und damit verhindern, dass KMU in einen Innovationswettbewerb mit etablierten Anbietern treten. Dadurch bleiben Innovationspotenziale in KMU ungenutzt. Dies gilt für oligopolistisch strukturierte Märkte sowie für jene Produktmärkte, in denen es schwierig ist, Nischen zu besetzen und dadurch die spezifischen Wettbewerbsvorteile von KMU – Eingehen auf kundenspezifische Lösungen, hohe Flexibilität, enge Verbindung von Produkt- und Dienstleistungsangeboten – auszuspielen. Hier ist zu vermuten, dass jüngere und kleinere Unternehmen tendenziell stärker in ihren Innovationsbemühungen durch Marktmacht behindert werden als größere und schon länger im Markt aktive KMU, da letztere ihre Markterfahrung zur Identifikation aussichtsreicher Nischenmärkte nutzen können.

Hohe Transaktionskosten, der Mangel an unternehmensinternen Ressourcen (insbesondere im organisatorischen und Humankapitalbereich) und die Angst vor dem Abfluss von strategischem Wissen können die *Kooperationsneigung verringern* und damit den Zugang zu komplementären Ressourcen, die für die Umsetzung von Innovationsprojekten eventuell benötigt werden. Die Folge kann sein, dass Innovationsprojekte verzögert, nicht erfolgreich abgeschlossen oder gar nicht erst begonnen werden. Zu vermuten ist, dass solche Kooperationsbarrieren in KMU stärker ausgeprägt sind als in Großunternehmen, und dabei wieder besonders kleine und jüngere KMU überproportional betroffen sind.

Regulierungen und Verwaltungsprozeduren können Innovationsaktivitäten in vielfältiger Weise behindern. Sie reichen vom Verbot bestimmter Tätigkeiten oder Stoffe über die Verringerung der Nettoerträge von Innovationsprojekten (etwa durch die Erhöhung der Kosten als Folge bestimmter Verfahrensvorschriften oder durch die Verringerung der Erträge als Folge von Steuern oder Preisregulierungen) bis zu zeitlichen Verzögerungen in der Markteinführung (z.B. als Folge langer Genehmigungsverfahren). In der Regel diskriminieren innovationshemmende Regulierungen nicht nach der Unternehmensgröße und wirken somit gleichermaßen in KMU und Großunternehmen. Sofern die Geltung von Regulierungen (direkt oder indirekt) doch von der Unternehmensgröße abhängt, ist meist eine Begünstigung von kleinen Unternehmen gegeben, so etwa, wenn bestimmte Kosten verursachende Regulierungen erst ab einer bestimmten Beschäftigtenzahl eines Betriebs oder eines bestimmten Tätigkeitsumfangs gelten. Auf der anderen Seite verfügen Großunternehmen eher über Möglichkeiten, durch Lobbying oder andere Instrumente ihre Interessen im Zuge der Ausgestaltung oder Abänderung von Regulierungen einzubringen, als KMU.

Unternehmensinterne Widerstände gegen Innovationsprojekte treten vorrangig dann auf, wenn bestimmte Organisationseinheiten oder Personen in einem Unternehmen Nachteile aus der Umsetzung von Innovationsprojekten erwarten. Dies ist umso wahrscheinlicher, je eher mehrere organisatorische Einheiten um die knappen Ressourcen für Investitionen (inklusive der Aufwendungen für Innovationsprojekte) konkurrieren und je eher Innovationsaktivitäten auf die Rationalisierung von Prozessen und damit auf kostenseitige Produktivitätsgewinne abzielen. Beides ist in Großunternehmen tendenziell häufiger anzutreffen als in KMU. Je jünger und kleiner Unternehmen sind, desto stärker sollte sich der Erfolg eines Innovationsprojektes auf den Erfolg des Unternehmens insgesamt auswirken, und dementsprechend groß sollte das Interesse aller Personen und Organisationseinheiten im Unternehmen am Innovationserfolg sein. Das *Fehlen ausreichender organisatorischer Fähigkeiten* im Unternehmen, um Innovationsprojekte effizient und erfolgreich durchzuführen („Innovationskompetenz", vgl. Reinhard, 2000), ist dagegen typischerweise in KMU anzutreffen. Denn wesentliche Determinanten der Innovationskompetenz liegen in der Erfahrung im Projektmanagement, in der Nutzung externer Beratung und im Vorhandensein und der effektiven Zusammenführung von komplementärem Wissen aus Forschung, Technik, Produktion und Marketing. Es ist zu vermuten, dass in mittelgroßen und älteren Unternehmen am ehesten Schwierigkeiten bei der Anwendung eines effizienten Innovationsmanagements bestehen, da die Unternehmensgröße komplexere organisatorische Strukturen erfordert, Unternehmenstraditionen das Aufgreifen neuer Instrumente behindern können und die Nutzung externer Berater wegen der hohen Kosten und wegen Informationsasymmetrien über die zu erwartenden Erträge gescheut wird.

Somit ergeben sich verschiedene Faktoren, die das Vorhandensein und das Ausmaß verschiedener Innovationsbarrieren in KMU bestimmen. Die drei wichtigsten sind folgende:

- Die *„Radikalität" der Innovationsaktivitäten* bestimmt wesentlich das Risiko von Innovationsprojekten und damit die Finanzierungsmöglichkeiten. Vereinfacht gilt, dass mit zunehmendem technologischem Anspruch und Neuheitscharakter eines Innovationsprojektes eine Eigenkapitalfinanzierung an Bedeutung gewinnt. Grob vereinfacht kann die „Radikalität" der Innovationsaktivitäten eines Unternehmens an dessen *Forschungsintensität* (FuE-Aufwendungen in Relation zum Umsatz bzw. zur Wertschöpfung) gemessen werden. Grundsätzlich gilt, dass mit FuE verbundene Innovationsprojekte einem höheren Risiko ausgesetzt sind und höhere potenzielle Spillovers aufweisen.
- Die *Markterfahrung* eines KMU ist eine wichtige Determinante für den Zugang zu Fremdkapital (da sie die Informationsasymmetrien gegenüber Fremdkapitalgebern verringert und in der Regel mit einem höheren Bestand an besicherbarem Vermögen einhergeht) und für die Möglichkeiten, der Marktmacht von Großunternehmen durch Nischenstrategien erfolgreich zu begegnen. Auch kann mit der Dauer der Marktpräsenz ein Wissenskapitalstock akkumuliert werden, der positiv zu einer effektiven Umsetzung von Innovationsprojekten – etwa durch ein effizientes Innovationsmanagement und die

Nutzung externer Wissensquellen – beiträgt. Als einfaches Maß für die Markterfahrung eines Unternehmens kann dessen *Alter* herangezogen werden. Dabei ist allerdings zu berücksichtigen, dass es je nach Markt sehr unterschiedlich lange dauern kann, bis ein Unternehmen als „etabliert" bzw. „markterfahren" eingestuft werden kann. Als eine Näherungsgröße hierfür kann der Umstand herangezogen werden, ob es einem jungen Unternehmen gelungen ist, nach dem produktlebenszyklusbedingten Ausscheiden des „Erstprodukts" auch mit Nachfolgeprodukten im Markt erfolgreich zu sein.

– Für nahezu alle Innovationsbarrieren variiert deren Vorhandensein bzw. Ausmaß zudem mit der *Größe* eines Unternehmens. Während bei einigen Innovationsbarrieren ein monotoner Zusammenhang mit der Größe unterstellt werden kann (negativ z.B. in Bezug auf Fixkostenbelastung, Nutzung von Schutzinstrumenten, positiv z.B. in Bezug auf interne Widerstände), ist für andere Barrieren zu vermuten, dass sie bei mittelgroßen Unternehmen besonders stark ausgeprägt sind (z.B. mangelnde Innovationsmanagementfähigkeiten, Fachpersonalmangel).

2.2 Definition von KMU-Gruppen

Für die Definition von KMU-Gruppen wird – auch um die Zahl unterschiedlicher Gruppen gering zu halten – auf die ersten beiden der oben angeführten Faktoren abgestellt, zumal zwischen Größe und Alter ein enger Zusammenhang besteht. Dabei wird davon ausgegangen, dass die Exponiertheit der Innovationsaktivitäten in Hinblick auf Risiko/Unsicherheit und Spillovers das entscheidende Merkmal ist, das Unterschiede in Innovationsbarrieren bestimmt, insbesondere in Hinblick auf die Finanzierung von Innovationsaktivitäten. Dementsprechend werden vier Stufen der „Radikalität" der Innovationsaktivitäten unterschieden: sehr hoch (d.h. hohe Forschungsintensität), hoch (d.h. Innovationsaktivitäten sind mit eigenen FuE-Aktivitäten verbunden), mittel bis niedrig (d.h. Innovationsaktivitäten erfolgen ohne wesentliche eigene FuE-Aktivitäten) und null (d.h. keine Innovationsaktivitäten). Zusätzlich wird für Unternehmen mit einer sehr hohen „Radikalität" der Innovationsaktivitäten die Markterfahrung herangezogen. Hierbei wird angenommen, dass eine große Markterfahrung die Exponiertheit verringert, da aus den früheren Innovationserfolgen (oder auch -misserfolgen) Informationen zur Verfügung stehen, die eine bessere Einschätzung des Risikos erlauben. Außerdem ist zu vermuten, dass stark forschungsorientierte Unternehmen mit langer Marktpräsenz ihre Forschungsanstrengungen in Technologiebereichen und Marktnischen platzieren, in denen das spezifische (technologische und Marktakzeptanz-)Risiko für das Unternehmen vergleichsweise niedrig ist. Auch dürften bei langer Marktpräsenz die Unternehmensgröße und damit das akkumulierte Sachkapital größer sein, was die Finanzierung auch von sehr risikoträchtigen Projekten erleichtern sollte.

Tabelle 1 zeigt die Abgrenzung der fünf KMU-Gruppen und die im Weiteren für sie verwendeten Kurzbezeichnungen. Wesentlich für die Definition ist, dass sie sich vorrangig an der Art der Innovationstätigkeit und nicht an deren späterem Ergebnis orientiert. Insofern unterscheidet sie sich wesentlich von Typisierungen, die Unternehmen nach ihren im Markt realisierten Innovationen einteilen und dabei z.B. Unternehmen mit Marktneuheiten, Unternehmen mit selbst entwickelten Produktimitationen, Unternehmen mit von Dritten adoptierten Produktimitationen und Unternehmen ohne erfolgreiche Innovationen unterscheiden (vgl. z.B. European Commission, 2005: 18). Für die Frage der Innovationshemmnisse und -potenziale ist dagegen eine Betrachtung des „Inputs" in Innovationsaktivitäten und ihrer Zielrichtung adäquater, da diese auch Art und Umfang der Innovationshemmnisse bestimmen.

Tabelle 1: Typisierung von KMU nach „Radikalität" der Innovationsaktivitäten und Markterfahrung

	Gruppe A	*Gruppe B*	*Gruppe C*	*Gruppe D*	*Gruppe E*
„Radikalität" der Innovationsaktivitäten (FuE-Intensität)	sehr hoch	sehr hoch	mittel bis hoch	gering	null
Markterfahrung (Alter)	gering	groß	mittel bis groß	gering bis groß	gering bis groß
	↓	↓	↓	↓	↓
Kurzbezeichnung der KMU-Gruppe	Hightech-Startups	FuE-Dienstleister (KMU)	forschende KMU	innovierende KMU ohne FuE	nicht innovierende KMU

Quelle: ZEW.

Für die fünf KMU-Gruppen können idealtypisch folgende Merkmale erwartet werden (vgl. Tabelle 2 für eine Übersicht):

Eine zahlenmäßig eher kleine, für die technologische Leistungsfähigkeit jedoch besonders wichtige Gruppe sind junge Unternehmen, die sich mit neuen Hochtechnologieprodukten bzw. neuen, auf Hochtechnologie basierenden Dienstleistungen im Markt positionieren und über einen Technologiewettbewerb Erfolg suchen („*Hightech-Startups*"). Diese Unternehmen zeichnen sich durch intensive FuE-Aktivitäten, oft lange Vorlaufzeiten bis zur Markteinführung, einer daraus folgenden hohen Unsicherheit über den technologischen und den Markterfolg und einen hohen Finanzierungsbedarf aus. Die starke FuE- und Hightech-Orientierung bedingt oftmals eine enge Verflechtung mit der Wissenschaft, um neue wissenschaftliche Erkenntnisse in die Produktentwicklung einfließen zu lassen. Häufig handelt es sich bei Hightech-Startups auch um Ausgründungen aus der Wissenschaft oder aus Forschungsabteilungen größerer Unternehmen. Wegen der hohen technologischen Unsicherheit und den geringen Sicherheiten ist diese KMU-Gruppe vergleichsweise stark von externen Eigenkapitalgebern (d.h. von der Verfügbarkeit von Wagniskapital) abhängig.

Ebenfalls stark auf FuE-Aktivitäten ausgerichtet, jedoch durch eine deutlich andere Risiko- und Finanzierungsstruktur gekennzeichnet sind KMU, die als *FuE-Dienstleister* auftreten.[4] Sie zeichnen sich dadurch aus, dass die Durchführung von FuE Unternehmenszweck ist. Die Ergebnisse der FuE-Tätigkeit werden in erster Linie an andere Unternehmen verkauft. Um als FuE-Dienstleister technologische Kompetenzen zu erhalten, sind allerdings auch eigene Neuentwicklungen notwendig, d.h. ein Teil der FuE-Aktivitäten kann eine ähnlich Risikostruktur wie bei Hightech-Startups aufweisen. Gleichwohl zeichnet sich diese KMU-Gruppe durch eine große Markterfahrung aus. Auch sind die technologische Unsicherheit und das Innovationsrisiko geringer, da die Unternehmen meist über einen hohen Wissenskapitalstock und FuE-Erfahrung in ihrem Technologiefeld verfügen. Dadurch sollte auch die Finanzierung von Innovationsaktivitäten geringeren Restriktionen ausgesetzt sein, zumal ein Teil der FuE direkt über Aufträge finanziert wird.

Die Gruppe der *forschenden KMU* kann als der traditionelle Kern des innovationsorientierten Mittelstands angesehen werden. Sie setzt sich überwiegend aus älteren Unternehmen zusammen und stellt eine der tragenden Säulen des deutschen Innovationssystems dar. Die Wettbewerbsfähigkeit dieser KMU-Gruppe baut auf einer hohen technologischen Kompetenz – die sich unter anderem in kontinuierlichen FuE-Aktivitäten äußert – und einer engen Verzahnung zwischen kundenorientierter Produkt- und Dienstleistungsgestaltung und technologisch innovativen Lösungen auf. Im Mittelpunkt der Innovationsaktivitäten steht die Neuentwicklung von Produkten und Dienstleistungen für eher eng abgegrenzte Marktnischen, oftmals verbunden mit Prozessinnovationen, die ebenfalls auf eigener technologischer Entwicklung beruhen. Forschende KMU weisen eine große Markterfahrung und genaue Kenntnisse der Kundenwünsche und -anforderung auf. Dadurch können sie Innovationen genau an den Kundenbedürfnissen ausrichten und das Markteinführungsrisiko von Innovationen wesentlich verringern. Die Hervorbringung von Marktneuheiten erlaubt es ihnen auch, erfolgreich in Auslandsmärkte einzudringen. Aufgrund geringer Informationsasymmetrien zwischen KMU und (Haus-)Bank und einem hohen Sachkapitalbestand dominiert für die Finanzierung des Unternehmens insgesamt die Kreditfinanzierung. Gleichwohl kann vermutet werden, dass Innovationsprojekte in forschenden KMU zu einem guten Teil auch aus dem Cashflow finanziert werden, um das Risiko einer Überschuldungssituation im Fall des Scheiterns von Innovationsprojekten zu vermeiden. Eine solche Finanzierungsform liegt auch deshalb nahe, da im Fall erfolgreicher vergangener Innovationsaktivitäten forschende KMU einen vergleichsweise hohen Gewinn erzielen können (Innovatorenrente). Auch besteht

4 Der hier verwendete Begriff „FuE-Dienstleister" bezieht sich nur auf KMU, die sich auf die Erbringung von Forschungsdienstleistungen spezialisiert haben. Im umfassenden Sinn zählen auch öffentliche Forschungseinrichtungen zu den Erbringern von FuE-Dienstleistungen (vgl. Koschatzky et al., 2002). Letztere sind allerdings nicht Gegenstand dieser Studie.

bei diesen überwiegend eigentümergeführten Unternehmen häufig die Tradition, Gewinne in neue Innovationsprojekte zu reinvestieren.

Tabelle 2: Idealtypische Klassifizierung von KMU nach den vorherrschenden Rahmenbedingungen für Innovationsaktivitäten

	Hightech-Startups	*FuE-Dienstleister (KMU)*	*forschende KMU*	*innovierende KMU ohne FuE*	*nicht innovierende KMU*
Dominierende Form der Innovationstätigkeit	radikale Innovationen mit hoher technologischer und Marktunsicherheit	Auftragsforschung, Neuentwicklung von Technologien in weitgehend bekanntem Technologieumfeld	Marktneuheiten in Nischenmärkten, Prozessinnovationen mit eigener Weiterentwicklung	Produktimitationen, Adoption von Prozesstechnologien, teilweise eigene Anpassungsentwicklung	keine
Finanzierung von Innovationen und Investitionen	Eigenkapital, Wagniskapital	Aufträge, Eigenkapital	Cashflow, Fremdkapital	Fremdkapital, Cashflow	Fremdkapital
Interne Wissensbasis	sehr hoch	sehr hoch	hoch	mittel	gering
Bedarf an externem Wissen (Kooperationen)	sehr hoch	mittel bis hoch	hoch	gering	gering bis mittel
Vermutete dominierende Innovationsbarrieren	Spillovers zu etablierten Unternehmen, Mangel an Finanzierungsquellen, fehlende Marktinformation	Mangel an Fachpersonal, Spillovers zu anderen Unternehmen	Mangel an Fachpersonal, Mangel an Finanzierungsquellen, Spillovers zu großen Unternehmen	Mangel an Finanzierungsquellen, fehlende technologische und fehlende Marktinformationen	fehlende technologische Information, fehlende interne Wissensbasis, hohe Fixkosten bei Einstieg in Innovationen

Quelle: ZEW.

Eine weitere Gruppe umfasst *KMU mit Innovationsaktivitäten*, die jedoch keine regelmäßige FuE-Tätigkeit aufweisen und deren Innovationen vorrangig auf der Übernahme von Innovationsideen anderer Unternehmen, d.h. auf Produktimitationen und der Adoption neuer Prozesstechnologie, beruhen. Sie verfügen in der Regel zwar über die notwendigen technologischen und organisatorischen Fähigkeiten, um Innovationsprojekte erfolgreich umzusetzen. Ihre Wettbewerbsstrategien basieren jedoch nur zum Teil auf einem Produktqualitätswettbewerb. Andere wichtige Strategien sind Produktdifferenzierung (insbesondere durch kundenspezifische Angebote), Spezialisierung auf regionale oder lokale Märkte sowie Kosten- und Flexibilitätsvorteile gegenüber Mitbewerbern. Die Ausrichtung der

Innovationsaktivitäten, die selten mit Unsicherheiten verbunden ist und deren Erfolg oder Misserfolg auch von unternehmensexternen Akteuren vergleichsweise gut eingeschätzt werden kann, legt eine Fremdfinanzierung über den Kreditmarkt nahe.

Schließlich gibt es KMU, die – zumindest für eine bestimmte Zeit – auf Innovationsaktivitäten gänzlich verzichten. Diese *nicht innovierenden KMU* agieren typischerweise auf lokalen oder regionalen Märkten, in denen sie entweder standardisierte Produkte oder Dienstleistungen oder Produkte und Dienstleistungen mit einer stark kundenspezifischen Komponente (z.B. Handwerk, Zulieferer) anbieten. Diese Unternehmen unterliegen vorrangig einem Preiswettbewerb, die Finanzierung erfolgt zu einem großen Teil über Kredite. Die Gründe für den Verzicht auf Innovationsaktivitäten liegen aus Sicht der Unternehmen vorrangig in den Nachfrage- und Marktstrukturen und ihrer Marktpositionierung, die wenig Bedarf für Innovationen bedingen bzw. nur niedrige Innovationsrenditen versprechen. Ein Teil dieser nicht innovierenden KMU kann aber auch nur temporär auf Innovationsaktivitäten verzichten. Dies betrifft vor allem jene Unternehmen, die in Märkten mit langen Produktlebenszyklen agieren und nur ein oder wenige Produkte anbieten. In diesen Unternehmen wechseln sich Phasen einer Erneuerung des Produktsortiments mit Phasen ohne Innovationsaktivitäten ab. Schließlich zählt aber auch ein Teil der nicht innovierenden KMU deshalb zu dieser Gruppe, weil Innovationsbemühungen an Barrieren gestoßen sind und dadurch gar nicht erst begonnen oder nicht abgeschlossen wurden.

Diese fünf Gruppen von KMU bilden die Basis für die folgenden empirischen Untersuchungen. Dabei sind zunächst zwei Vorarbeiten zu leisten, die Gegenstand der folgenden Abschnitte 2.3 und 2.4 sind:

- Erstens muss ein Weg der einfachen empirischen Identifikation der fünf Gruppen gefunden werden. Dabei ist darauf zu achten, dass in allen hier verwendeten Informationsquellen (MIP, KfW-Mittelstandspanel, KfW-Antragsdaten, FuE-Erhebung des Stifterverbands) dieselbe Definition angewendet werden kann. Auch ist eine hohe Trennschärfe anzustreben, d.h. dass sich im Bereich der zur Abgrenzung von zwei Gruppen verwendeten Schwellenwerte möglichst wenige Unternehmen befinden. Schließlich ist es aus praktischen Gründen auch sinnvoll, dass die Zahl der Unternehmen je KMU-Gruppe nicht zu klein ist, um aussagekräftige Analysen durchführen zu können.
- Zweitens ist zu prüfen, ob die oben diskutierten – theoretisch erwarteten – Merkmale der einzelnen KMU-Gruppen bei der gewählten empirischen Identifikation auch anzutreffen sind. Im Fall einer Nicht-Übereinstimmung steht man vor der Schwierigkeit, ob diese an einer inadäquaten Abgrenzung der Gruppen liegt oder daran, dass diese konzeptionell definierten, idealtypischen KMU-Gruppen in der Realität nicht oder nur selten anzutreffen sind.

2.3 Empirische Abgrenzung von KMU-Gruppen in Deutschland

Die fünf KMU-Gruppen werden anhand der in Tabelle 3 zusammengefassten Kriterien abgegrenzt. Es kommen vier Kriterien zum Einsatz:

- Das *Alter* soll im Wesentlichen die Markterfahrung und daraus resultierende Reputations-, Akkumulations- und Lerneffekte (in Bezug auf das technologische Wissen, den Vermögensbestand, die unternehmensinterne Organisation und die Marktstellung) abbilden. Das Alter wird relativ zur typischen Dauer des Produktlebenszyklus im jeweiligen Produktmarkt, in dem ein Unternehmen tätig ist, gemessen. Dabei wird postuliert, dass die erste Lebensphase eines Unternehmens den Zeitraum zwischen dem Markteintritt und dem Ende der Lebensdauer – d.h. der Marktpräsenz – des ersten Produkts umfasst. In dieser Phase muss ein junges Unternehmen sich erfolgreich im Markt positionieren und unternehmensintern jene Voraussetzungen schaffen, die notwendig sind, um auf kontinuierlicher Basis – entsprechend dem Produktzyklus im Markt – Nachfolgeprodukte hervorzubringen und zu vermarkten. Das relative Altersmaß soll somit verhindern, dass Unternehmen in unterschiedlichen Lebensphasen – und mit daraus resultierenden unterschiedlichen altersbedingten Innovationsbarrieren – zusammengefasst werden.
- Die *Innovationstätigkeit* wird über das Vorliegen einer Innovation (erfolgreiche Einführung eines neuen Produkts oder eines neuen Prozesses entsprechend der Definition im Oslo-Manual, vgl. OECD und Eurostat, 1997) gemessen und dient zur Abgrenzung der Gruppe der nicht innovierenden KMU von allen anderen KMU.
- Schließlich wird für die Gruppe der FuE-Dienstleister auch die *Branchenzugehörigkeit* (auf Basis des umsatzstärksten Produkts) berücksichtigt. Unternehmen, die dem Wirtschaftszweig 73 angehören („Forschung und Entwicklung"), werden den Hightech-Startups (wenn es sich um jüngere Unternehmen handelt) bzw. den FuE-Dienstleistern (wenn es sich um ältere Unternehmen handelt) zugeordnet, sofern sie zumindest 10 % ihres Umsatzes für FuE verwenden. Für alle anderen Unternehmen spielt die Branchenzugehörigkeit für die Zuordnung zu einer KMU-Gruppe keine Rolle.

Unternehmen in den Gruppen Hightech-Startups, FuE-Dienstleister und forschende KMU sind per Definition Unternehmen mit Innovationsaktivitäten. Sie müssen aber nicht notwendigerweise Innovatoren (d.h. Unternehmen mit der erfolgreichen Einführung eines neuen Produkts oder einer neuen Dienstleistung im vorangegangenen Dreijahreszeitraum) sein, sondern können auch ausschließlich noch laufende oder zwischenzeitlich abgebrochene Innovationsprojekte aufweisen.

Als KMU werden grundsätzlich alle Unternehmen betrachtet, die weniger als 500 Beschäftigte (inklusive selbstständig Beschäftigte, Auszubildende und Praktikanten, Teilzeitbeschäftigte werden voll gezählt) im Jahresdurchschnitt aufweisen. Während im MIP nur Unternehmen ab 5 Beschäftigte betrachtet werden, können in den anderen Datenbeständen auch Unternehmen ab einem Beschäftigten untersucht werden. Die Untersuchung beschränkt sich – wie eingangs erwähnt – auf Unternehmen des verarbeitenden Gewerbes und der wissensintensiven Dienstleistungen (Kredit- und Versicherungsgewerbe, Software und Telekommunikation, FuE-Dienstleister, technische Dienstleister, Unternehmensberatung). In diesen Branchen existierten – nach Schätzungen des ZEW auf Basis amtlicher Statistiken – in Deutschland im Jahr 2003 rund 140.000 Unternehmen mit 5 bis 499 Beschäftigten.

Tabelle 3: Kriterien zur Abgrenzung von KMU-Gruppen nach ihrer FuE- und Innovationstätigkeit

KMU-Gruppe	*Alter*[a]	*FuE*	*Innovator*[g]
A) Hightech-Startups	<= PLZD oder <5/10 Jahre	hohe FuE-Intensität[b] sowie Unternehmen der Branche WZ 73[d]	beliebig[h]
B) FuE-Dienstleister	> PLZD und >= 5/10 Jahre	sehr hohe FuE-Intensität[c] sowie Unternehmen der Branche WZ 73[d]	beliebig[h]
C) Forschende KMU	> PLZD und >= 5/10 Jahre	kontinuierliche FuE, niedrige bis hohe FuE-Intensität[e]	beliebig[h]
	<= PLZD oder < 5/10 Jahre	kontinuierliche FuE, niedrige bis mittlere FuE-Intensität[f]	beliebig[h]
D) Innovierende KMU ohne FuE	beliebig	gelegentliche oder keine FuE	ja
E) Nicht innovierende KMU	beliebig	keine FuE	nein

PLZD: durchschnittliche Dauer des Produktlebenszyklus in einer Branche (auf Basis von Zweistellern der Wirtschaftszweigsystematik) in Jahren.

a) Junge Unternehmen: Unternehmen, die nicht älter sind als die durchschnittliche Dauer des Produktlebenszyklus in ihrem Markt; jedoch in jedem Fall alle Unternehmen, die nicht älter als fünf Jahre sind, und keine Unternehmen, die älter als 10 Jahre sind.
b) FuE-Intensität (FuE-Aufwendungen in % des Umsatzes) höher als der Branchendurchschnitt (auf Basis von WZ-Zweistellern), mindestens jedoch 10 %, sowie alle jungen Unternehmen mit mindestens 25 % FuE-Intensität.
c) FuE-Intensität 25 % oder mehr.
d) Unternehmen der Branche WZ 73 nur, sofern die FuE-Intensität >= 10 % ist.
e) FuE-Intensität kleiner 25 %.
f) FuE-Intensität kleiner 25 % sowie FuE-Intensität nicht höher als der Branchendurchschnitt, sofern sie kleiner als 10 % ist.
g) Erfolgreiche Einführung zumindest eines neuen oder merklich verbesserten Produktes oder Prozesses im vorangegangenen Dreijahreszeitraum.
h) In aller Regel handelt es sich um erfolgreiche Innovatoren, in geringem Umfang handelt es sich um Unternehmen mit ausschließlich noch laufenden Innovationsprojekten, die zum Beobachtungszeitpunkt noch nicht eingeführt worden sind.

Quelle: ZEW.

Mit Hilfe der im MIP verwendeten Hochrechnungsfaktoren kann die Verteilung der KMU in Deutschland nach den fünf KMU-Gruppen und deren absolute Zahl genähert werden. Dabei ist allerdings zu beachten, dass die Hochrechnung aus methodischen Gründen streng genommen nicht zulässig ist, da das grundlegende Merkmal des Alters in der Stichprobenziehung nicht berücksichtigt worden ist (zur Erhebungsmethode des MIP vgl. Rammer et al., 2005b). So ist es nicht unwahrscheinlich, dass innerhalb der befragten Unternehmen bestimmte Altersklassen im Vergleich zur Grundgesamtheit über- oder unterrepräsentiert sind. Hierfür kann jedoch nicht kontrolliert werden. Vor allem bei Vergleichen über die Zeit ist große Vorsicht geboten, da eine Änderung in dieser Über- oder Unterrepräsentierung von Altersklassen zwischen einzelnen Befragungswellen zu Veränderungen in den hochgerechneten Zahlen für die KMU-Gruppen führt, obwohl tatsächlich deren Zahl möglicherweise unverändert geblieben ist. Dies betrifft die Hightech-Startups und die FuE-Dienstleister.

Dies vorausgeschickt, zeigt sich, dass in Deutschland im Jahr 2003 3½ % der KMU in den betrachteten Wirtschaftszweigen der Gruppe der Hightech-Startups zugerechnet werden kann. Der Anteil der FuE-Dienstleister liegt bei 1½ %, 20½ % sind forschende KMU, 36 % sind innovierende KMU ohne kontinuierliche FuE, und die Gruppe der nicht innovierenden KMU macht gut 38½ % aus (Abbildung 5).

Abbildung 5: Verteilung von KMU-Gruppen in Deutschland 2003 (in %)

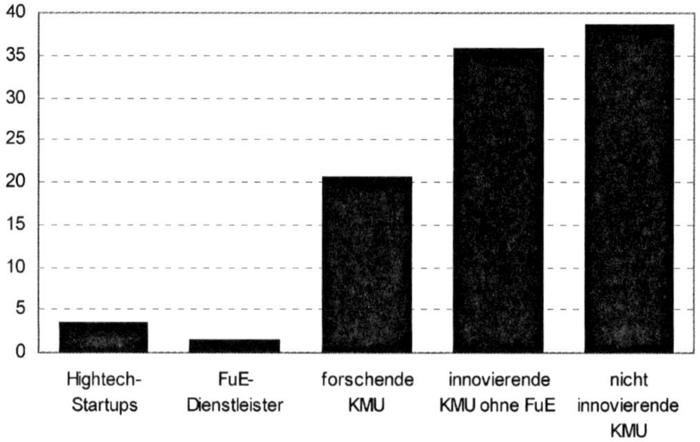

Quelle: Mannheimer Innovationspanel – Berechnungen des ZEW. Werte sind hochgerechnet auf die Grundgesamtheit der KMU im verarbeitenden Gewerbe und in den wissensintensiven Dienstleistungen.

Die Zusammensetzung der KMU nach den fünf Gruppen hat sich im Zeitraum 1998 bis 2003 verändert (Abbildung 6),[5] wobei – wie oben erwähnt – Vorsicht bei der Interpretation angebracht ist. Zwischen 1998 und 2000 zeigt sich eine deutliche Verschiebung.

Die Zahl der forschenden KMU, der FuE-Dienstleister und der Hightech-Startups stieg insgesamt deutlich von 15 % im Jahr 1998 auf 25 % im Jahr 2000. Dieser Anstieg geht in erster Linie auf die zunehmende Verbreitung von FuE-Aktivitäten in Dienstleistungsunternehmen zurück, aber auch im verarbeitenden

5 Die Zahl der KMU in den einzelnen Gruppen kann auf Basis des MIP nicht für jedes Jahr bestimmt werden, da in den Erhebungen mit den Referenzjahren 1997, 1999 und 2001 nicht alle für die Definition der KMU-Gruppen relevanten Variablen erfragt wurden.

Gewerbe konnte nach den Daten des MIP eine zunehmende Verbreitung von kontinuierlichen FuE-Aktivitäten beobachtet werden. Gleichzeitig nahm zwischen 1998 und 2000 der Anteil der innovierenden KMU ohne FuE deutlich ab. Ein Teil dieser Unternehmen wechselte zu Nicht-Innovatoren, ein anderer wanderte in die Gruppe der forschenden KMU. Zu beachten ist, dass es sich hier um Nettoveränderungen im Aggregat handelt, hinter denen sehr unterschiedliche Entwicklungen auf Unternehmensebene stehen können. Zudem beeinflusst auch der Marktein- und -austritt von Unternehmen die Aggregatzahlen im Zeitvergleich.

Abbildung 6: Verteilung von KMU-Gruppen in Deutschland 1998, 2000 und 2003 (in %)

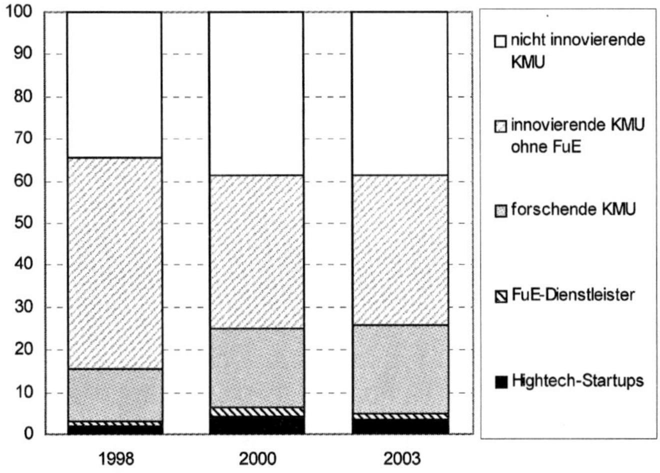

Quelle: Mannheimer Innovationspanel – Berechnungen des ZEW. Werte sind hochgerechnet auf die Grundgesamtheit der KMU im verarbeitenden Gewerbe und in den wissensintensiven Dienstleistungen.

Zwischen 2000 und 2003 blieb die Verteilung nach KMU-Gruppen dagegen de facto unverändert. Allerdings ging der Anteil der Hightech-Startups und der FuE-Dienstleister leicht zurück. Zu beachten ist dabei, dass die Gesamtzahl der KMU in diesem Zeitraum in den betrachteten Wirtschaftszweigen von etwa 153.000 auf rund 140.000 Unternehmen abnahm. Dahinter stehen drei Prozesse: Erstens nahm die Zahl der Marktaustritte zu (was unter anderem auch an der Insolvenzstatistik zu sehen ist), zweitens ging die Zahl Markteintritte (Neugründungen) zurück (vgl. Rammer, 2004a). Drittens ist es schließlich wahrscheinlich, dass zwischen 2000 und 2003 mehr KMU unter die Beschäftigtenschwelle von 5 geschrumpft sind als gleichzeitig von den bereits im Jahr 2000 existierenden KMU über diese Schwelle gewachsen sind. Zwischen 1998 und 2000 nahm dagegen die Gesamtzahl der KMU weitgehend nur leicht (von ca. 155.000 auf 153.000) ab.

In absoluten Zahlen bedeutet dies, dass es im Jahr 2003 knapp 5.000 Hightech-Startups, gut 2.000 FuE-Dienstleister, ca. 29.000 forschende KMU, etwa 50.000 innovierende KMU ohne kontinuierliche FuE-Tätigkeit und über 54.000 nicht innovierende KMU in Deutschland gibt (Abbildung 7). Der auf den ersten Blick hohe Anteil der Hightech-Startups erklärt sich aus der eher weiten Definition des Begriffs „Startup", der Unternehmen bis zu einem Alter von 10 Jahren einschließen kann. Auch ist zu beachten, dass eine FuE-Intensität von 10 % – die hier als unterste Grenze der FuE-Intensität zur Abgrenzung von Hightech-Startups verwendet wurde – zwar für fast alle Branchen einen sehr hohen Wert darstellt, für junge und damit meist sehr kleine KMU jedoch keine besonders hohe Marke ist. So weist die FuE-Statistik des Stifterverbandes für forschende KMU mit weniger als 20 Beschäftigten eine durchschnittliche FuE-Intensität von 14 % aus. Dies ist nicht weiter verwunderlich, da aufgrund von Unteilbarkeiten in FuE-Projekten auch kleine Unternehmen eine bestimmte Mindestmenge an Ressourcen für FuE einsetzen müssen, um ein FuE-Projekt durchzuführen. Diese Mindestressourcen können rasch einen hohen Anteil der Gesamtaktivitäten des Unternehmens ausmachen. Hinzu kommt, dass bei vielen jungen Unternehmen in den ersten Jahren der Umsatz noch niedrig ist und somit auch kleine absolute Beträge für FuE zu einer hohen FuE-Intensität führen können.

Abbildung 7: Anzahl der Unternehmen nach KMU-Gruppen in Deutschland 1998, 2000 und 2003

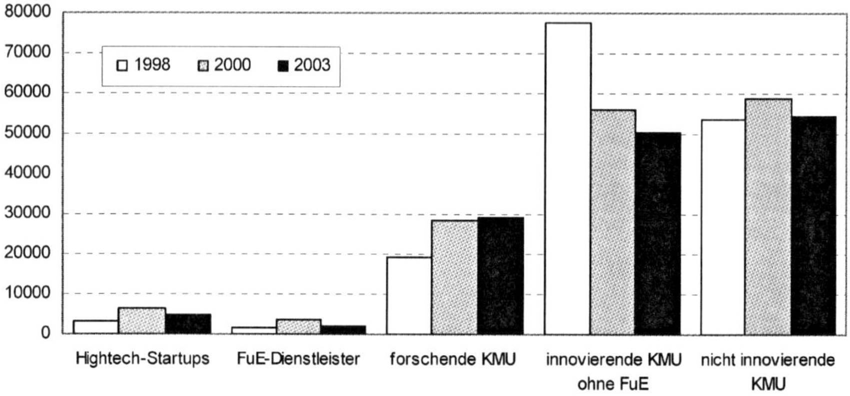

Quelle: Mannheimer Innovationspanel – Berechnungen des ZEW. Werte sind hochgerechnet auf die Grundgesamtheit der KMU im verarbeitenden Gewerbe und in den wissensintensiven Dienstleistungen.

Im Vergleich der Jahre 1998, 2000 und 2003 ergeben sich sowohl für Hightech-Startups als auch für FuE-Dienstleister die höchsten Unternehmenszahlen für das Jahr 2000. Seit 2000 ist die absolute Zahl dieser besonders forschungsintensiven KMU in Deutschland zurückgegangen, und zwar um gut 1.000 bei den Hightech-Startups und um fast 1.500 bei den FuE-Dienstleistern. Die Zahl der forschenden KMU nahm von 1998 auf 2000 kräftig zu und blieb seither weitgehend konstant.

Die Anzahl der Unternehmen, die der Gruppe der innovierenden KMU ohne FuE zugerechnet werden, verringerte sich seit 1998 sehr deutlich (von 77.000 auf 50.000). Die Zahl der nicht innovierenden KMU stieg von 1998 zum Jahr 2000 um etwa 54.000 an und nahm bis 2003 wieder um etwa 4.000 ab.

Insgesamt ergibt sich somit das Bild, dass in der wirtschaftlichen Boomphase von 1998 bis 2000 eine beträchtliche Dynamik im FuE- und Innovationsverhalten der KMU stattfand, die – auch dank hoher Gründungszahlen – zu einem Anstieg der Zahl von Hightech-Startups und forschenden KMU führte. In der Rezessionsphase von 2000 bis 2003 nahm demgegenüber zwar die Zahl der KMU ab, dieser Prozess unterschied sich aber kaum nach KMU-Gruppen, sodass sich die Zusammensetzung des KMU-Sektors nach den fünf Gruppen nur wenig änderte.

2.4 Ausgewählte Strukturmerkmale der KMU-Gruppen

Die *Branchenzusammensetzung* der fünf KMU-Gruppen (Abbildung 8) weist eine Reihe von Besonderheiten auf, die sich aus der Abgrenzung der Gruppen ergeben und für die Interpretation von Innovationshemmnissen und -potenzialen der einzelnen Gruppen wichtig sind:

Hightech-Startups finden sich zu fast 90 % in den Dienstleistungsbranchen technische/FuE-Dienstleistungen sowie Software/Telekommunikation. Rund jedes zehnte Unternehmen ist in der Spitzen- und Hochwertigen Technologie anzutreffen (und hier vor allem im Instrumentenbau, der Chemie- und Pharmaindustrie sowie im Maschinenbau), ein sehr kleiner Teil findet sich in der Unternehmensberatung. Die „Dienstleistungslastigkeit" dieser Gruppe erklärt sich zum einen daraus, dass junge, FuE-basierte Unternehmen oft noch kein fest definiertes, vermarktbares Produkt besitzen, sondern noch in der Entwicklungsphase sind und den künftigen Markt – und das hierfür notwendige Produktangebot – erkunden. Dadurch ergibt sich für viele dieser jungen, FuE-intensiven Unternehmen eine Einordnung im Bereich der technischen und FuE-Dienstleistungen. Zum anderen ist zu beachten, dass die größte absolute Zahl der FuE-orientierten Unternehmensgründungen in den wissensintensiven Dienstleistungen stattfindet, insbesondere in den mit IuK-Anwendungen verbundenen Bereichen wie Software/Telekommunikation. Das Verhältnis der Gründungszahl in diesen Branchen zur Zahl der Gründungen in der forschungsintensiven Industrie beträgt etwa 1:10 (vgl. Rammer, 2004a). Die hohen Gründungszahlen in diesen Branchen im Zeitraum 1998 bis 2000 haben auch zu einer merklichen Strukturverschiebung in der Gruppe der Hightech-Startups zwischen 1998 und 2000 beigetragen.

Nicht überraschend ist, dass sich *FuE-Dienstleister* in erster Linie in der Branchengruppe technische/FuE-Dienstleister finden. Das Vorhandensein von FuE-Dienstleistern in der Spitzen- und Hochwertigen Technologie sowie in der Softwarebranche ist auf ältere Unternehmen zurückzuführen, die sich auf eine extrem forschungsintensive Produktion von Prototypen sowie die kundenspezifische

Entwicklung von Hightech-Produkten bzw. Software spezialisiert haben. FuE-Kosten machen dabei einen ganz wesentlichen Teil ihrer Gesamtkosten aus, sodass sie strukturell den FuE-Dienstleistern zuzuordnen sind.

Abbildung 8: Branchenzusammensetzung von KMU-Gruppen in Deutschland 1998, 2000 und 2003 (in %)

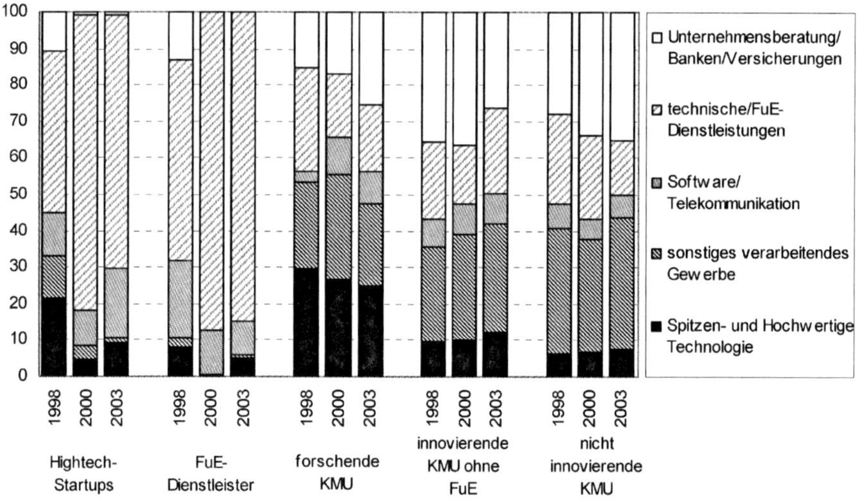

Quelle: Mannheimer Innovationspanel – Berechnungen des ZEW. Werte sind hochgerechnet auf die Grundgesamtheit der KMU im verarbeitenden Gewerbe und in den wissensintensiven Dienstleistungen.

Ein Grund für die oben beschriebene recht niedrige Persistenz der High-tech Startups liegt auch darin, dass viele Unternehmen nahe am Schwellenwert der FuE-Intensität liegen, die High-tech Startups von forschenden KMU trennt. Dieser Schwellenwert liegt zwischen 10 und 25 % und hängt von der durchschnittlichen FuE-Intensität in einer Branche ab (vgl. Tabelle 3). Rund die Hälfte der *forschenden KMU* befindet sich im verarbeitenden Gewerbe, wobei sie gleichermaßen in der forschungsintensiven und nicht FuE-intensiven Industrie anzutreffen sind. Die am stärksten vertretene Einzelbranche in dieser KMU-Gruppe ist der Maschinenbau. Von 2000 auf 2003 ist ein Rückgang der Zahl der forschenden KMU im sonstigen verarbeitenden Gewerbe zu beobachten. Innerhalb der wissensintensiven Dienstleistungen liegen die Schwerpunkte in den Branchengruppen Beratungen/Banken/Versicherungen und technische/FuE-Dienstleister.

Innovierende KMU ohne FuE weisen überdurchschnittlich hohe Anteile in der nicht forschungsintensiven Industrie und in der Unternehmensberatung auf. In diesen Branchen spielen Innovationen für die Wettbewerbsfähigkeit im Markt eine große Rolle, gleichzeitig sind viele Innovationen auch ohne eigene, kontinuierliche FuE-Tätigkeit zu realisieren.

Die Branchenstruktur der *nicht innovierenden KMU* entspricht weitgehend der durchschnittlichen Branchenzusammensetzung in den hier betrachteten Wirtschaftssektoren, wenngleich ihr Anteil in der Spitzen- und Hochwertigen Technologie und in der Software/Telekommunikation unterdurchschnittlich ist. Dies spiegelt den Umstand wider, dass in diesen Branchengruppen die Innovatorenquote weit über dem gesamtwirtschaftlichen Durchschnitt liegt.

Betrachtet man die einzelnen Branchengruppen hinsichtlich ihrer Zusammensetzung nach KMU-Gruppen (Abbildung 9), so gehören in der Spitzen- und Hochwertigen Technologie die Mehrzahl der KMU der Gruppe der forschenden KMU an. In der Software- und Telekommunikationsbranche stellen die innovierenden KMU ohne FuE die größte Gruppe dar. Die größte Gruppe bei den technischen und FuE-Dienstleistungen sind ebenfalls die innovierenden KMU ohne FuE. Hier machen aber auch Hightech-Startups und FuE-Dienstleister einen größeren Anteil aus (zusammen ca. 20 %). Bei Unternehmensberatungen, Banken und Versicherungen bilden ebenso wie im sonstigen verarbeitenden Gewerbe die nicht innovierenden KMU die größte Gruppe.

Abbildung 9: Zusammensetzung von Branchengruppen nach KMU-Gruppen in Deutschland 1998, 2000 und 2003 (in %)

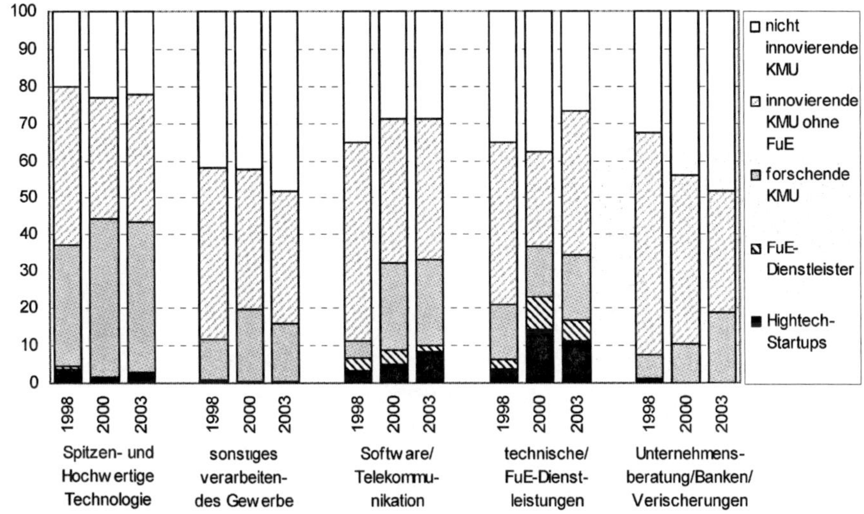

Quelle: Mannheimer Innovationspanel – Berechnungen des ZEW. Werte sind hochgerechnet auf die Grundgesamtheit der KMU im verarbeitenden Gewerbe und in den wissensintensiven Dienstleistungen.

Die fünf KMU-Gruppen unterscheiden sich deutlich nach der *Unternehmensgröße*, hier gemessen anhand der durchschnittlichen Zahl der Beschäftigten (Abbildung 10).[6] Hightech-Startups sind mit einer durchschnittlichen Größe von etwa 30 Beschäftigten am kleinsten unter den fünf Gruppen, was nicht weiter

6 Zur Verteilung der Unternehmen in den einzelnen KMU-Gruppen nach Beschäftigtengrößenklassen vgl. Abbildung 21 am Ende dieses Kapitels.

verwundert, da es sich bei ihnen um junge Unternehmen handelt. 60 % der Hightech-Startups haben weniger als 20 Beschäftigte.

Beachtenswert ist, dass die durchschnittliche Größe dieser Gruppe zwischen 1998 und 2003 deutlich von knapp 50 auf etwa 25 Beschäftigte abgenommen hat. Dies hängt wohl damit zusammen, dass im Jahr 2000 das Gewicht von Neugründungen innerhalb der Gruppe der Hightech-Startups (die ja bis zu 10 Jahre alte Unternehmen umfassen kann) aufgrund der hohen Gründungdynamik in den forschungs- und wissensintensiven Wirtschaftszweigen im Zeitraum 1998 bis 2000 zugenommen hat. Da in aller Regel Neugründungen kleiner sind als Unternehmen, die bereits einige Jahre im Markt aktiv sind, drücken diese die durchschnittliche Beschäftigungsgröße in dieser KMU-Gruppe nach unten. Die ungünstigen wirtschaftlichen Rahmenbedingungen ab 2001 haben dann wohl dazu beigetragen, dass das Wachstum der Unternehmen – und insbesondere auch der Neugründungen der Jahre 1998-2000 – im Mittel gebremst verlief.

Abbildung 10: Durchschnittliche Beschäftigtenzahl von Unternehmen im verarbeitenden Gewerbe und in den wissensintensiven Dienstleistungen Deutschlands nach KMU-Gruppen 1998, 2000, 2002 und 2003

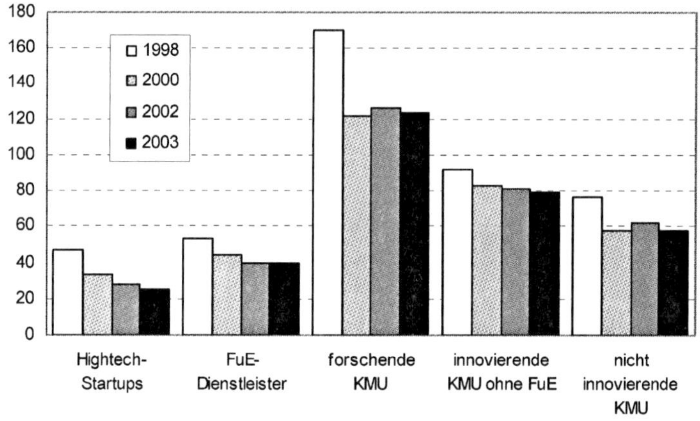

Quelle: Mannheimer Innovationspanel – Berechnungen des ZEW. Mittelwerte der Nettostichprobe.

Eine geringe Durchschnittsgröße weisen auch die *FuE-Dienstleister* auf, und auch hier ist ein Rückgang über die Zeit zu beobachten. Dies ist insofern beachtenswert, als es sich bei ihnen ausschließlich um ältere Unternehmen handelt. Mit rund 50 Beschäftigten in 2000 und ca. 40 in 2003 sind sie im Schnitt nur wenig größer als die Hightech-Startups, liegen aber deutlich hinter den forschenden KMU. Diese kommen auf eine Durchschnittsgröße von ca. 120 Beschäftigten, obwohl diese Gruppe sowohl junge als auch alte Unternehmen umfasst.

Die geringe Größe von FuE-Dienstleistern deutet auf Wachstumsbarrieren in dieser KMU-Gruppe hin, die überwiegend struktureller Art sein dürften: Durch die Spezialisierung auf bestimmte FuE-Dienstleistungen benötigen sie zum einen sehr spezifisches Wissen und Humankapital, das nur sehr begrenzt im Markt verfügbar ist. Zum anderen ist die Nachfragemenge nach den angebotenen, spezialisierten Dienstleistungen begrenzt. Oftmals dürfte es sich bei FuE-Dienstleistern um Unternehmen handeln, die für eines oder nur wenige Unternehmen FuE-Dienstleistungen erbringen. Eine Ausweitung der Nachfragemenge wäre nur durch Produktdiversifizierung erreichbar.

Der starke Rückgang der durchschnittlichen Beschäftigtenzahl in den *forschenden KMU* zwischen 1998 und 2000 kann mit dem steigenden Anteil von technologieorientierten Unternehmensgründungen im Zeitraum 1998-2000 und dem dadurch höheren Gewicht von jungen Unternehmen in dieser KMU-Gruppe im Jahr 2000 zurückgeführt werden (vgl. auch Abbildung 11 zum Durchschnittsalter der Unternehmen weiter unten). Der generelle Trend abnehmender Durchschnittsgrößen von KMU in Deutschland im Zeitraum 1998-2003 von etwa 100 auf ca. 80 spiegelt aber auch die Verschlechterung der konjunkturellen Situation und den dadurch bedingten Rückgang der Beschäftigung im KMU-Sektor wider.

Die durchschnittliche Größe der *innovierenden KMU ohne FuE* liegt bei gut 80 Beschäftigten, jene der *nicht innovierenden KMU* bei etwa 60. Die abnehmende Durchschnittsgröße von forschenden KMU über innovierende KMU ohne FuE hin zu nicht innovierenden KMU kann zum einen damit in Zusammenhang gebracht werden, dass die Durchführung von FuE- und Innovationsprojekten interne Ressourcen fordert, die in größeren Unternehmen tendenziell eher bereitzustellen sind. Zum anderen können diese Unterschiede auch das Ergebnis innovationsbedingter Wachstumsprozesse sein: Aufgrund von Innovationen können die Unternehmen sich am Markt besser durchsetzen, Marktanteile gewinnen und rasch wachsen.

Die betrachteten KMU-Gruppen unterscheiden sich in Hinblick auf das *durchschnittliche Alter* der Unternehmen mit Ausnahme der Hightech-Startups kaum (Abbildung 11). Im Mittel sind die KMU rund 15 Jahre alt. Hightech-Startups sind im Schnitt etwas jünger als fünf Jahre, wobei die Altersgruppe der 1 bis 2 Jahre alten Unternehmen den höchsten Anteil besitzt.[7] Interessant ist, dass auch die FuE-Dienstleister, die per Definition nur „ältere“ Unternehmen umfassen, ebenfalls ein Durchschnittsalter von 15 Jahren aufweisen. Dieses ist 2000 gegenüber 1998 deutlich gesunken. Da gleichzeitig die Zahl der FuE-Dienstleister zwischen diesen beiden Jahren merklich zugenommen hat, ist hier zu vermuten, dass jüngere, sehr FuE-intensive Unternehmen in diesem Zeitraum die in der Definition zugrunde gelegte „Altersgrenze“ überschritten haben.

In dem hier betrachteten Zeitraum von 1998 bis 2003 hat das Durchschnittsalter der KMU zunächst zum Jahr 2000 abgenommen und ist bis zum Jahr 2003 wieder angestiegen. Diese Entwicklung bildet in erster Linie das unterschiedliche Gewicht von Neugründungen in den einzelnen Beobachtungsjahren ab: Während

7 Zur Verteilung der Unternehmen in den einzelnen KMU-Gruppen nach Altersgruppen vgl. Abbildung 22 am Ende dieses Kapitels.

in der Beobachtungskohorte des Jahres 1998 noch kaum Unternehmen der gründungsstarken Jahrgänge ab 1995 vertreten sind,[8] umfasst die Beobachtungskohorte des Jahres 2000 einen größeren Teil an jungen, d.h. 1995 oder später gegründeten Unternehmen. In den Beobachtungskohorten 2002 und 2003 ist der Anteil der neu gegründeten Unternehmen wiederum niedriger. Schwankungen im Durchschnittsalter zwischen einzelnen Beobachtungsjahren können aber auch erhebungsbedingt sein, da im Rahmen der Stichprobe für das MIP das Gründungsjahr der Unternehmen kein Schichtungsmerkmal ist und daher auch nicht gewährleistet ist, dass die einzelnen Altersjahrgänge mit über die Zeit unverändertem Gewicht in der Stichprobe vertreten sind. Zu beachten ist außerdem, dass die Stichprobe für das Erhebungsjahr 2003 nicht um neu gegründete Unternehmen aufgefrischt wurde und Neugründungen in diesem Jahr damit vermutlich unterrepräsentiert sind.

Abbildung 11: Durchschnittliches Alter von Unternehmen im verarbeitenden Gewerbe und in den wissensintensiven Dienstleistungen Deutschlands in Jahren nach KMU-Gruppen 1998, 2000, 2002 und 2003

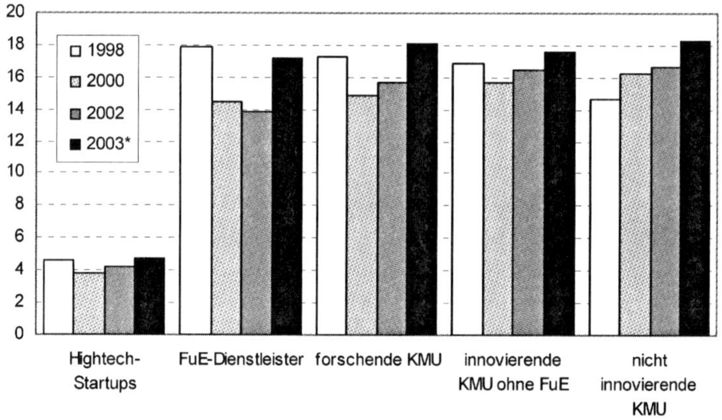

* Das Durchschnittsalter im Jahr 2003 ist möglicherweise überschätzt, da in diesem Jahr neu gegründete Unternehmen in der Stichprobe vermutlich unterrepräsentiert sind.
Quelle: Mannheimer Innovationspanel – Berechnungen des ZEW. Mittelwerte der Nettostichprobe.

Der *Anteil der neu gegründeten Unternehmen* in den KMU-Gruppen liegt bei den Hightech-Startups recht hoch (bei rund einem Drittel), während die anderen KMU-Gruppen Anteile zwischen 5 und 10 % aufweisen. FuE-Dienstleister setzen sich definitionsgemäß nur aus älteren Unternehmen zusammen (Abbildung

8 Aus erhebungstechnischen Gründen werden neu gegründete Unternehmen erst in ihrem zweiten oder dritten Lebensjahr im MIP erfasst, da eine Auffrischung der Stichprobe um Neugründungen nur alle zwei Jahre erfolgt und Informationen über neu gegründete Unternehmen erst mit einer Verzögerung gegenüber dem Gründungszeitpunkt von etwa einem Jahr in den Stichprobenpool eingehen.

12). Hightech-Startups wiesen im Jahr 2000 einen besonders hohen Anteil an Neugründungen auf (über 40 %), der bis 2003 auf rund 30 % zurückging.

Abbildung 12: Anteil der neu gegründeten Unternehmen im verarbeitenden Gewerbe und in den wissensintensiven Dienstleistungen Deutschlands nach KMU-Gruppen 1998, 2000, 2002 und 2003 (in %)

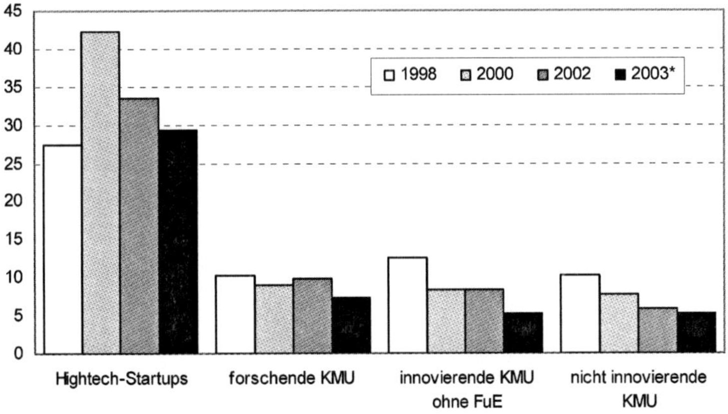

Unternehmen, die im vorangegangenen Dreijahreszeitraum neu gegründet wurden.
* Anteil der neu gegründeten Unternehmen möglicherweise unterschätzt.
Quelle: Mannheimer Innovationspanel – Berechnungen des ZEW. Mittelwerte der Nettostichprobe.

Anhand der *Humankapitalintensität* kann die Wissensintensität, mit der Unternehmen produzieren, genähert werden. Ein gängiges Maß hierfür ist der Akademikeranteil unter den Beschäftigten. Hier zeigt sich das erwartete Bild (Abbildung 13): Hightech-Startups und FuE-Dienstleister weisen jeweils mit einem durchschnittlichen Anteil von zwei Dritteln im Jahr 2003 die mit Abstand höchste Akademikerquote auf. Diese hat im Zeitraum 2000 bis 2003 auch weiter zugenommen.

Beachtenswert ist, dass sich die drei anderen KMU-Gruppen beim Akademikeranteil nicht signifikant unterscheiden, er liegt zwischen rund 30 % (forschende KMU) und 25 % (nicht innovierende KMU). In den nicht innovierenden KMU ist diese Quote seit 2003 merklich angestiegen. Dies zeigt an, dass Unternehmen im verarbeitenden Gewerbe und in den wissensintensiven Dienstleistungen eine „Grundausstattung" an hoch qualifizierten Beschäftigten aufweisen müssen, um ein wettbewerbsfähiges Angebot zu stellen. Interessant ist, dass alle KMU-Gruppen einen höheren Akademikeranteil als Großunternehmen aufweisen. Dieser liegt im Mittel der Unternehmen ab 500 Beschäftigten nur unter 20 %.

Das *Marktumfeld*, in dem die einzelnen KMU-Gruppen tätig sind, kann anhand unterschiedlicher Indikatoren charakterisiert werden. Der Anteil der Unternehmen, die überwiegend größeren Konkurrenten in ihren Absatzmärkten gegenüberstehen, ist ein Maß für größenbedingte Wettbewerbsnachteile in Produktmärkten, wie z.B. niedrigere Reputation, geringere Verhandlungsmacht oder Nachteile im Preiswettbewerb aufgrund von höheren Grenzkosten als Ergebnis geringerer Skalenerträge. Solche größenbedingten Wettbewerbsnachteile sind für KMU im Allgemeinen typisch. Ihnen kann jedoch durch Nischenmarktstrategien entgangen werden, indem auf Märkte bzw. Kundensegmente ausgewichen wird, die für größere Konkurrenten aufgrund der kleinen Absatzvolumina unattraktiv sind. Insofern misst der *Anteil der Unternehmen mit größeren Hauptkonkurrenten* auch die Verbreitung solcher Nischenmarktstrategien in KMU-Gruppen.

Abbildung 13: Akademikeranteil nach KMU-Gruppen in Deutschland 2000, 2002 und 2003 (verarbeitendes Gewerbe und wissensintensive Dienstleistungen, in % der Beschäftigten insgesamt)

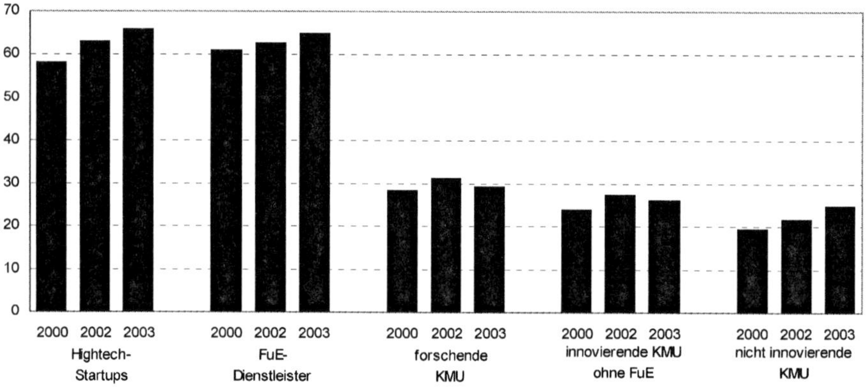

Akademiker: Beschäftigte mit Hochschulabschluss (inklusive Fachhochschul- und Berufsakademieabschluss).
Quelle: Mannheimer Innovationspanel – Berechnungen des ZEW. Mittelwerte der Nettostichprobe.

Hightech-Startups und FuE-Dienstleister sehen sich überwiegend größeren Hauptkonkurrenten gegenüber (Abbildung 14). Dies spiegelt zum einen deren niedrigere Durchschnittsgröße wider, zeigt aber auch, dass es für diese KMU-Gruppen schwierig ist, Nischenstrategien zu verfolgen. Denn die Marktpositionierung dieser Unternehmen – nämlich die Entwicklung völlig neuer Produkte auf Basis intensiver FuE-Anstrengungen, um so neue Produktmärkte zu etablieren – ist auch eine Strategie, die von vielen Großunternehmen verfolgt wird, um für ihre Hauptumsatzbringer Nachfolgerprodukte hervorzubringen. Hightech-Startups können dieser Konkurrenzsituation entkommen, indem sie entweder mit ihren Produkten so erfolgreich sind, dass sie zu Marktführern werden und in der Folge zu Großunternehmen aufsteigen, was wohl nur in Einzelfällen gelingt. - Oder sie versuchen, nach der erfolgreichen Produkteinführung auf eine Nischenstrategie umzuschwenken, indem sie sich auf kundenspezifische Weiterentwicklungen und Spezifikationen ihrer Produkte, oftmals ergänzt um begleitende

Dienstleistungen, spezialisieren. In diesem Fall ist es wahrscheinlich, dass die FuE-Intensität der Unternehmen deutlich zurückgeht und die Unternehmen in die Gruppe der forschenden KMU wechseln.

Abbildung 14: Anteil der Unternehmen, deren Hauptkonkurrent deutlich größer ist, nach KMU-Gruppen in Deutschland 2003 (verarbeitendes Gewerbe und wissensintensive Dienstleistungen, in %)

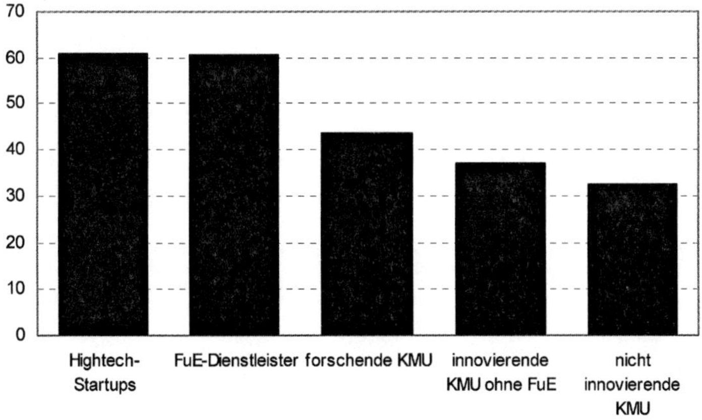

Quelle: KfW-Mittelstandspanel – Berechnungen der KfW. Mittelwerte der Nettostichprobe.

Für FuE-Dienstleister ist der zweitgenannte Entwicklungsweg dagegen schwieriger zu beschreiten, da sie bereits hohe spezifische Investitionen (insbesondere in Humankapital und technologisches Wissen) in ihre Marktpositionierung getätigt haben und ein Umstieg auf die Produktion und Vermarktung einzelner Produkte Investitionen in komplementäre Fähigkeiten erfordern würde. Auch ist zu beachten, dass der Markt der FuE-Dienstleister eine Reihe von großen Anbietern (z.B. in technischen Dienstleistungen wie Konstruktions- und Designbüros, Test- und Prüflabors) umfasst, die gegenüber den kleinen FuE-Dienstleistern in der Gruppe der KMU Größenvorteile ausspielen können (vgl. auch Koschatzky et al., 2002).

In den drei anderen KMU-Gruppen melden weniger als die Hälfte der Unternehmen, dass sie in ihren Absatzmärkten überwiegend größeren Konkurrenten gegenüberstehen. Je geringer die Innovationsorientierung ist, desto geringer ist tendenziell der Wettbewerb mit Großunternehmen. Dies liegt in erster Linie daran, dass nicht innovierende Unternehmen oder Innovatoren, die sich auf die Imitation von Produkten konzentrieren, die andere bereits zuvor in den Markt eingeführt haben, vor allem regional eng abgegrenzte Märkte bedienen. Hier können sie spezifisches Marktwissen und in der Vergangenheit aufgebaute Reputation als Wettbewerbsvorteile nutzen. Insbesondere in handwerks- und dienstleistungsnahen Bereichen können diese Unternehmen dadurch der Konkurrenz durch größere Unternehmen entgehen, da die Bearbeitung solcher lokalen Märkte für große Unternehmen oft nicht lukrativ ist.

Diese unterschiedliche *Orientierung nach Absatzmarktregionen* kann als ein zweiter Indikator für das Marktumfeld genutzt werden. Hier zeigt sich, dass die KMU-Gruppen, in denen FuE eine bestimmende Rolle für die Unternehmensaktivität bzw. die Marktpositionierung spielt, zu einem deutlich niedrigeren Anteil auf regionale Märkte ausgerichtet sind (Abbildung 15). Dies liegt auf der Hand, da sich grundlegende Innovationen, insbesondere die Entwicklung technologisch neuer Produkte, nicht nur an eine regionale Nachfragergruppe richten, sondern zumindest den nationalen Markt, meist aber überhaupt den Weltmarkt im Auge haben.

Abbildung 15: Regionale Absatzmärkte von KMU-Gruppen in Deutschland 2003 (verarbeitendes Gewerbe und wissensintensive Dienstleistungen)

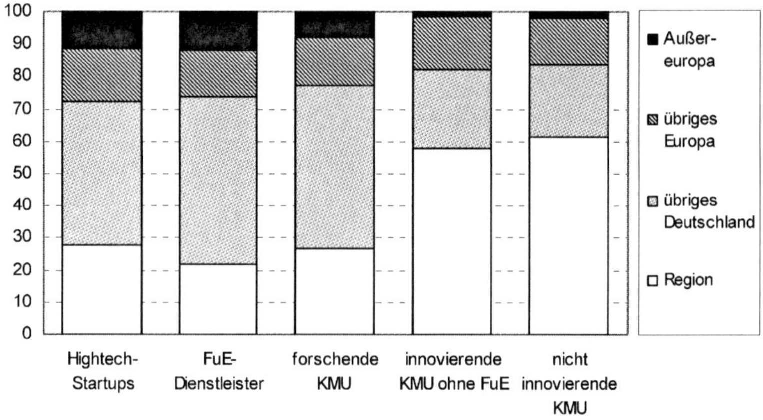

Verteilung des Gesamtumsatzes nach dem Standort der Kunden in %.
Quelle: KfW-Mittelstandspanel – Berechnungen der KfW. Mittelwerte der Nettostichprobe.

Dementsprechend weisen auch die kontinuierlich FuE betreibenden KMU-Gruppen die höchsten Exportquoten (zwischen 22 und 28 % laut KfW-Mittelstandspanel, zwischen 20 und 30 % laut MIP) auf. Dies bestätigt die Bedeutung von Innovationen als eine Voraussetzung für den Markterfolg außerhalb des Heimatmarktes.[9] Nicht innovierende KMU erreichen nur eine Exportquote von etwa 10 %, bei den innovierenden KMU ohne FuE liegt sie bei etwa 15 %. Die insgesamt niedrigen Exportquoten der KMU-Gruppen müssen vor dem Hintergrund eines hohen Anteils an Dienstleistungsunternehmen in dem hier betrachteten Unternehmenssample interpretiert werden.

9 Zur Frage des Einflusses der Exportorientierung auf die Durchführung von Innovationen vgl. Ebling und Janz (1999) oder Arnold und Hussinger (2004), die zeigen, dass der ursächliche Effekt von der Innovationstätigkeit auf den Exporterfolg geht.

Ein wesentlicher Unterschied zwischen FuE-orientierten KMU-Gruppen (Hightech-Startups, FuE-Dienstleister, forschende KMU) und den beiden anderen KMU-Gruppen ist die Präsenz auf außereuropäischen Märkten: Hier scheint das Vorhandensein einer grundlegenden neuen Innovation (was häufig mit einer Marktneuheit gleichgesetzt werden kann, vgl. Abschnitt 3.2) die Voraussetzung für den Eintritt auf solche regional weit entfernten Märkte zu sein. Sie erleichtert zweifelsohne die Wahrnehmung des eigenen Produktangebots, vor allem aber verspricht sie jene Erträge, die die hohen Investitionen eines solchen Markteintritts (insbesondere die Informationsbeschaffung und die Errichtung von geeigneten Absatzkanälen) rechtfertigen. Beachtenswert ist, dass bereits über 10 % des Umsatzes von Hightech-Startups in außereuropäischen Märkten erzielt werden. Diese Gruppe wird häufig als „*born global*"-Gründungen bezeichnet, zu deren Geschäftsmodell von Anfang an die Ausrichtung auf internationale Märkte zählt (vgl. Fryges, 2004).

Abbildung 16: Exportquote von KMU-Gruppen in Deutschland 1998, 2000, 2002 und 2003 (verarbeitendes Gewerbe und wissensintensive Dienstleistungen, in %)

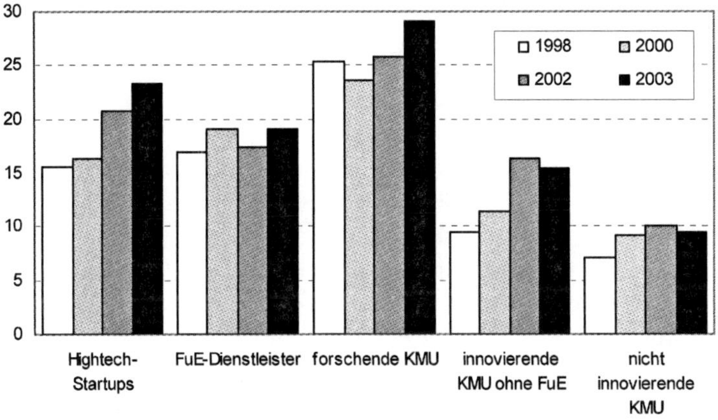

Quelle: Mannheimer Innovationspanel – Berechnungen des ZEW. Mittelwerte der Nettostichprobe.

Die *Entwicklung der Exportquote von 1998 bis 2003* zeigt für alle KMU-Gruppen einen Anstieg (Abbildung 16). Am stärksten konnten die Hightech-Startups ihre Exportorientierung ausweiten. Dahinter mag insofern auch ein Selektionsprozess stehen, als die im Markt nicht erfolgreichen – und damit auch nicht exportierenden – Startups in der Rezessionsphase ab 2001 geschlossen wurden, so dass die durchschnittliche Exportquote der überlebenden Hightech-Startups zunimmt. Eine deutliche Erhöhung der Exportquote ist auch für die innovierenden KMU ohne FuE bis 2002 zu beobachten. Unter den schwierigen konjunkturellen Rahmenbedingungen des Jahres 2003 konnten die stark FuE-orientierten KMU-

Gruppen ihre Exportanteile weiter steigern, während sie bei den innovierenden KMU ohne FuE und den nicht innovierenden KMU leicht zurückgingen.

2.5 Wechsel von Unternehmen zwischen KMU-Gruppen

Die Zugehörigkeit eines Unternehmens zu einer KMU-Gruppe kann sich im Zeitablauf ändern, wenn das Unternehmen seine FuE- und Innovationstätigkeit ändert, älter wird oder seine Beschäftigtenzahl verändert. Die Änderung der FuE- und Innovationstätigkeit (d.h. Intensivierung oder Extensivierung der FuE-Aufwendungen, Einstieg in oder Ausstieg aus kontinuierlicher FuE-Tätigkeit, Aufnahme oder Aufgabe von Innovationsaktivitäten) kann dabei zu einem Wechsel zwischen jeder beliebigen KMU-Gruppe führen (außer einem Wechsel zwischen Hightech-Startups und FuE-Dienstleistern, da diese beiden Gruppen sich nur durch ihr Alter unterscheiden). Das Altern eines Unternehmens kann dagegen nur zu einem Wechsel aus der Gruppe der Hightech-Startups heraus führen, wobei im Fall einer Beibehaltung der FuE-Tätigkeit nur ein Wechsel zu FuE-Dienstleistern oder zu forschenden KMU in Frage kommt. Die Zu- oder Abnahme der Beschäftigtenzahl kann wiederum nur zum Eintritt in die Gruppe der KMU (wenn das Unternehmen die Beschäftigtenschwelle von 500 unterschreitet) oder zum Austritt aus dem KMU-Sektor (bei einer Überschreitung dieser Schwelle) führen.

Des Weiteren ist bei einer „Verlaufsanalyse" natürlich auch der Marktaustritt von Unternehmen zu beachten. Dieser ist allerdings im Fall einer freiwilligen Stilllegung schwer festzustellen. Um trotzdem auch diesen Aspekt der Dynamik zwischen KMU-Gruppen abzubilden, werden Informationen aus dem Rücklauf der MIP-Befragung genutzt. Unternehmen, für die die Rückmeldungen „erloschen/stillgelegt", „insolvent" oder „unbekannt verzogen" vorliegen (letztere nur in dem Fall, dass keine neue Adresse recherchiert werden konnte), werden als stillgelegt eingestuft.

Tabelle 4 gibt den Verbleib von Unternehmen, die im Jahr 1998 bzw. 2000 einer bestimmten KMU-Gruppe angehört haben, im Jahr 2000 bzw. 2003 an. Tabelle 5 zeigt umgekehrt die Zusammensetzung der einzelnen KMU-Gruppen der Jahre 2000 bzw. 2003 entsprechend der Gruppenzugehörigkeit der Unternehmen im Jahr 1998 bzw. 2000. Die Zahlen basieren auf einer Auszählung für jene Unternehmen im MIP, für die in den jeweils betrachteten Jahren Informationen vorliegen. In den beiden KMU-Gruppen mit geringen Fallzahlen (Hightech-Startups und FuE-Dienstleister) sind die Ergebnisse mit einer gewissen Vorsicht zu interpretieren, da für beide Gruppen relativ kleine Beobachtungszahlen vorliegen. Zusätzlich wurde für jede Gruppe die Zahl der Unternehmen, die innerhalb der jeweils betrachteten Periode stillgelegt bzw. neu gegründet wurden, geschätzt. Für die Zahl der stillgelegten Unternehmen wurden Informationen aus dem Rücklauf der an die Unternehmen versendeten Fragebögen bzw. aus der telefonischen Kontaktaufnahme im Rahmen der Nicht-Teilnehmer-Befragung genutzt. Abbildung 17 und Abbildung 18 zeigen die entsprechenden Verteilungen in grafischer Form.

Hightech-Startups sind eine KMU-Gruppe, deren Unternehmenszusammensetzung sich rasch ändert: Von den Hightech-Startups des Jahres 1998 gehörten im Jahr 2000 nur mehr knapp 40 % weiterhin dieser Gruppe an. Gut 10 % hatten zwischenzeitlich die Altersgrenze überschritten und waren zu den FuE-Dienstleistern gewechselt, d.h. sie behielten eine sehr hohe FuE-Intensität bei. Knapp ein Viertel war zu den forschenden KMU übergetreten, d.h. sie haben unter Beibehaltung von kontinuierlichen FuE-Aktivitäten ihre FuE-Intensität reduziert. Dies kann als ein Übergang zur erfolgreichen Vermarktung der in der Gründungsphase entwickelten Produkte interpretiert werden. Etwa 10 % der Hightech-Startups des Jahres 1998 haben allerdings ihre FuE-Tätigkeit soweit reduziert, dass sie keine kontinuierliche FuE mehr aufweisen und dadurch in die Gruppe der innovierenden KMU ohne FuE fallen. Ein vergleichsweise hoher Anteil von etwa 15 % der Hightech-Startups des Jahres 1998 fiel im Jahr 2000 in die Gruppe der nicht innovierenden KMU. Hier ist zu vermuten, dass die FuE-Tätigkeit nicht erfolgreich in neue Produkte umgesetzt werden konnte und auf weitere FuE-Anstrengungen verzichtet wurde. Der Anteil der zwischen 1998 und 2000 stillgelegten Hightech-Startups ist mit 5 % sehr niedrig.

Tabelle 4: Veränderung der Zugehörigkeit von Unternehmen in Deutschland nach KMU-Gruppen zwischen 1998 und 2000 sowie 2000 und 2003 (in % aller Unternehmen einer KMU-Gruppe im Ausgangsjahr)

Status im Ausgangsjahr (1998 bzw. 2000)	*von 1998 auf 2000 Status im Jahr 2000*							*von 2000 auf 2003 Status im Jahr 2003*						
	A	*B*	*C*	*D*	*E*	*F*	*MA*	*A*	*B*	*C*	*D*	*E*	*F*	*MA*
A – Hightech-Startups	38	10	22	9	14	0	5	28	20	23	5	10	0	13
B – FuE-Dienstleister	0	58	22	0	16	0	4	0	53	27	5	5	0	10
C – forschende KMU	1	0	63	16	10	4	7	1	1	45	26	13	1	13
D – innovierende KMU ohne FuE	0	0	16	38	35	1	11	0	0	12	43	30	0	14
E – nicht innovierende KMU	0	0	7	18	63	0	13	0	0	6	15	61	1	17
F – große Unternehmen	0	0	3	1	1	91	5	0	0	5	2	3	80	10

MA: Marktaustritt (Unternehmen, die 1998 bzw. 2000 noch wirtschaftsaktiv waren und bis Ende des Jahres 2000 bzw. 2003 vermutlich geschlossen wurden); die Spalten A bis MA summieren sich für jede KMU-Gruppe des Jahres 1998 bzw. 2000 zu 100 % auf; Summenfehler aufgrund von Rundungsdifferenzen.
Quelle: Mannheimer Innovationspanel – Berechnungen des ZEW. Mittelwerte der Nettostichprobe.

Im Vergleich der beiden Jahre 2000 und 2003 zeigt sich ein ähnliches Muster, wenngleich die Übertrittsquote zu den FuE-Dienstleistern angestiegen ist, während jene zu den nicht forschenden KMU-Gruppen etwas niedriger ausfällt. Abgenommen hat auch der Anteil der weiterhin zu den Hightech-Startups zählenden

Unternehmen. Im fast gleichen Ausmaß ist dafür der Anteil der zwischenzeitlich geschlossenen Unternehmen gestiegen, was zum einen an dem um ein Jahr längeren Beobachtungszeitraum liegt, aber auch das schwierigere wirtschaftliche Umfeld abbildet. Zusammengenommen zeigt dies, dass es für junge, forschungsintensive Unternehmen schwieriger geworden ist, von der FuE-Phase (mit hohen Forschungsaufwendungen) in die Vermarktungsphase mit steigenden Umsätzen und einer dadurch fallenden FuE-Intensität bzw. einer gezielten Reduzierung der FuE-Aktivitäten zugunsten von Produktions- und Vermarktungsaktivitäten überzutreten. Gelingt ihnen dies nicht und behalten sie auch nach Überschreiten der Altersschwelle (d.h. der durchschnittlichen Produktlebensdauer) eine sehr hohe Forschungsintensität bei, wechseln sie definitionsgemäß zu den „FuE-Dienstleistern", selbst wenn es nicht Ziel dieser Unternehmen ist, FuE für Dritte durchzuführen oder Ergebnisse eigener FuE-Tätigkeit zu vermarkten.

Tabelle 5: Zusammensetzung von KMU-Gruppen im verarbeitenden Gewerbe und in den wissensintensiven Dienstleistungen Deutschlands 2000 und 2003 nach ihrer Gruppenzugehörigkeit 1998 bzw. 2000 (in % aller Unternehmen einer KMU-Gruppe)

	von 1998 auf 2000 Status im Jahr 2000						*von 2000 auf 2003 Status im Jahr 2003*					
Status im Jahr 1998 bzw. 2000	*A*	*B*	*C*	*D*	*E*	*F*	*A*	*B*	*C*	*D*	*E*	*F*
A – Hightech-Startups	52	41	5	2	1	0	52	44	4	1	1	0
B – FuE-Dienstleister	0	41	1	0	0	0	0	39	2	0	0	0
C – forschende KMU	2	4	41	8	3	3	14	17	51	21	6	2
D – innovierende KMU o. FuE	3	0	27	50	26	2	5	0	17	44	19	1
E – nicht innovierende KMU	0	14	14	31	61	1	0	0	15	27	67	2
F – große Unternehmen	0	0	3	1	0	94	0	0	4	1	1	96
ME – Markteintritt	42	0	9	8	8	0	29	0	7	5	5	0

ME – Markteintritt: Unternehmen, die 2000 bzw. 2003 wirtschaftsaktiv waren, jedoch 1998 bzw. 2000 noch nicht existiert haben; die Zeilen A bis ME summieren sich für jede KMU-Gruppe des Jahres 2000 bzw. 2003 zu 100 % auf; Summenfehler aufgrund von Rundungsdifferenzen.
Quelle: Mannheimer Innovationspanel – Berechnungen des ZEW. Mittelwerte der Nettostichprobe.

Die Gruppe der Hightech-Startups rekrutiert sich in erster Linie aus Neugründungen. Der Wechsel von jungen Unternehmen, die zunächst wenig intensiv oder gar nicht FuE betreiben (d.h. den Gruppen forschende KMU, innovierende KMU ohne FuE oder nicht innovierende KMU angehören), in die Gruppe der Hightech-Startups ist nur in Einzelfällen zu beobachten. Eine detaillierte Analyse des FuE-Verhaltens von jungen Unternehmen zeigt, dass die spätere FuE-Aktivität im Wesentlichen schon mit der Aufnahme der Geschäftstätigkeit festgelegt wird und spätere Wechsel, insbesondere von zunächst nicht FuE betreibenden Unternehmen zu kontinuierlich forschenden, sehr selten sind (vgl. Rammer, 2004b). Dies bedeutet, dass eine hohe Zahl an Unternehmensgründungen im Hightech-

Bereich unerlässlich ist, um einen steten Zustrom an neuen Unternehmen in diese Gruppe zu gewährleisten und die hohe Zahl an Unternehmen, die in andere Gruppen wechseln (d.h. die Intensität ihrer FuE-Aktivitäten ändern oder schlicht älter werden), zu kompensieren.

Abbildung 17: Veränderung der Zugehörigkeit von Unternehmen in Deutschland nach KMU-Gruppen zwischen 1998 und 2000 sowie 2000 und 2003 (in %)

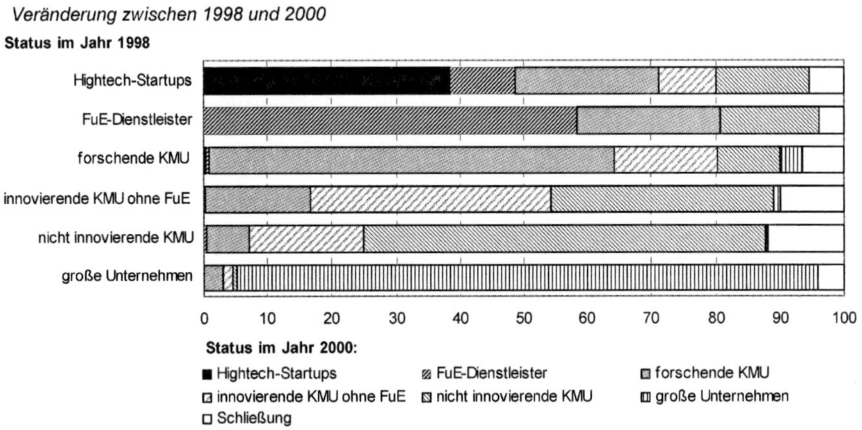

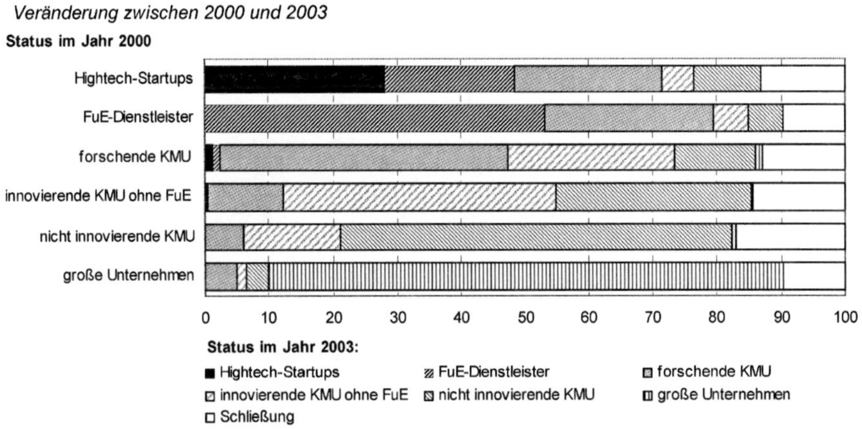

Quelle: Mannheimer Innovationspanel – Berechnungen des ZEW. Mittelwerte der Nettostichprobe.

Von den rund 6.000 Hightech-Startups des Jahres 2000 schieden bis 2003 etwa 800 aus dem Markt aus. Von den überlebenden Unternehmen zählten nur rund 1.700 auch im Jahr 2003 zu dieser Gruppe, während 3.500 in andere KMU-Gruppen überwechselten. Aus anderen KMU-Gruppen traten nur rund 500 Unternehmen in die Gruppe der Hightech-Startups über. Im Zeitraum 2001-2003 hätte es somit einer jährlichen Zahl von neu gegründeten forschungsintensiven

Unternehmen von etwa 1.250 bedurft, um die Zahl der Hightech-Startups stabil zu halten. Tatsächlich lagen die Neueintritte von Hightech-Startups aber nur bei gut 900 pro Jahr, sodass der Gesamtbestand der Hightech-Startups im Jahr 2003 auf etwa 5.000 zurückging.

FuE-Dienstleister sind dagegen von der Unternehmenszusammensetzung her eine deutlich stabilere Gruppe. Von den Unternehmen, die 1998 bzw. 2000 dieser Gruppe angehörten, waren auch 2000 bzw. 2003 etwa 55 % FuE-Dienstleister, d.h. diese Unternehmen haben sich auf Dauer auf die Durchführung von FuE als Hauptgeschäftszweck spezialisiert. Rund ein Viertel der FuE-Dienstleister hat allerdings seine Forschungsintensität soweit reduziert, dass nicht mehr von einer vorrangig auf die Produktion von FuE-Gütern ausgerichteten Geschäftstätigkeit ausgegangen werden kann. Diese Unternehmen zählen daher zur Gruppe der forschenden KMU. Der Anteil der FuE-Dienstleister, die im Zeitablauf auf kontinuierliche FuE-Aktivitäten bzw. auf FuE überhaupt verzichten, ist vergleichsweise gering. Der Anteil der aus dem Markt wieder ausscheidenden Unternehmen ist mit rund 5 % (1998-2000) bzw. 10 % (2000-2003) niedrig.

Die Gruppe der FuE-Dienstleister rekrutiert sich im Wesentlichen aus Hightech-Startups. Forschende KMU, die über die Zeit ihre FuE-Aufwendungen so sehr intensivieren, dass die Durchführung von FuE zu ihrer Hauptgeschäftstätigkeit wird, sind selten anzutreffen. Auch aus anderen KMU-Gruppen oder aus den Großunternehmen wechselt fast kein Unternehmen in diese Gruppe. FuE-Dienstleister umfassen somit im Wesentlichen frühere Hightech-Startups, die ihre hohe FuE-Orientierung verstetigt haben und auf den Übergang zur zumindest teilweise standardisierten Produktion von Waren oder Dienstleistungen – unter Nutzung der zuvor erzielten FuE-Ergebnisse – verzichten. Ob dieser Verzicht am Scheitern der Vermarktung der Forschungsergebnisse oder an einer gezielten Unternehmensentscheidung, sich auf die Durchführung von FuE zu spezialisieren, liegt, kann nicht festgestellt werden. Dieser Entwicklungspfad erklärt auch die geringe Durchschnittsgröße der Unternehmen in dieser KMU-Gruppe (vgl. Abbildung 10). Zudem ist zu beachten, dass diese Gruppe eine bedeutende Zahl an sogenannten „Forschungs-GmbHs“ aus Ostdeutschland beinhaltet, die Anfang der 1990er Jahre gegründet wurden und während des hier betrachteten Zeitraums von der Gruppe der jungen zur Gruppe der alten Unternehmen wechselten.

Forschende KMU wiesen zwischen 1998 und 2000 eine hohe Persistenz auf: Von den überlebenden Unternehmen zählten knapp zwei Drittel auch im Jahr 2000 zu den forschenden KMU. Ein kleiner Teil (ca. 5 %) trat durch Wachstum in die Gruppe der Großunternehmen über, ähnlich hoch war die Zahl der zwischen 1998 und 2000 geschlossenen forschenden KMU. Rund ein Viertel der Unternehmen gab allerdings seine kontinuierliche FuE-Tätigkeit auf und wechselte überwiegend in die Gruppe der innovierenden KMU ohne (kontinuierliche) FuE. Ein Teil berichtete im Jahr 2000 über keine erfolgreichen Innovationen mehr, so dass diese Unternehmen der Gruppe der nicht innovierenden KMU zugeordnet werden. Zwischen 2000 und 2003 verringerte sich die Persistenz in dieser KMU-Gruppe jedoch deutlich auf unter 50 %. Hauptverantwortlich dafür ist der nun doppelt so hohe Anteil der forschenden KMU, die ihre kontinuierliche FuE zwischenzeitlich einstellten, jedoch weiter erfolgreich Innovationen realisieren konnten und daher zu den innovierenden KMU ohne FuE zählen.

Abbildung 18: Zusammensetzung von KMU-Gruppen im verarbeitenden Gewerbe und in den wissensintensiven Dienstleistungen Deutschlands 2000 und 2003 nach ihrer Gruppenzugehörigkeit 1998 bzw. 2000 (in %)

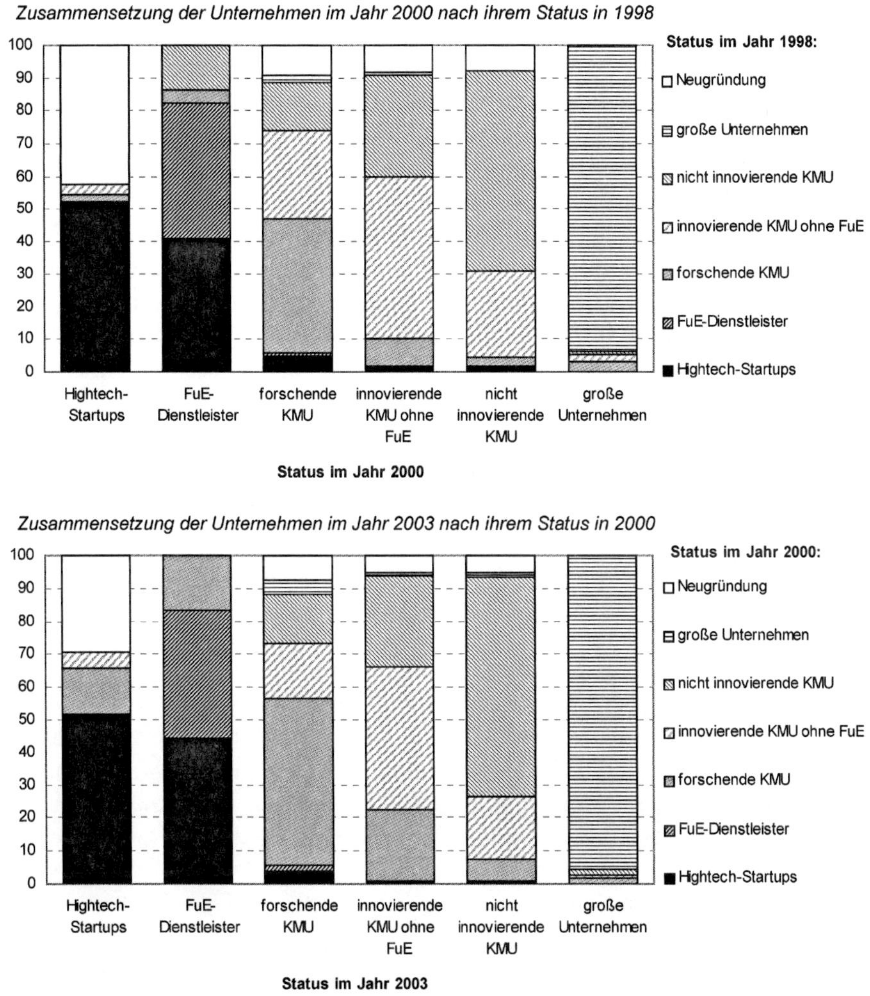

Quelle: Mannheimer Innovationspanel – Berechnungen des ZEW. Mittelwerte der Nettostichprobe.

Aber auch der Anteil der mit Innovationen nicht erfolgreichen und nicht FuE betreibenden KMU hat sich gegenüber der Periode 1998-2000 etwas erhöht. Das schwierigere wirtschaftliche Umfeld des Zeitraums 2000-2003 machte sich auch in einer deutlich niedrigeren Zahl an forschenden KMU, die durch Wachstum in die Gruppe der Großunternehmen wechseln konnten, sowie durch eine wesentlich höhere Quote von stillgelegten Unternehmen bemerkbar. Übertritte in die beiden Gruppen der sehr forschungsintensiven KMU sind in beiden Perioden nur in Einzelfällen anzutreffen.

Forschende KMU rekrutieren sich aus allen anderen KMU-Gruppen ebenso wie aus schrumpfenden Großunternehmen. Neugründungen spielen mit einem Anteil von unter 10 % im Vergleich zu Hightech-Startups eine viel geringere Rolle. Quantitativ am bedeutendsten sind Unternehmen, die zuvor zu den innovierenden KMU ohne FuE gezählt haben und in kontinuierliche FuE-Aktivitäten eingestiegen sind. Aber auch Hightech-Startups und nicht innovierende KMU bilden eine wichtige „Quelle“, aus denen sich forschende KMU entwickeln.

Innovierende KMU ohne FuE wechseln vergleichsweise häufig ihren Status. Etwa 40 % der Unternehmen in dieser Gruppe behielten innerhalb der beiden betrachteten Zeiträume ihre KMU-Gruppenzugehörigkeit bei. Etwa ein Drittel der Unternehmen dieser Gruppe stieg aus Innovationen aus und wechselte zu den nicht innovierenden KMU. Rund 15 % stiegen dagegen in kontinuierliche FuE-Aktivitäten ein und wechselten zu den forschenden KMU. Ein „Herauswachsen“ aus der Gruppe der KMU ist nur in sehr wenigen Fällen zu beobachten. Der Anteil der Schließungen liegt deutlich über der Quote der KMU-Gruppen mit kontinuierlichen FuE-Aktivitäten. Der Unternehmensbestand in dieser KMU-Gruppe speist sich vor allem aus zuvor nicht innovierenden KMU und forschenden KMU. Im Zeitraum 1998-2000 war das Gewicht der zuvor nicht innovierenden KMU besonders hoch. Diese KMU nutzten wohl die günstige konjunkturelle Situation, um Innovationen einzuführen. In der konjunkturellen Abschwungphase zwischen 2000 und 2003 hatte dagegen der Zutritt aus der Gruppe der forschenden KMU, die ihre kontinuierlichen FuE-Aktivitäten eingestellt hatten, ein ähnlich hohes Gewicht. Durch Gründungen kommen in den beiden Zeiträumen nur zwischen 5 und 10 % der Unternehmen dieser Gruppe hinzu.

Nicht innovierende KMU weisen in ihrer Gruppenzugehörigkeit die höchste Stabilität unter allen fünf KMU-Gruppen auf. Über 60 % der Unternehmen in dieser Gruppe behielten während der beiden Beobachtungszeiträume ihren Status bei. Etwa einem Sechstel der Unternehmen gelang es, durch die erfolgreiche Einführung von Innovationen in die Gruppe der innovierenden KMU ohne FuE zu wechseln. Etwas mehr als 10 % nahmen sogar kontinuierliche FuE-Aktivitäten auf und wechseln somit in die Gruppe der forschenden KMU. Die Schließungsquote ist in dieser KMU-Gruppe mit rund 15 % am höchsten. Die quantitativ bedeutendsten Zutritte in diese KMU-Gruppe kommen durch innovierende KMU ohne FuE, die die Einführung von Innovationen (vorübergehend?) einstellen. Wechsler aus anderen KMU-Gruppen oder Großunternehmen spielen ebenso wie

Neugründungen (ca. 5 % des Unternehmensbestands am Periodenende) eine untergeordnete Rolle.

Zusammengefasst und vereinfacht ergibt sich damit folgende *Dynamik zwischen KMU-Gruppen*:

- Hightech-Startups wechseln häufiger in die Gruppe der forschenden KMU als in die Gruppe der FuE-Dienstleister. In der konjunkturellen Aufschwungphase 1998-2000 war dies stärker ausgeprägt als in der Rezessionsphase 2000-2003. Insgesamt verbleiben im Zeitablauf nur relativ wenige Unternehmen in dieser Gruppe. Die hohe Fluktuation ist dabei nicht nur dem Umstand geschuldet, dass die Unternehmen die Altersgrenze überschreiten, die diese KMU-Gruppe definiert. Verantwortlich ist dafür vor allem ein kräftiges Umsatzwachstum, das mit einer abnehmenden Innovationsintensität und einer stärkeren Zuwendung des Unternehmens auf die Kommerzialisierung der in den ersten Unternehmensjahren entwickelten Technologien und Produkte einhergeht.
- FuE-Dienstleister rekrutieren sich ganz überwiegend aus früheren Hightech-Startups. Sie weisen eine höhere Persistenz auf als Hightech-Startups. Ein bedeutender Teil der FuE-Dienstleister wechselt aber auch in die Gruppe der forschenden KMU, d.h. sie verringern über die Zeit ihre FuE-Intensität.
- Forschende KMU wiesen in der Aufschwungphase 1998-2000 eine hohe Persistenz auf, im Zeitraum 2000-2003 stiegen allerdings viele aus FuE-Aktivitäten aus und wechselten überwiegend in die Gruppe der innovierenden KMU ohne FuE. Forschende KMU erhalten aus allen anderen Gruppen – inklusive Großunternehmen – Zuwachs, am bedeutendsten sind zuvor innovierende KMU ohne FuE, die in regelmäßige FuE-Aktivitäten einsteigen. Diese Art des Wechsels war in der Aufschwungphase 1998-2000 häufiger als 2000-2003.
- Innovierende KMU ohne FuE zeigen eine vergleichsweise niedrige Persistenz, sie wechseln häufig in die „benachbarten“ Gruppen der forschenden KMU (= Einstieg in FuE) und der nicht innovierenden KMU (= Ausstieg aus Innovation).
- Nicht innovierende KMU sind in ihrer Gruppenzugehörigkeit über die Zeit sehr stabil. Wenn sie ihren Status ändern, dann überwiegend in die Gruppe der innovierenden KMU ohne FuE. Der direkte Einstieg in die Gruppe der forschenden KMU ist selten.
- Ein Wechsel zwischen dem KMU-Sektor und der Gruppe der Großunternehmen erfolgt überproportional häufig über die Gruppe der forschenden KMU: Im Zeitraum 1998-2000 kamen rund 60 % der aus dem KMU-Sektor in die Gruppe der Großunternehmen hineinwachsenden Unternehmen aus dieser KMU-Gruppe, im Zeitraum 2000-2003 waren es rund 40 %. Großunternehmen, die durch eine Verringerung der Beschäftigtenzahl in den KMU-Sektor wechseln, betreiben überwiegend kontinuierlich FuE und fallen somit in die Gruppe der forschenden KMU.

Abbildung 19: Anteil der zwischen 1998 und 2000 bzw. zwischen 2000 und 2003 geschlossenen Unternehmen im verarbeitenden Gewerbe und in den wissensintensiven Dienstleistungen Deutschlands nach KMU-Gruppen (in %)

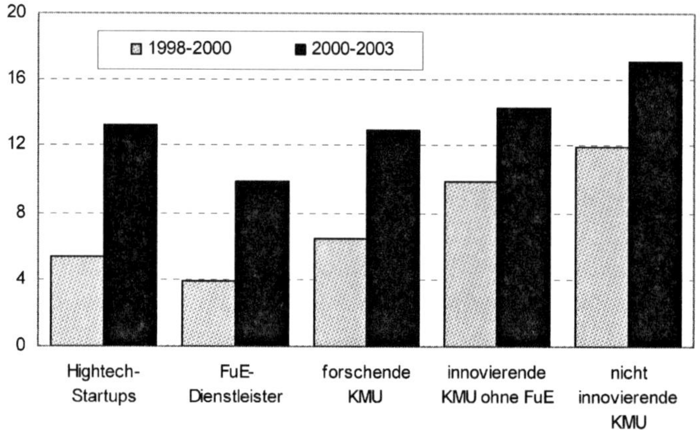

Unternehmen, die im Jahr 1998 bzw. 2000 existiert haben, und für die im Jahr 2000 bzw. 2003 deutliche Hinweise auf einen Marktaustritt vorliegen.
Quelle: Mannheimer Innovationspanel – Berechnungen des ZEW. Mittelwerte der Nettostichprobe.

Abbildung 20: Verteilung der FuE-Intensität von KMU-Gruppen mit FuE-Tätigkeit in Deutschland (Zeitraum 1998 bis 2003, verarbeitendes Gewerbe und wissensintensive Dienstleistungen, in %)

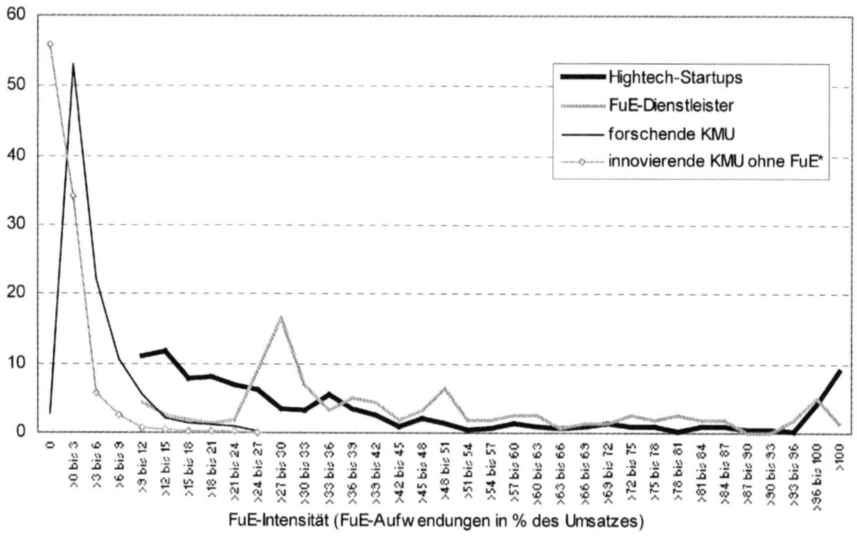

Quelle: Mannheimer Innovationspanel – Berechnungen des ZEW. Mittelwerte der Nettostichprobe.

Abbildung 21: Verteilung der Beschäftigtenzahl innerhalb von KMU-Gruppen in Deutschland (Zeitraum 1998 bis 2003, verarbeitendes Gewerbe und wissensintensive Dienstleistungen)

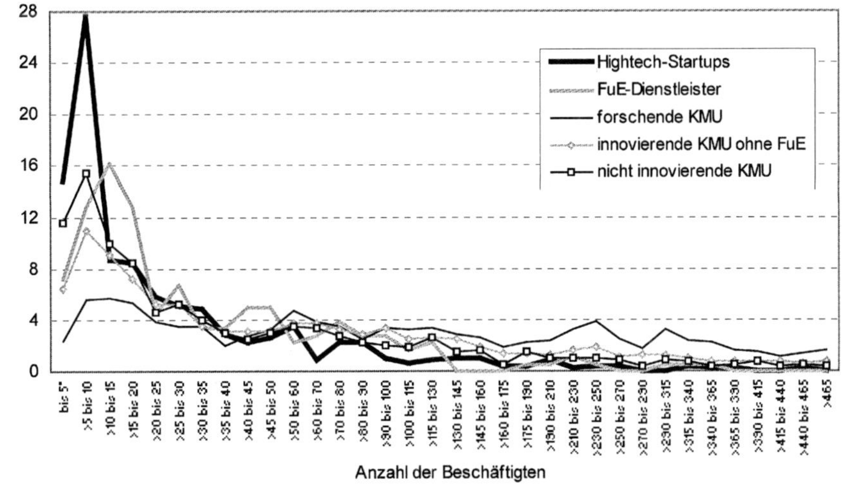

* Unternehmen mit weniger als 5 Beschäftigten sind nur in der Stichprobe, wenn sie in einem der Vorjahre mehr als 5 Beschäftigte hatten.
Quelle: Mannheimer Innovationspanel – Berechnungen des ZEW. Mittelwerte der Nettostichprobe.

Abbildung 22: Verteilung des Unternehmensalters innerhalb von KMU-Gruppen in Deutschland (Zeitraum 1998 bis 2003, verarbeitendes Gewerbe und wissensintensive Dienstleistungen, in Jahren)

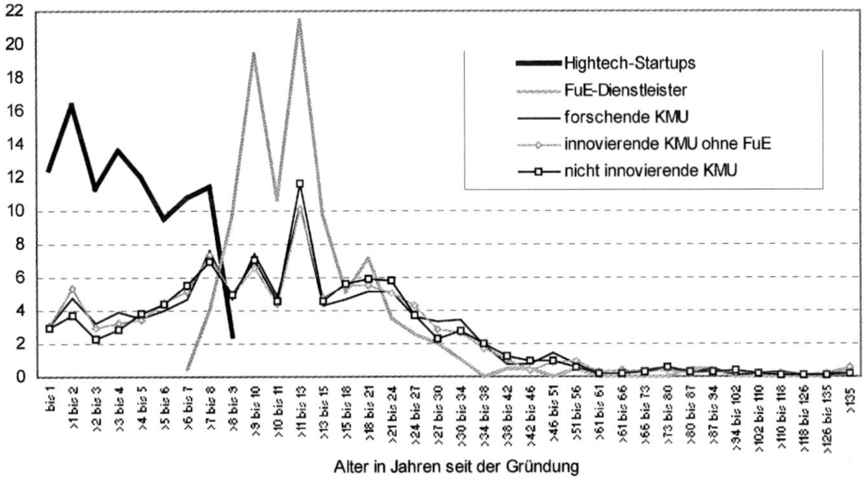

Die höheren Anteile von jungen Unternehmen im Alter zwischen ungeraden und geraden Zahlen (1-2, 3-4, 5-6, 7-8) sind teilweise erhebungsbedingt, da die MIP-Stichprobe nur zweijährlich um Neugründungen aufgefrischt wird und gleichzeitig die Auswertung auf den Beobachtungsjahren 1998, 2000, 2002 und 2003 beruht, d.h. überwiegend in einem zweijährlichen Rhythmus.
Quelle: Mannheimer Innovationspanel – Berechnungen des ZEW. Mittelwerte der Nettostichprobe.

Nicht innovierende KMU weisen den höchsten Anteil an Schließungen auf, gefolgt von innovierenden KMU ohne FuE (Abbildung 19). Forschende KMU und FuE-Dienstleister zeigen demgegenüber eine niedrige Marktaustrittsquote. Bei Hightech-Startups war sie im Zeitraum 1998-2000 noch niedrig, ist aber nach 2000 deutlich angestiegen.

Rund die Hälfte der Hightech-Startups weist eine FuE-Intensität von weniger als 27 % auf, wobei der größte Anteil in den Bereich zwischen 12 und 15 % FuE-Intensität fällt (Abbildung 20). Somit können schon geringe Änderungen des Umsatzes oder der FuE-Aufwendungen zu einem Wechsel der Gruppenzugehörigkeit zwischen Hightech-Startups und forschenden KMU führen. Dementsprechend sollte die Dynamik zwischen den KMU-Gruppen der Hightech-Startups und der FuE-Dienstleister einerseits und der forschenden KMU andererseits nicht überbewertet werden.

3 Innovationsverhalten von KMU-Gruppen

Ziel dieses Kapitels ist es, das Innovationsverhalten der einzelnen KMU-Gruppen zu beschreiben und dabei die in den Abschnitten 2.1 und 2.2 gemachten Annahmen zur Ausrichtung der Innovationsaktivitäten zu überprüfen. Die Darstellung beschränkt sich dabei auf vier der fünf KMU-Gruppen, da für die nicht innovierenden KMU in der Regel keine Innovationsindikatoren vorliegen. Ein kleiner Teil dieser KMU-Gruppe hat zwar Innovationsaktivitäten, die noch nicht abgeschlossene oder zwischenzeitlich eingestellte Innovationsprojekte betreffen. Definitionsgemäß weisen die Unternehmen dieser KMU-Gruppe jedoch keine Innovationen, d.h. keine erfolgreich eingeführten neue Produkte oder Prozesse, auf.

3.1 Art der Innovationstätigkeit

Hinsichtlich der Ausrichtung der Innovationstätigkeit nach Produkt- und Prozessinnovationen zeigen sich zwischen den KMU-Gruppen mit Innovationen nur wenig markante Unterschiede (Abbildung 23): Zwischen 30 und 40 % der Unternehmen einer KMU-Gruppe sind reine Produktinnovatoren, d.h. diese Unternehmen führten im zurückliegenden Dreijahreszeitraum zumindest ein neues Produkt im Markt ein, wiesen aber gleichzeitig keine (erfolgreiche) Prozessinnovationstätigkeit auf. Der Anteil der Innovatoren, die sowohl Produkt- als auch Prozessinnovationen eingeführt haben, liegt zwischen 40 und 50 %. Reine Prozessinnovatoren sind selten anzutreffen: Bei den Hightech-Startups repräsentieren sie etwa 5 % der Unternehmen, bei den FuE-Dienstleistern und forschenden KMU knapp 10 %.

In der Gruppe der innovierenden KMU ohne FuE spielen sie mit über 20 % allerdings eine größere Rolle. Während die letztgenannte Gruppe definitionsgemäß nur erfolgreiche Innovatoren umfasst, sind in den anderen drei genannten KMU-Gruppen zwischen 5 und 10 % der Unternehmen mit Innovationen (noch) nicht erfolgreich, d.h. sie konnten ihre Innovationsprojekte noch nicht erfolgreich abschließen. Die Gruppe der nicht innovierenden KMU umfasst etwa 10 bis 15 % der Unternehmen, die Innovationsaktivitäten aufweisen, wenngleich auch hier (noch) keine erfolgreiche Einführung eines neuen Produkts oder eines neuen Verfahrens im zurückliegenden Dreijahreszeitraum stattgefunden hat. Noch nicht erfolgreiche Innovationsaktivitäten können zum einen lange Laufzeiten von Innovationsprojekten widerspiegeln (wie bei vielen Hightech-Startups und FuE-Dienstleistern vermutet werden kann) oder aber ein Hinweis auf Barrieren für Innovationsaktivitäten sein, die zum Abbruch von Projekten führen.

Zusammengenommen bedeutet dies, dass der größte Teil der KMU Produktinnovatoren sind, ihr Anteil reicht von 75 % (innovierende KMU ohne FuE) bis über 90 % (Hightech-Startups im Jahr 2000). Prozessinnovatoren machen zwischen 55 und 70 % der KMU in den einzelnen Gruppen aus. Im Zeitvergleich sind zwischen 2000 und 2003 vor allem bei den Hightech-Startups deutliche Verschiebungen zu beobachten: Der Anteil der reinen Produktinnovatoren nahm stark ab, dafür stieg der Anteil der Produkt- und Prozessinnovatoren. Bei den FuE-Dienstleistern stieg dagegen der Anteil der reinen Produktinnovatoren, während der Anteil der reinen Prozessinnovatoren abnahm. Die Innovationsausrichtung nach Produkt- und Prozessinnovationen blieb in den Gruppen der forschenden KMU und der innovierenden KMU ohne FuE zwischen 2000 und 2003 im Wesentlichen unverändert. Generell zugenommen hat der Anteil der Unternehmen ohne erfolgreich abgeschlossene Innovationsaktivitäten. Dies gilt insbesondere für die nicht innovierenden KMU.

Abbildung 23: Ausrichtung der Innovationstätigkeit nach KMU-Gruppen in Deutschland 2000 und 2003 (verarbeitendes Gewerbe und wissensintensive Dienstleistungen, in %)

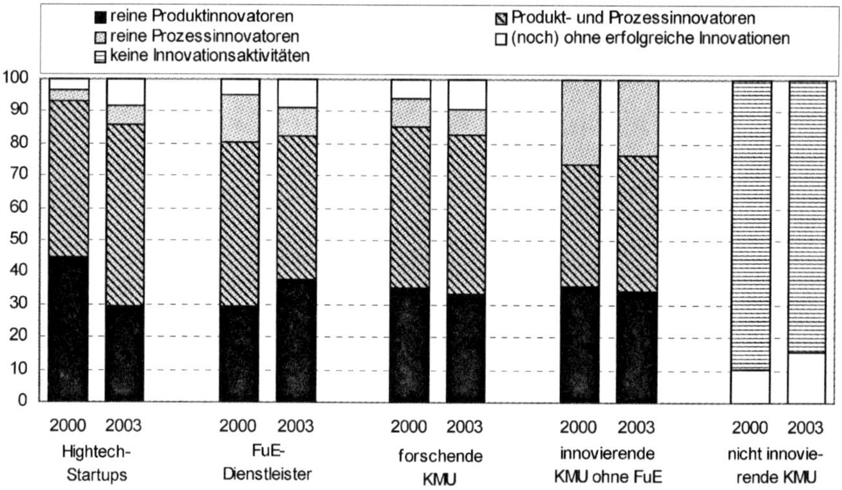

Wegen Änderungen in der Fragestellung zu Produkt- und Prozessinnovationen im Jahr 2000 ist ein Vergleich mit dem Jahr 1998 nicht möglich. *Reine Produktinnovatoren:* Unternehmen hat im vorangegangenen Dreijahreszeitraum zumindest ein neues Produkt erfolgreich im Markt eingeführt, gleichzeitig jedoch keine Prozessinnovation im Unternehmen eingeführt. *Reine Prozessinnovatoren:* Unternehmen hat im vorangegangenen Dreijahreszeitraum zumindest einen neuen Prozess erfolgreich unternehmensintern eingeführt, gleichzeitig jedoch keine Produktinnovation im Markt eingeführt. *Produkt- und Prozessinnovatoren:* Unternehmen hat im vorangegangenen Dreijahreszeitraum sowohl zumindest ein neues Produkt erfolgreich im Markt als auch zumindest einen neuen Prozess erfolgreich unternehmensintern eingeführt. *(Noch) ohne erfolgreiche Innovationen:* Unternehmen hat im vorangegangenen Dreijahreszeitraum weder ein neues Produkt noch einen neuen Prozess eingeführt, jedoch noch laufende oder zwischenzeitlich abgebrochene Innovationsaktivitäten.
Quelle: Mannheimer Innovationspanel – Berechnungen des ZEW. Mittelwerte der Nettostichprobe.

Deutlichere Unterschiede sind zwischen den KMU-Gruppen auszumachen, wenn die Innovationstätigkeit in Hinblick auf den *Neuheitsgrad der Produktinnovation* bzw. die *Stoßrichtung der Prozessinnovation* differenziert wird (Abbildung 24): Hightech-Startups und FuE-Dienstleister sind erwartungsgemäß zu einem sehr hohen Prozentsatz mit Marktneuheiten erfolgreich: Im Jahr 2000 hatten über drei Viertel aller Hightech-Startups neue Produkte im Markt, die von ihnen als erste im Markt eingeführt worden waren. Im Jahr 1998 lag dieser Anteil erst bei etwa 60 %. Allerdings fiel er bis 2003 wieder auf etwa 50 % ab, was die Schwierigkeiten von jungen, kleinen Unternehmen aufzeigt, unter ungünstigen konjunkturellen Bedingungen und bei rückläufiger Nachfrage ihre Produktneuheiten im Markt zu platzieren (vgl. hierzu auch Abschnitt 5.1). Zum anderen ist zu beachten, dass die Ende der 1990er Jahre bis einschließlich 2000 eingeführten Marktneuheiten im Jahr 2003 bereits als „alte" Produkte zählen und jene Hightech-Startups, die nach 2000 keine grundlegenden Neuheiten auf den Markt gebracht haben, sondern sich auf die Verbesserung und Weiterentwicklung ihrer bestehenden Produkte sowie die Einführung komplementärer Produkte (inkl. Dienstleistungen) konzentriert haben, nicht mehr als Unternehmen mit Marktneuheiten zählen.

Abbildung 24: Anteil der Unternehmen mit Marktneuheiten und mit Rationalisierungsinnovationen nach KMU-Gruppen in Deutschland 1998, 2000 und 2003 (verarbeitendes Gewerbe und wissensintensive Dienstleistungen, in %)

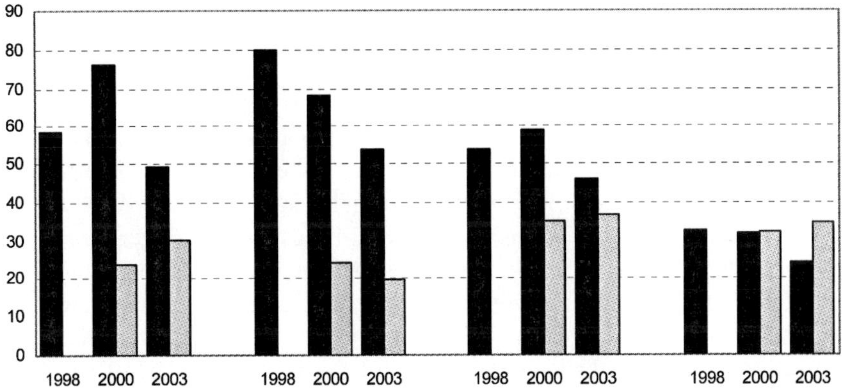

Marktneuheiten: Unternehmen hat im vorangegangenen Dreijahreszeitraum zumindest ein neues Produkt erfolgreich im Markt eingeführt, das noch von keinem anderen Unternehmen im Markt angeboten wurde. Rationalisierungsinnovationen: Unternehmen hat im vorangegangenen Dreijahreszeitraum zumindest einen neuen Prozess erfolgreich unternehmensintern eingeführt, der zu einer Reduktion der Stückkosten geführt hat; Werte für 1998 mit jenen für 2000 und 2003 nur eingeschränkt vergleichbar und daher nicht ausgewiesen.
Quelle: Mannheimer Innovationspanel – Berechnungen des ZEW. Mittelwerte der Nettostichprobe.

Bei den FuE-Dienstleistern lag der Anteil der Unternehmen mit Marktneuheiten 1998 bei etwa 80 % und ging dann sukzessive bis 2003 auf nur wenig über 50 % zurück. In der Gruppe der forschenden KMU schwankt der Anteil der „originären

Produktinnovatoren" dagegen weniger stark, wenngleich auch hier eine Zunahme in 2000 und eine Abnahme bis 2003 zu beobachten ist. Überraschend hoch ist der Anteil der innovierenden KMU ohne FuE, die die Einführung von Marktneuheiten berichten. Zum einen stehen dahinter jene Unternehmen, die auch auf Grundlage von nur gelegentlichen FuE-Aktivitäten in der Lage sind, grundlegende Produktneuheiten zu entwickeln und in den Markt einzuführen. Zum anderen ist zu vermuten, dass eine Reihe von KMU, die auf regional eng abgegrenzten Märkten aktiv sind – und hierzu zählt ein großer Teil der Unternehmen in dieser Gruppe (vgl. Abbildung 15) -, auch die Einführung neuer Produkte in ihrem regionalen Markt, die auf Produktideen von Unternehmen in anderen regionalen Märkten zurückgehen, als Marktneuheiten meldet.

Die Innovationstätigkeit von forschenden KMU und innovierenden KMU ohne FuE ist stärker auf die Erzielung von Kostenvorteilen – und damit auf die Verbesserung der preislichen Wettbewerbsfähigkeit für das bestehende Produktangebot – ausgerichtet. Gut ein Drittel dieser Unternehmen erzielt dank Prozessinnovationen Rationalisierungserfolge. Bei den besonders forschungsintensiven KMU liegt der Anteil dieser *Rationalisierungs-Innovatoren* bei einem Fünftel bis einem Viertel. Im Jahr 2003 wiesen allerdings die Hightech-Startups mit 30 % auch bei diesem Indikator einen relativ hohen Wert auf. Dies könnte mit einem zunehmenden Preiswettbewerb auch bei innovativen Produkten infolge der insgesamt schwachen Nachfrage zusammenhängen.

Die unterschiedliche Ausrichtung der Produktinnovationstätigkeit lässt sich an der Verbreitung von *Marktneuheiten* und *Sortimentsneuheiten* (das sind neue Produkte, die im Unternehmen kein Vorgängerprodukt haben) in der Gruppe der Produktinnovatoren beschreiben (Abbildung 25): Die beiden forschungsintensivsten KMU-Gruppen weisen einen besonders hohen Anteil an Unternehmen auf, die sowohl Markt- als auch Sortimentsneuheiten eingeführt haben. Jeweils etwa 45 % der Hightech-Startups und der FuE-Dienstleister bringen Produktinnovationen hervor, die einerseits noch von keinem anderen Unternehmen im Markt angeboten werden und mit denen gleichzeitig das Produktsortiment des eigenen Unternehmens erweitert wird. Zwar muss es sich nicht notwendigerweise um dasselbe Produkt handeln, auf das die beiden Merkmale zutreffen. Allerdings ist es angesichts der Kleinheit dieser Unternehmen und des meist nur wenige Produkte umfassenden Sortiments wahrscheinlich, dass beide Innovationseigenschaften auf ein und dasselbe Produkt zutreffen. Dies bedeutet, dass mit solchen Innovationen nicht nur ein hohes, neuheitsbedingtes Risiko (sowohl in Bezug auf die Marktakzeptanz als auch auf die technologische Realisierbarkeit) einhergeht, sondern gleichzeitig auch unternehmensintern Anpassungen notwendig sind, um die Ausweitung des Produktsortiments umzusetzen. Diese Anpassungen reichen von der Aneignung technologischen Wissens über Produktion/ Dienstleistungserbringung bis zum Marketing. Vor allem für kleine Unternehmen mit begrenzten Ressourcen können solche Anpassungen eine große Herausforderung darstellen. Gleichzeitig ist die Diversifizierung des Produktangebots oft eine notwendige Voraussetzung für das Wachstum der KMU.

Abbildung 25: Zusammensetzung der Produktinnovatoren nach der Ausrichtung der Innovationstätigkeit nach KMU-Gruppen in Deutschland 2002 und 2003 (verarbeitendes Gewerbe und wissensintensive Dienstleistungen, in %)

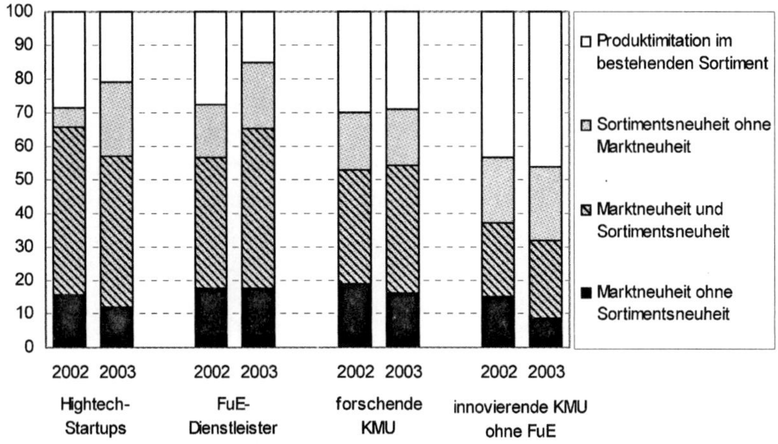

Marktneuheiten: Unternehmen hat im vorangegangenen Dreijahreszeitraum zumindest ein neues Produkt erfolgreich im Markt eingeführt, das noch von keinem anderen Unternehmen im Markt angeboten wurde.
Sortimentsneuheiten: Unternehmen hat im vorangegangenen Dreijahreszeitraum zumindest ein neues Produkt erfolgreich im Markt eingeführt, das im Unternehmen kein Vorgängerprodukt hatte.
Quelle: Mannheimer Innovationspanel – Berechnungen des ZEW. Mittelwerte der Nettostichprobe.

Forschende KMU weisen mit 35 % ebenfalls einen hohen Anteil an Unternehmen mit Markt- und Sortimentsneuheiten auf. Aufgrund der größeren Durchschnittsgröße der Unternehmen ist bei ihnen aber eher wahrscheinlich, dass sich Markt- und Sortimentsneuheiten auf unterschiedliche Produkte beziehen. Innovierende KMU ohne FuE weisen sowohl deutlich niedrigere Anteile von Unternehmen mit Markt- und/oder Sortimentsneuheiten auf, wobei in nur knapp 25 % der Unternehmen beide Innovationstypen gleichzeitig vorliegen. Produktinnovationstätigkeit ist in dieser Gruppe – wie bereits oben dargestellt – überwiegend auf Produktimitationen ausgerichtet, wobei die Mehrheit der Produktimitatoren in ihrem angestammten Produktbereich diese Neuerungen einführen.

Prozessinnovatoren können grob nach der Stoßrichtung der neuen Verfahren unterschieden werden: *Rationalisierungsinnovationen* führen zu einer Verringerung der Stückkosten und beeinflussen somit in erster Linie die preisliche Wettbewerbsfähigkeit, während *qualitätsverbessernde Prozessinnovationen* eine Erhöhung der Qualität der hergestellten Produkte bzw. der erbrachten Dienstleistungen bewirken und so die Position im Qualitätswettbewerb verschieben. Die Zuordnung von Unternehmen zu diesen Formen der Prozessinnovationstätigkeit erfolgt dabei anhand der tatsächlich erzielten Wirkung und nicht nach den mit der Prozessinnovation zunächst verfolgten Zielen.

Hightech-Startups erzielen mit ihren Prozessinnovationen in erster Linie Qualitätsverbesserungen (70 % aller Prozessinnovatoren), während Stückkostensenkungen von knapp der Hälfte der Unternehmen realisiert werden (Abbildung 26). Bei den FuE-Dienstleistern ist die Ausrichtung auf Qualitätsverbesserungen noch stärker ausgeprägt (60 % zu 30 %). Hier sind aber auch viele Prozessinnovatoren (40 %) weder mit Kostenreduktionen noch mit Qualitätsverbesserungen erfolgreich. Solche Prozessinnovationen könnten häufig mit der Einführung völlig neuer Produkte einhergehen.

Abbildung 26: Zusammensetzung der Prozessinnovatoren nach der Ausrichtung der Innovationstätigkeit und nach KMU-Gruppen in Deutschland 2002 und 2003 (verarbeitendes Gewerbe und wissensintensive Dienstleistungen, in %)

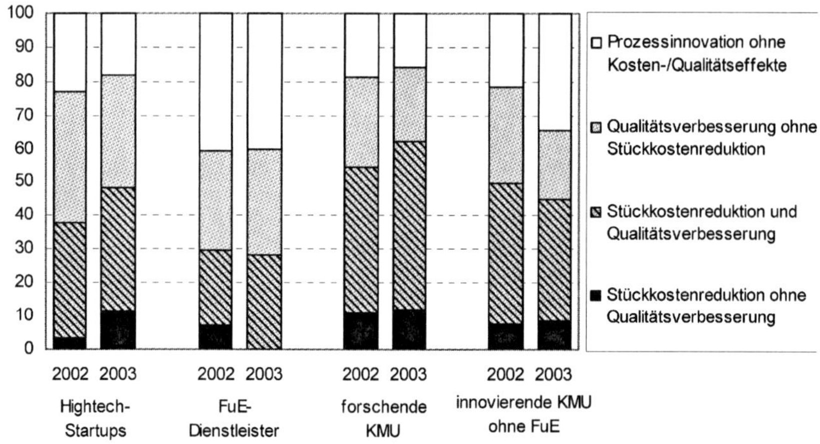

Stückkostenreduktion: Unternehmen hat im vorangegangenen Dreijahreszeitraum zumindest einen neuen Prozess erfolgreich unternehmensintern eingeführt, der zu einer Reduktion der Stückkosten geführt hat.
Qualitätsverbesserung: Unternehmen hat im vorangegangenen Dreijahreszeitraum zumindest einen neuen Prozess erfolgreich unternehmensintern eingeführt, der zu einer Verbesserung der Produktqualität geführt hat.
Quelle: Mannheimer Innovationspanel – Berechnungen des ZEW. Mittelwerte der Nettostichprobe.

Forschende KMU zeigen am ausgeprägtesten eine Prozessinnovationsausrichtung, die auf eine Kombination von Kostenvorteilen und Qualitätsverbesserungen zielt. Jedes zweite Unternehmen in dieser KMU-Gruppe kann sowohl die preisliche als auch die qualitative Wettbewerbsfähigkeit durch die Einführung neuer Verfahren erhöhen. Dies entspricht auch den Erwartungen über die dominante Innovationsstrategie in dieser Gruppe: Über eine hohe Qualität wird versucht, sich in Nischenmärkten zu positionieren und insbesondere durch kundenspezifische Neu- und Weiterentwicklungen der Konkurrenz mit Großunternehmen auszuweichen. Kostensenkende Prozessinnovationen können dabei zum einen der

Absatzausweitung dienen, indem für stärker standardisierte Produkte über Preissenkungen neue Kunden gewonnen werden sollen. Vor allem aber sind kontinuierliche Effizienzsteigerungen in der Produktion notwendig, um den Anstieg bei den Faktorkosten auszugleichen und eine hohe Profitabilität des Unternehmens zu erhalten. Diese ist wiederum eine Voraussetzung für kontinuierliche FuE- und Innovationsaktivitäten, da forschende KMU Aufwendungen für diese Tätigkeiten häufig aus dem Cashflow finanzieren. Innovierende KMU ohne FuE weisen eine ähnliche Zusammensetzung ihrer Prozessinnovationstätigkeit auf. Allerdings hat 2003 in dieser Gruppe der Erfolg mit Kostensenkungen und Qualitätsverbesserungen nachgelassen. Dies kann möglicherweise auf Verzögerungen in der Realisierung dieser Effekte zurückgeführt werden.

3.2 Innovationsintensität und Innovationserfolg

Obwohl die Ausrichtung der Innovationsaktivitäten in den einzelnen KMU-Gruppen recht ähnlich ist, bestehen bei der Innovationsintensität – d.h. den für Innovationen bereitgestellten finanziellen Mitteln in Relation zu den Gesamterlösen des Unternehmens – sehr große Unterschiede (Abbildung 27). Diese resultieren im Wesentlichen aus der Abgrenzung der Gruppen über die Maßzahl der FuE-Intensität: Hightech-Startups gaben im Jahr 2003 gut 55 % ihres Umsatzes für Innovationsprojekte aus, davon über drei Viertel für FuE (das bedeutet eine FuE-Intensität von über 40 %). Dieser hohe Wert ist vor dem Hintergrund zu sehen, dass es einige Hightech-Startups gibt, die bei sehr hohen Innovationsaufwendungen nur sehr niedrige Umsätze erzielen, so dass deren FuE-Intensität mehrere hundert Prozent betragen kann. FuE-Dienstleister zeigen mit fast 60 % eine gleich hohe Innovationsintensität wie Hightech-Startups, wobei die Struktur der Innovationsaufwendungen noch stärker FuE-lastig ist (Anteil von 85 %, d.h. eine FuE-Intensität von 50 %).

In forschenden KMU ist die Innovationsintensität mit rund 8 % zwar deutlich niedriger, jedoch im Vergleich zum gesamtwirtschaftlichen Durchschnitt noch immer sehr hoch. So liegt die Innovationsintensität im KMU-Sektor (Innovatoren plus Nicht-Innovatoren zusammengenommen) im verarbeitenden Gewerbe bei rund 3 % und in den wissensintensiven Dienstleistungen (ohne Banken/Versicherungen) bei etwa 4 %. Etwa 60 % der Innovationsaufwendungen in forschenden KMU entfallen auf FuE, sodass die FuE-Intensität knapp 5 % beträgt. In der Gruppe der innovierenden KMU ohne FuE liegt die Innovationsintensität bei knapp 6 %. Der FuE-Anteil an den gesamten Innovationsaufwendungen ist mit etwa einem Viertel deutlich niedriger als in den anderen KMU-Gruppen, die FuE-Intensität liegt folglich nur bei rund 1 %. Dabei handelt es sich zum einen um die Kosten von internen FuE-Aktivitäten, die auf unregelmäßiger Grundlage durchgeführt werden, sowie andererseits um Aufwendungen für externe FuE. Die nicht innovierenden KMU weisen in der Regel keine Innovationsaufwendungen auf, allerdings zählt zu dieser Gruppe auch eine kleinere Zahl an

Unternehmen mit noch laufenden oder abgebrochenen Innovationsaktivitäten (2003: gut 15 %), sodass sich ein geringer Betrag an Innovationsaufwendungen und eine Innovationsintensität von knapp 1 % ergibt. Für die nicht innovierenden KMU, die positive Innovationsaufwendungen aufweisen, errechnet sich allerdings eine recht hohe Innovationsintensität, die je nach Beobachtungsjahr zwischen 2,2 % (1998) und 6,3 % (2003) liegt. Der Anteil der FuE-Aufwendungen liegt dabei bei etwa 30 %. Damit unterscheiden sich diese Unternehmen nach der Innovations- und FuE-Intensität kaum von den innovierenden KMU ohne FuE.

Abbildung 27: Innovationsintensität nach KMU-Gruppen in Deutschland 1998, 2000 und 2003 (verarbeitendes Gewerbe und wissensintensive Dienstleistungen, in %)

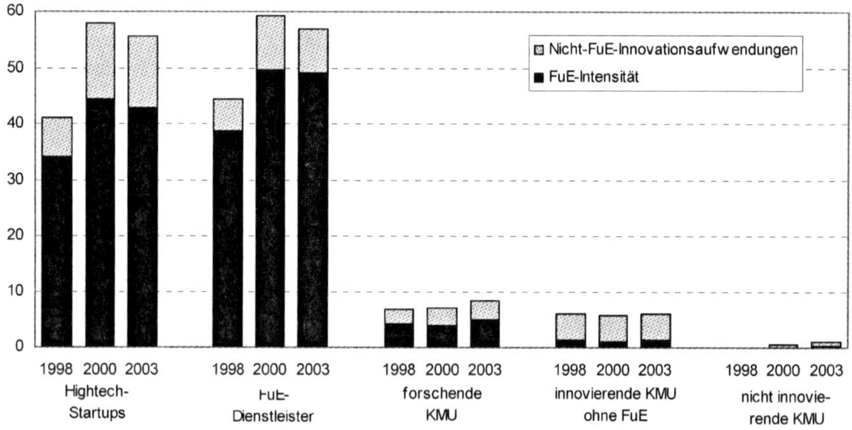

Innovationsintensität: Innovationsaufwendungen in % des Umsatzes, differenziert nach FuE-Aufwendungen und Nicht-FuE-Aufwendungen.
Quelle: Mannheimer Innovationspanel – Berechnungen des ZEW. Mittelwerte der Nettostichprobe.

Beachtenswert ist der starke Anstieg der Innovationsintensität in den Gruppen der Hightech-Startups und FuE-Dienstleister zwischen 1998 und 2000, der vor allem auf höhere FuE-Aufwendungen zurückzuführen ist. Bei den Hightech-Startups ist hierfür der höhere Anteil von Neugründungen im Unternehmensbestand des Jahres 2000 verantwortlich. Ganz junge Hightech-Startups weisen in der Regel höhere FuE-Intensitäten auf, da sie noch kaum Umsätze erzielen und daher schon geringe FuE-Aufwendungen zu einer hohen Intensität führen.

Mit der unterschiedlichen Zusammensetzung der Innovationsaufwendungen nach FuE-Aufwendungen und anderen Innovationsaufwendungen geht auch ein unterschiedlicher *Anteil investiver Aufwendungen* einher: In den innovierenden KMU ohne FuE ist er mit bis zu 60 % am höchsten, in der Gruppe der FuE-Dienstleister mit etwa 20 % am niedrigsten (Abbildung 28). Hierin spiegelt sich der generell niedrige Anteil von Investitionen im Rahmen von FuE-Aktivitäten, der laut FuE-Erhebung des Stifterverbands im Mittel bei etwa 10 % liegt. Auch

Hightech-Startups weisen mit gut 20 % einen niedrigen Investitionsanteil ihrer Innovationsaktivitäten auf. Bei forschenden KMU lag er 2003 bei etwa einem Drittel.

Abbildung 28: Investitionsanteil an den gesamten Innovationsaufwendungen nach KMU-Gruppen in Deutschland 1998, 2000 und 2003 (verarbeitendes Gewerbe und wissensintensive Dienstleistungen, in %)

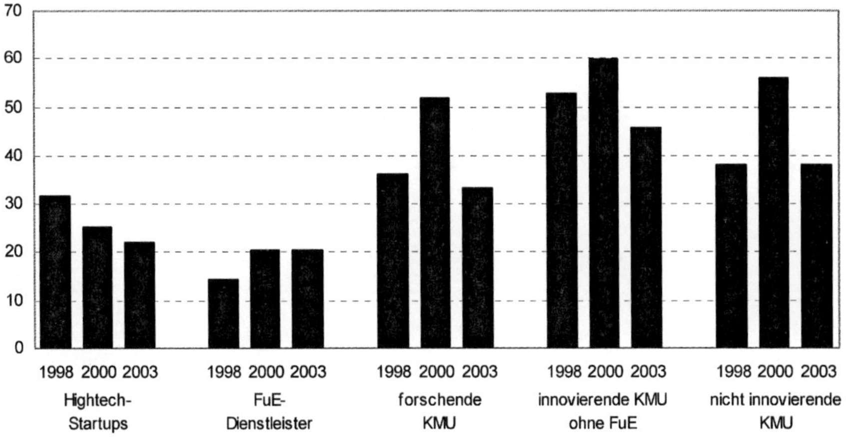

Quelle: Mannheimer Innovationspanel – Berechnungen des ZEW. Mittelwerte der Nettostichprobe.

Im Vergleich der Jahre 1998, 2000 und 2003 zeigen sich vor allem bei den forschenden KMU sowie bei den nicht innovierenden KMU deutliche Veränderungen, die das unterschiedliche Investitionsklima und Änderungen in den Finanzierungsbedingungen abbilden: Im Jahr 2000 lag der Investitionsanteil in diesem beiden Gruppen um 15 bis 20 Prozentpunkte über dem Wert der Jahre 1998 und 2003. Aber auch bei den innovierenden KMU ohne FuE stieg der ohnedies schon hohe investive Anteil 2000 an, während er 2003 um fast 15 Prozentpunkte zurückging. In konjunkturell günstigen Zeiten verschiebt sich die Innovationsaktivität von KMU somit klar hin zu Investitionen in neue Anlagen. Diese können sowohl Prozessinnovationen für eine rationellere, qualitativ bessere oder flexiblere Produktion umfassen als auch Investitionen für die Herstellung neuer Produkte. Die höhere Investitionsbereitschaft ist dabei im Allgemeinen ein Ergebnis der günstigeren Absatzerwartungen, der hohen Kapazitätsauslastung und der besseren Finanzierungsbedingungen hinsichtlich der Innenfinanzierungsmöglichkeiten (höherer Cashflow) wie auch des Fremdkapitalangebots (vgl. Rammer et al., 2004b).

Betrachtet man den Einfluss von Unternehmensgröße und -alter auf die Innovations- und FuE-Intensität für die Gesamtheit der KMU in Deutschland (d.h. alle fünf KMU-Gruppen zusammen), zeigen sich zwei zentrale Zusammenhänge: Mit zunehmender Größe steigt sowohl die Innovations- als auch die FuE-

Intensität (Tabelle 6). Gleichzeitig geht vom Unternehmensalter ein negativer Einfluss aus. Beide Effekte gelten auch in Bezug auf den FuE-Anteil an den gesamten Innovationsaufwendungen, nicht jedoch für den Investitionsanteil. Dieses Ergebnis kann dahingehend interpretiert werden, dass Unternehmen, die älter werden, jedoch nicht oder nur wenig wachsen, sich zunehmend aus Innovations- und FuE-Aktivitäten zurückziehen und ihre hierfür getätigten Aufwendungen zurückfahren. Junge Unternehmen starten in der Regel mit einer hohen Innovations- und FuE-Intensität, was zu einem guten Teil auf Mindestgrößen von Innovationsprojekten zurückgeführt werden kann. Die Beibehaltung eines hohen Niveaus an Innovations- und FuE-Aufwendungen im Zuge der weiteren Unternehmensentwicklung ist allerdings an das Unternehmenswachstum geknüpft.

Tabelle 6: Marginale Effekte von Größe und Alter auf Innovations- und FuE-Intensität von KMU in Deutschland: Ergebnisse von Tobit-Modellen (Zeitraum 1998-2003, verarbeitendes Gewerbe und wissensintensive Dienstleistungen)

	Innovationsintensität	FuE-Intensität	FuE-Anteil an den Innovationsaufwendungen	Investitionsanteil an den Innovationsaufwendungen
ln(Beschäftigtenzahl)	1,73	1,96	1,41	n.s.
ln(Alter)	-2,59	-2,00	-1,32[b]	n.s.

Die Modelle enthalten außerdem noch Indikatorvariablen zu den Beobachtungsjahren und der Branchenzugehörigkeit der Unternehmen.
Ausgewiesene Koeffizienten statistisch signifikant am 1-%-Niveau, ausgenommen b: 5-%-Niveau.
Lesehilfe: Wenn ein Unternehmen eine um 1 % höhere Beschäftigtenzahl hat, erhöht sich die Innovationsintensität um 1,73 %.
Quelle: Mannheimer Innovationspanel – Berechnungen des ZEW.

Auf der Seite des *Innovationsoutputs* – der hier gemessen wird über den Umsatzanteil, der mit neuen Produkten erzielt wird, sowie über die mit Hilfe von Prozessinnovationen erzielte Reduktion der Stückkosten – zeigt sich zwischen den KMU-Gruppen die gleiche Relation wie bei der Innovationsintensität : Hightech-Startups konnten im Jahr 2003 ca. 45 % ihres *Umsatzes mit neuen Produkten* erzielen, FuE-Dienstleister kamen auf eine Quote von 42 %, forschende KMU auf etwa 25 % und innovierende KMU ohne FuE auf 18 %. KMU ohne Innovationen haben per Definition keine Produktneuheiten (Abbildung 29).

Diese Hierarchie beim Markterfolg mit Produktinnovationen resultiert ganz wesentlich aus den Unterschieden beim *Umsatzanteil mit Marktneuheiten*, also originären Produktinnovationen: Hightech-Startups kommen hier auf knapp etwas über 20 %, FuE-Dienstleister auf 20 %, forschende KMU auf 7,5 % und innovierende KMU ohne FuE auf 3,5 %. Dies bestätigt, dass FuE-Tätigkeit unter anderem auf die Entwicklung von Produkten abzielt, die bislang noch nicht im Markt angeboten werden. Der Umsatzanteil mit Produktimitationen variiert zwischen den vier KMU-Gruppen mit Innovationen dagegen weniger stark. Zwar liegen auch hier die Hightech-Startups mit einer Quote von 25 % voran, doch die innovierenden KMU ohne FuE erreichen mit 15 % ein Niveau, das nur um 40 % unter dem der Hightech-Startups liegt. Die anderen beiden KMU-Gruppen liegen mit 22 % (FuE-Dienstleister) und 18 % (forschende KMU) dazwischen.

Abbildung 29: Umsatzanteil mit Produktneuheiten und Kostenreduktionsanteil durch Prozessinnovationen nach KMU-Gruppen in Deutschland 2003 (verarbeitendes Gewerbe und wissensintensive Dienstleistungen in %)

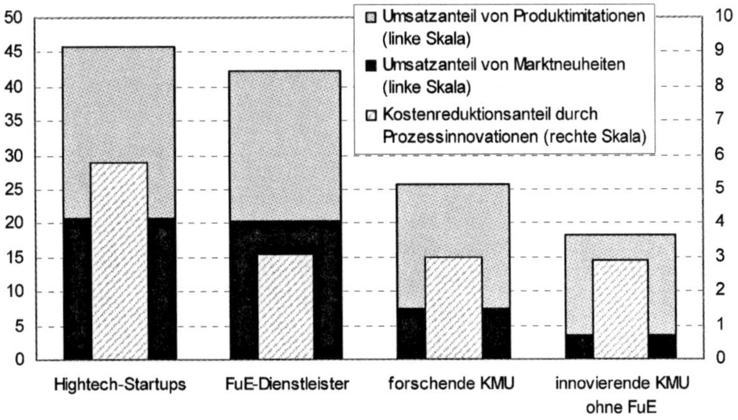

Quelle: Mannheimer Innovationspanel – Berechnungen des ZEW. Mittelwerte der Nettostichprobe.

Sehr ähnliche Unterschiede im Innovationserfolg können auch – wenngleich in geringerer Ausprägung – auf der Prozessinnovationsseite beobachtet werden: Der *Anteil der Stückkostenreduktion*, der durch Prozessinnovationen erzielt werden konnte, liegt 2003 in Hightech-Startups mit knapp 6 % deutlich über dem Niveau der FuE-Dienstleister, der forschenden KMU und der innovierenden KMU ohne FuE, die im Jahr 2003 jeweils auf ca. 3 % Stückkostenreduktion durch Prozessinnovationen kamen. Vergleicht man die beiden Erfolgsmaße Umsatzanteil mit Marktneuheiten und Kostenreduktionsanteil durch Prozessinnovationen im Zeitverlauf, so zeigt sich, dass die Unterschiede offensichtlich struktureller Art sind, denn auch in früheren Jahren konnten ähnliche Relationen in den Indikatorenwerten zwischen den vier KMU-Gruppen mit Innovationen beobachtet werden (Abbildung 30).

Gleichwohl sind im Zeitverlauf beträchtliche Unterschiede in den Indikatorwerten innerhalb einer KMU-Gruppe festzustellen. Dies kann teilweise durch konjunkturelle Entwicklungen erklärt werden. So wurde der Umsatzanteil mit Marktneuheiten im Jahr 2000 zweifellos durch den New Economy Boom in die Höhe gedrückt. Auffallend ist, dass FuE-Dienstleister in den vergangenen fünf Jahren ihre Umsätze mit originären Produktinnovationen kontinuierlich steigern konnten. Während bei Hightech-Startups, FuE-Dienstleistern und forschenden

KMU die mit Hilfe von Prozessinnovationen erzielten Kostenreduktionsanteile zurückgingen, konnten innovierende KMU ohne FuE ihre kostenseitigen Prozessinnovationserfolge geringfügig erhöhen.

Abbildung 30: Umsatzanteil mit Marktneuheiten und Kostenreduktionsanteil durch Prozessinnovationen nach KMU-Gruppen in Deutschland 1998, 2000 und 2003 (verarbeitendes Gewerbe und wissensintensive Dienstleistungen in %)

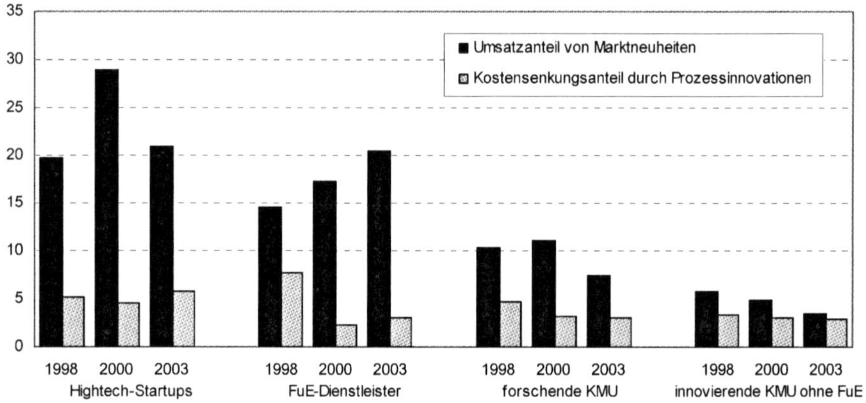

Quelle: Mannheimer Innovationspanel – Berechnungen des ZEW. Mittelwerte der Nettostichprobe.

Die Relation von Innovationserfolg zu Innovationsaufwendungen (die „Innovationsproduktivität") ist bei den sehr forschungsintensiven KMU-Gruppen besonders niedrig (Abbildung 31). Zwar erzielen Hightech-Startups und FuE-Dienstleister zum Teil doppelt so hohe Werte bei den Indikatoren zum Innovationserfolg im Vergleich zu forschenden KMU und innovierenden KMU ohne FuE. Allerdings liegen die Aufwendungen für Innovationen – je Umsatzeinheit – um das 8- bis 10-fache höher. Daraus resultieren sehr niedrige Erlöse – aus den Umsätzen mit neuen Produkten und den durch Prozessinnovationen erzielten Kosteneinsparungen – je Einheit an Innovationsaufwendungen. In der Gruppe der Hightech-Startups können je 1,- € an Innovationsaufwendungen im Mittel 1,40 € an Umsatz mit Produktneuheiten erzielt werden. Bei den FuE-Dienstleistern ist dieser Wert mit 1,- € noch niedriger. Forschende KMU kommen auf einen Wert von 12,80 €, innovierende KMU ohne FuE sogar auf 15,- €. Auch bei anderen Innovationserfolgsmaßen, einschließlich der Indikatoren zum Innovationserfolg mit Prozessinnovationen, zeigen sich ähnliche Relationen.

Allerdings kann diese Maßzahl auf Unternehmensebene nicht direkt als „Innovationsproduktivität" interpretiert werden, da zwischen den für Innovationsprojekte getätigten Aufwendungen und den im Markt mit den neuen Produkten erzielten Umsätzen – bzw. den Rationalisierungseffekten von Prozessinnovationen – ein längerer Zeitraum vergeht: Innovationsumsätze und -aufwendungen eines bestimmten Jahres beziehen sich somit meist nicht auf dieselben Innovationsprojekte. Der Mittelwert dieser Maßzahl für alle Unternehmen einer KMU-Gruppe kann jedoch als ein Näherungswert für diese „Innovationsproduktivität" interpretiert werden, da sich die einzelnen Gruppen aus Unternehmen in unterschiedlichen Stadien von Innovationsprojekten und der Vermarktung von innovativen Produkten befinden.

Abbildung 31: „Innovationsproduktivität": Verhältnis von Innovationserträgen zu Innovationsaufwendungen (Durchschnitt des Zeitraums 1998-2003, verarbeitendes Gewerbe und wissensintensive Dienstleistungen Deutschlands)

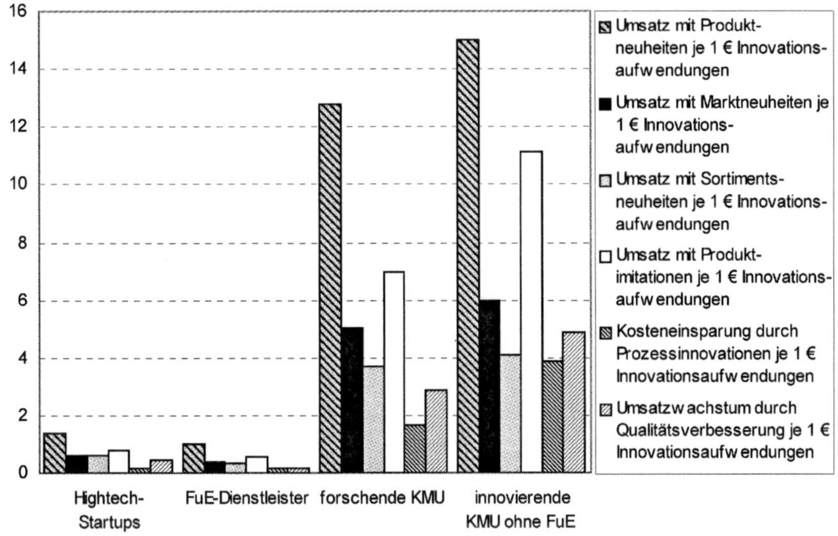

Quelle: Mannheimer Innovationspanel – Berechnungen des ZEW. Mittelwerte der Nettostichprobe.

Ein direkter Vergleich von Innovationserlösen und -aufwendungen auf Unternehmensebene ist allerdings dahingehend aussagekräftig, als Unternehmen ihre Aufwendungen für Innovationsprojekte in der Regel aus den laufenden Einnahmen bestreiten müssen, da es sich zu einem großen Teil um laufenden Ausgaben handelt, die mangels Besicherungsfähigkeit nur schwer fremdkapitalfinanziert werden können. Die Erlöse aus dem Verkauf von neuen Produkten sowie aus Kosteneinsparungen durch Prozessinnovationen können dabei als Indikatoren für die zur Reinvestition verfügbaren Mittel interpretiert werden, da zu vermuten ist, dass KMU in erster Linie mit innovativen Produkten sowie durch effizientere Produktionsverfahren Gewinne erzielen können.

Die Gründe für die sehr große Diskrepanz zwischen der „Innovationsproduktivität" der sehr forschungsintensiven KMU und den anderen innovierenden KMU sind vielfältig:

- Hightech-Startups befinden sich zu einem großen Teil noch in der Entwicklungsphase ihrer Produkte, sodass sehr hohen Aufwendungen für FuE und Markteinführung sehr geringe Erlöse gegenüberstehen. Gleichzeitig stehen sie unter Umständen einer geringen Marktakzeptanz ihrer neue Produkte gegenüber. Ihre Reputation ist im Vergleich zu etablierten Unternehmen niedriger, die Mittel für umfangreiche Marketingaktivitäten sind eng begrenzt, und die häufige Fokussierung auf enge Nischenmärkte bzw. wenige Pilotkunden bedeutet, dass auch bei einer erfolgreichen Markteinführung nur ein geringes Potenzial für ein starkes Wachstum der Nachfrage vorhanden ist. Letztlich erzielen neue Produkte von Hightech-Startups nur niedrige Umsätze. Das heißt aber, dass die Innovationsaufwendungen größtenteils durch Kapitalaufnahme finanziert werden müssen, sei es durch Erhöhung des Eigenkapitals durch die Eigentümer, der Aufnahme von Beteiligungskapital oder der Aufnahme von Krediten.
- Das Maß der „Innovationsproduktivität" ist für FuE-Dienstleister dagegen wenig aussagekräftig, da das primäre Ziel der meisten der in diese KMU-Gruppe fallenden Unternehmen nicht die Hervorbringung neuer Produkte zur eigenen Vermarktung ist, sondern die Durchführung von FuE für Dritte. Da die Erlöse zu einem guten Teil direkt aus den FuE-Aufträgen stammen, stellt sich hier die Finanzierungsfrage von FuE anders als bei Hightech-Startups. Gleichwohl müssen auch die FuE-Dienstleister immer wieder eigene, methodische oder technologische Entwicklungen ohne dahinter stehenden FuE-Auftrag durchführen, um im Markt für FuE-Dienstleistungen wettbewerbsfähig zu bleiben.
- Forschende KMU können durch ihre in der Regel längere Marktpräsenz Lernkurveneffekte erzielen und dadurch die Organisation von Innovationsprojekten und ihre Umsetzung in Produktion und Vertrieb effizienter gestalten. Dies schlägt sich trotz vergleichsweise hoher Innovationsaufwendungen und einer starken FuE-Orientierung (d.h. mit einem hohen durchschnittlichen Risiko der Innovationsprojekte) in einem günstigen Output-Input-Verhältnis nieder. Es ist daher zu erwarten, dass forschende KMU hohe Renditen aus Innovationsprojekten ziehen können, zumal ihre Produktneuheiten einen überdurchschnittlich hohen Neuheitscharakter aufweisen (hoher Anteil an Marktneuheiten) und auch Prozessinnovationsaktivitäten hohe Erträge abwerfen.
- Das besonders günstige Verhältnis zwischen Erlösen aus Innovationen und Innovationsaufwendungen in der Gruppe der innovierende KMU ohne FuE kann auf zwei Faktoren zurückgeführt werden: Erstens sind Innovationsaktivitäten in diesen Unternehmen häufig inkrementeller Natur und konzentrieren sich auf die Verbesserung und Weiterentwicklung bestehender Produkte bzw. die Adoption von Produktneuheiten, die andere Unternehmen zuvor schon eingeführt haben (Produktimitationen). Diese erfordern vergleichsweise geringe finanzielle Aufwendungen, während die verbesserten Produkte als Produktneuheiten erfasst werden und auf sie entsprechend hohe Umsatzanteile

entfallen. Allerdings ist es wahrscheinlich, dass mit diesen Produktneuheiten geringere Margen erzielt werden als mit „radikaleren“ Innovationen, wie sie für die anderen KMU-Gruppen typisch sind. Das günstige Verhältnis, das sich auch für den Umsatzanteil mit Marktneuheiten zeigt, hängt mit der spezifischen Marktausrichtung dieser Unternehmen zusammen: Sie sind überwiegend in regional eng abgegrenzten Märkten tätig (vgl. Abbildung 15), so dass hinter einer Marktneuheit häufig die Einführung von bereits in anderen Märkten angebotenen Produkten im eigenen Regionalmarkt steht.

Der Innovationserfolg, der mit einer Einheit an Innovationsaufwendungen erzielt werden kann, variiert zwischen den vier KMU-Gruppen auch dann noch ganz beträchtlich, wenn für Brancheneinflüsse kontrolliert wird (Tabelle 7).[10]

Tabelle 7: Marginaler Effekt der Innovationsintensität auf den Innovationserfolg von KMU-Gruppen in Deutschland: Schätzergebnisse von Tobit-Modellen (Zeitraum 1998-2003, verarbeitendes Gewerbe und wissensintensive Dienstleistungen)

	Hightech-Startups	FuE-Dienstleister	forschende KMU	innovierende KMU ohne FuE	große Unternehmen
Umsatzanteil mit neuen Produkten	12,4	23,0	31,8	18,8	25,0
Umsatzanteil mit Marktneuheiten	4,2	9,2	16,4	7,2	13,8
Umsatzanteil mit Sortimentsneuheit.	3,6	6,8	10,6	n.s.	n.s.
Umsatzanteil mit Produktimitationen	3,9	10,9	15,2	7,5	16,7
Stückkostenreduktionsanteil durch Prozessinnovationen	n.s.	n.s.	n.s.	n.s.	9,1
Umsatzwachstum durch Qualitätsverbesserung	n.s.	n.s.	n.s.	n.s.	n.s.

Die Modelle enthalten neben der Innovationsintensität noch Indikatorvariablen für die Branchenzugehörigkeit, für den Standort Ostdeutschland und für die einzelnen Beobachtungsjahre. Die ausgewiesenen marginalen Effekte sind zumindest auf dem 10-%-Niveau statistisch signifikant; n.s.: nicht signifikant.
Lesehilfe: Eine Erhöhung der Innovationsintensität von Hightech-Startups um einen Prozentpunkt erhöht den Umsatzanteil mit Marktneuheiten um 4,2 %.
Quelle: Mannheimer Innovationspanel – Berechnungen des ZEW.

10 Bei der Interpretation dieser Ergebnisse ist insofern Vorsicht geboten, als sie auf einer Querschnittsbetrachtung beruhen, d.h. die Innovationsaufwendungen einer Periode in Bezug zu den Innovationserträgen der gleichen Periode gesetzt werden. Tatsächlich ist aber von einer Verzögerung zwischen den Aufwendungen und den damit zusammenhängenden Erträgen auszugehen. Diese kann allerdings je nach Branche und Technologiefeld sehr unterschiedlich sein und ist für ein einzelnes Unternehmen nicht bekannt. Die Schätzung von Modellen mit verzögerten Variablen ist aufgrund der dann sehr niedrigen Beobachtungszahlen sowie der nicht lückenlos vorliegenden Daten (vollständige Beobachtungen gibt es nur für die Jahre 1998, 2000, 2002 und 2003, da nur in diesen Jahren eine einwandfreie Zuordnung der Unternehmen zu KMU-Gruppen möglich ist) nicht durchführbar. Allerdings scheint die Annahme gerechtfertigt, dass sich in jeder KMU-Gruppe zu jedem Betrachtungszeitpunkt Unternehmen in unterschiedlichen Phasen von Innovationsprozessen befinden, so dass sich im Aggregat die verschiedenen Verzögerungseffekte ausgleichen.

Die höchsten Effekte zeigen sich weiterhin für forschende KMU: Mit einer Ausweitung der Innovationsintensität um einen Prozentpunkt kann der Umsatzanteil mit neuen Produkten um fast 32 Prozent erhöht werden. Bei Hightech-Startups beträgt dieser Effekt mit 12 % nur knapp ein Drittel. Nur wenig höher ist er bei innovierenden KMU ohne FuE (19 %), während FuE-Dienstleister (23 %) relativ nahe an die hohen Innovationserfolge der forschenden KMU kommen. Sehr ähnliche Relationen zeigen sich für den Umsatzanteil mit Marktneuheiten und folglich auch für den Umsatzanteil mit Produktimitationen. Forschende KMU können sogar höhere Produktinnovationserfolge je Einheit an aufgewendeten Innovationsmitteln erzielen als Großunternehmen. Lediglich bei Produktimitationen weisen Großunternehmen eine höhere Innovationsproduktivität auf.

Die Höhe der Innovationsintensität übt dagegen kaum einen Einfluss auf den Erfolg von Prozessinnovationen aus. Einzig bei Großunternehmen zeigt sich ein deutlich positiver Effekt auf den Rationalisierungserfolg. Für alle KMU-Gruppen ist der Einfluss dagegen nicht signifikant. Dieses Ergebnis kann zum einen mit teilweise langen Verzögerungseffekten und zum anderen mit einem nur geringen Anteil an den gesamten Innovationsaufwendungen, der auf Prozesse gerichtet ist, erklärt werden.

Analysiert man die kombinierten Effekte von Größe, Alter, Innovationsintensität und FuE-Orientierung auf den Innovationserfolg (nur Unternehmen mit Innovationsaktivitäten, einschließlich Großunternehmen), zeigen sich folgende Zusammenhänge (Tabelle 8):

Die *Unternehmensgröße* wirkt sehr unterschiedlich auf den Innovationserfolg. Der Umsatzanteil mit neuen Produkten wird durch sie nicht beeinflusst. Kleine und große Unternehmen erzielen dagegen einen signifikant höheren Umsatzanteil mit Marktneuheiten, während mittelgroße Unternehmen bei diesem Indikator am schlechtesten abschneiden. Der untere Wendepunkt liegt bei knapp 200 Beschäftigten. Beim Umsatzanteil mit Sortimentsneuheiten zeigt sich ebenfalls ein U-förmiger Einfluss der Unternehmensgröße, wobei hier der Wendepunkte weiter nach rechts verschoben ist und bei über 500 Beschäftigten liegt. Der Umsatzanteil mit Produktimitationen steigt im Wesentlichen linear mit der Größe an, wobei im Bereich von etwa 100 bis 300 Beschäftigten von der Unternehmensgröße kein Einfluss ausgeht. Der durch Prozessinnovationen erzielte Stückkostenreduktionsanteil steigt linear mit der Größe und unterstreicht die Rolle von Skalenerträgen für den Rationalisierungserfolg. Hier sind kleine Unternehmen klar im Nachteil gegenüber großen. Umgekehrt ist die Situation beim Umsatzwachstum durch Qualitätsverbesserungen: Kleine Unternehmen können ein höheres prozentuales Umsatzwachstum erzielen, was zum einen an Basiseffekten liegt (ein zusätzlicher Auftrag bei kleinem Umsatzvolumen entspricht einer höheren prozentualen Zunahme), aber auch zeigt, dass Flexibilität und individuelles Eingehen auf Kundenwünsche wichtig für eine qualitätsbasierte Umsatzausweitung ist. Erst sehr große Unternehmen mit mehreren Tausend Beschäftigten können wieder – vermutlich dank ihrer starken Marktposition und möglicherweise unter intensiver Nutzung von Marketinginstrumenten wie Werbung – ein steigendes Umsatzwachstum durch Qualitätsverbesserungen der Produkte erzielen.

Tabelle 8: Marginale Effekte von Größe, Alter, Innovationsintensität und FuE-Orientierung auf den Innovationserfolg: Ergebnisse von Tobit-Modellen (Zeitraum 1998-2003, verarbeitendes Gewerbe und wissensintensive Dienstleistungen Deutschlands)

	Umsatzanteil mit neuen Produkten	Umsatzanteil mit Marktneuheiten	Umsatzanteil mit Sortimentsneuheiten	Umsatzanteil mit Produktimitationen	Stückkostenreduktionsanteil	Umsatzwachstum durch Qualitätsverbess.
ln(Beschäftigtenzahl)	n.s.	-0,877	-2,017	3,866	0,519	-1,903
$\ln(\text{Beschäftigtenzahl})^2$	-	0,084	0,159	-0,736	-	0,125
$\ln(\text{Beschäftigtenzahl})^3$	-	-	-	0,0465	-	-
ln(Alter)	-1,236	-0,516	-1,396	3,545	-0,286	-1,119
$\ln(\text{Alter})^2$	-	-	-	-2,274	-	-
$\ln(\text{Alter})^3$	-	-	-	0,3275	-	-
Innovationsintensität	67,21	30,01	16,71	21,85	1,353	3,688
$\text{Innovationsintensität}^2$	-47,74	-18,46	-2,458	-12,32	-0,169	-0,255
$\text{Innovationsintensität}^3$	14,095	4,992	0,087	1,813	-	-
$\text{Innovationsintensität}^4$	-1,606	-0,5268	-	-0,0695	-	-
$\text{Innovationsintensität}^5$	0,0562	0,0175	-	-	-	-
FuE-Anteil an den Innovationsaufw.	5,595	4,598	n.s.	n.s.	-1,031	n.s.
Investitionsanteil an den Innovationsaufw.	n.s.	n.s.	2,744	n.s.	n.s.	n.s.
Wendepunkt(e) Beschäftigtenzahl	-	185	568	138 / 278	linear positiv	2.022
Wendepunkte Alter	linear negativ	linear negativ	linear negativ	3 / 38	linear negativ	linear negativ
Wendepunkt(e) Innovationsintensität (%)	1,4 / 2,2 / 13	1,9 / 6 / 13	4,5 / 14,4	1,2 / 5,0 / 13	4,0	7,2

Ausgewiesene Koeffizienten statistisch zumindest auf dem 10-%-Niveau signifikant; n.s.: statistisch nicht signifikant.
Quelle: Mannheimer Innovationspanel – Berechnungen des ZEW.

Das *Alter* der Unternehmen hat bei fast allen Indikatoren einen linear negativen Einfluss, d.h. junge Unternehmen erzielen höhere (prozentuale) Innovationserfolge als ältere. Beim Umsatzanteil mit Produktimitationen tritt dieser Effekt erst ab einem Alter von mehr als drei Jahren ein, was darauf hindeutet, dass neu gegründete Unternehmen seltener mit Produktimitationen in den Markt eintreten. Der negative Zusammenhang zwischen Alter und Innovationserfolg ist teilweise auch der Messung der Indikatoren geschuldet, da bei jungen Unternehmen zunächst in der Regel alle Produkte als Produktneuheiten zählen und die Umsatzanteile entsprechend hoch sind. Auch erreichen neu eingeführte Produkte bei insgesamt niedrigen Umsätzen rasch einen hohen Anteilswert. Für ältere Unternehmen mit einem breiten Produktportfolio ist dagegen anzunehmen, dass sie zur

Vermeidung von „Kannibalismus“ gegenüber dem bestehenden Produktangebot und angesichts von hohen *sunk costs* bei Anlage- und Humankapital im Fall eines raschen Umstiegs der Produktpalette auf neue Produkte zunächst niedrige Umsatzanteile mit neuen Produkten präferieren.

Eine steigende *Innovationsintensität* beeinflusst den Innovationserfolg erwartungsgemäß positiv. Allerdings zeigen sich fast durchweg nicht lineare Effekte. Dabei steigen zunächst die Innovationserfolge mit einer Ausweitung der Innovationsintensität an, sinken danach aber wieder, um ab einem zweiten Wendepunkt wieder anzusteigen. Hinsichtlich des Umsatzanteils mit Produktneuheiten liegt der erste (obere) Wendepunkt bei einer Innovationsintensität von 1,4 %, der zweite (untere) bei 2,2 %.

Ein dritter Wendepunkt – mit dem höchsten Umsatzanteil mit neuen Produkten – wird schließlich bei etwa 6 % erreicht, danach gehen die Innovationserfolge wieder zurück. Erst mit einer Intensität von 13-14 % sind dann erneut ansteigende Innovationserfolge zu erzielen. Der Umsatzanteil mit Marktneuheiten steigt zunächst tendenziell mit zunehmender Innovationsintensität, wobei im Bereich von etwa 2 % Innovationsintensität eine Ausweitung der Intensität kaum zu höheren Markterfolgen mit originären Produkten führt. Ab etwa 6,5 % sinkt dann der Innovationserfolg, und ebenfalls bei etwa 13-14 % Innovationsintensität steigt er wieder. Beim Umsatzanteil mit Sortimentsneuheiten sind nur zwei Wendepunkte festzustellen: ein erster, oberer, bei 4,5 % und ein zweiter, unterer, bei 14-15 %. Spiegelbildlich ist der Einfluss der Innovationsintensität auf den Umsatzanteil mit Produktimitationen: Bereits bei gut 1 % Innovationsintensität wird ein Maximum erreicht, danach fallen die Umsatzanteile bis zu einer Innovationsintensität von etwa 5 %. Sie steigen danach bis zu einer Intensität von 13-14 % an, um schließlich wieder tendenziell zu sinken. Um Produktimitationen erfolgreich einzuführen, genügen somit schon geringe Innovationsaufwendung. Unternehmen mit einer recht hohen Innovationsintensität von über 10 % scheinen Schwierigkeiten zu haben, die hohen Innovationsaufwendungen auch in grundlegendere Neuerungen umzusetzen. Allerdings befindet sich auch nur ein kleiner Teil der Unternehmen in diesem Bereich (etwa 12 % der Unternehmen mit Innovationsaktivitäten weisen eine Innovationsintensität zwischen 10 und 20 % auf). Auf den prozessinnovationsseitigen Innovationserfolg hat die Innovationsintensität einen invers U-förmigen Einfluss: Die Rationalisierungserfolge sind bei einer Innovationsintensität von etwa 4 % am höchsten, das Umsatzwachstum durch Qualitätsverbesserungen erreicht bei etwa 7 % sein Maximum.

Mit einer zunehmenden *FuE-Orientierung* der Innovationsaktivitäten erhöht sich insbesondere der Umsatzanteil mit Marktneuheiten, während kein Effekt auf den Umsatzanteil mit Sortimentsneuheiten oder Produktimitationen festzustellen ist. Unternehmen, die ihre Innovationstätigkeit stark auf FuE basieren, erzielen zudem geringere Kostensenkungserfolge mit Prozessinnovationen, d.h. es scheint ein Trade-off zwischen der Forschung zu – und der Einführung von – neuen Produkten und der Rationalisierung der Produktion zu bestehen.

Der *Investitionsanteil* an den gesamten Aufwendungen hat kaum einen Einfluss auf den Innovationserfolg. Lediglich beim Umsatzanteil mit Sortimentsneuheiten ist ein positiver Effekt festzustellen. Dieser dürfte daher rühren, dass zum Einstieg in neue Produktsegmente oft Anpassungen im Anlagebereich und im Distributionssystem notwendig sind, die Neuinvestitionen erfordern.

3.3 Organisation der Innovationsprozesse

Die Organisation von Innovationsprozessen in den unterschiedlichen KMU-Gruppen ist ein weiterer wichtiger Aspekt, der das Auftreten von Innovationshemmnissen und die Nutzung von Innovationspotenzialen wesentlich beeinflusst. Unternehmensintern spielt hierbei das Innovationsmanagement eine wesentliche Rolle, insbesondere in Hinblick auf die strategischen Zielsetzungen, die mit Innovationsprojekten verfolgt werden, sowie in Bezug auf Maßnahmen zur Stimulierung von Innovationen. Die strategische Zielsetzung bestimmt unter anderem die angestrebte Wettbewerbspositionierung in Hinblick auf Preis-, Qualitäts- oder Technologiewettbewerb. Unternehmensexterne Beziehungen in Innovationsprojekten betreffen einerseits Kooperationen mit externen Partnern, um komplementäres Wissen zu beschaffen und das Innovationsrisiko zu verringern. Andererseits beeinflusst die Ausrichtung der Innovationsprojekte nach unterschiedlichen Innovationsquellen – wie z.B. kundengetriebene versus wissenschaftsgetriebene Innovationen – die Risikostruktur der Innovationen in Bezug auf die Marktakzeptanz und die technologische Realisierbarkeit.

Entsprechend der unterschiedlichen Ausrichtung und Intensität der Innovationsaktivitäten der KMU-Gruppen und ihrer jeweiligen Marktpositionierung unterscheiden sich die von den Unternehmen in den einzelnen KMU-Gruppen verfolgten *Innovationsstrategien* deutlich. Hightech-Startups versuchen mit ihren Innovationsaktivitäten häufiger als andere KMU, Technologieführerschaft zu erlangen, völlig neue Technologien einzuführen oder Branchenerster mit neuen Produkten zu sein (Abbildung 32). Diese auf technologische Alleinstellungsmerkmale im Markt abzielenden Strategien spiegeln sich im hohen Markterfolg mit originären Innovationen wider. Der überdurchschnittliche kostenseitige Erfolg mit Prozessinnovationen ist auf eine vergleichsweise hohe Verbreitung der Strategie, Branchenerster mit neuen Prozessen zu sein, zurückzuführen. Das Ziel der Kostenführerschaft ist dagegen bei Hightech-Startups sehr selten anzutreffen. Ebenso werden nur in wenigen Fällen Innovationsaktivitäten als Reaktion auf Innovationen von Konkurrenten gestartet.

FuE-Dienstleister zeigen eine ähnliche Ausrichtung der Innovationsstrategie, allerdings spielt das Ziel, Branchenerster mit neuen Produkten zu sein, eine geringere Rolle. Demgegenüber versuchen zwei Drittel der FuE-Dienstleister, über Innovationsprojekte eine Spezialisierung auf bestimmte Marktsegmente zu erreichen. Diese hohe Bedeutung von Spezialisierungsstrategien kann eine Erklärung für die oben dargestellte geringe Durchschnittsgröße der FuE-Dienstleister sein, da eng abgegrenzte Marktsegmente wenig Spielraum für ein Mengenwachstum und damit für eine Ausweitung der Beschäftigung bieten. Kostenorientierte Innovationsstrategien sind bei FuE-Dienstleistern ebenso von sehr untergeordneter Bedeutung wie die Reaktion auf Innovationen von Konkurrenten. Beides deutet darauf hin, dass diese KMU-Gruppe im Wesentlichen den monopolistischen Wettbewerb sucht und über eine starke Produktdifferenzierung einem Preiswettbewerb zu entgehen versucht.

Abbildung 32: Strategische Ziele der Innovationsaktivitäten von KMU-Gruppen in Deutschland 2002 (verarbeitendes Gewerbe und wissensintensive Dienstleistungen, in %)

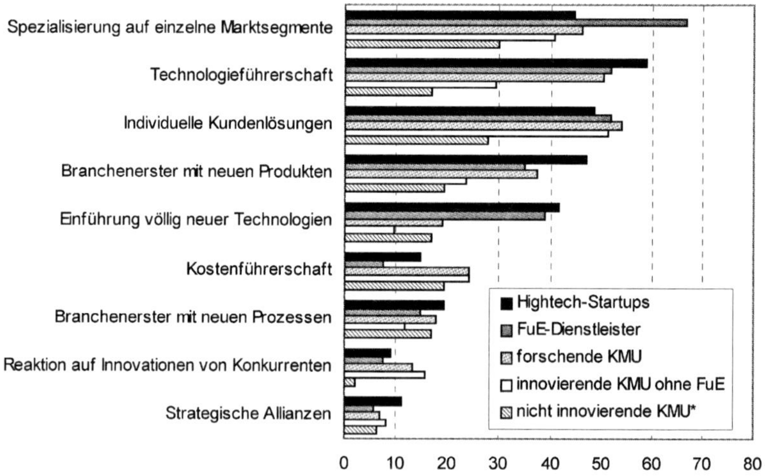

Anteil der Unternehmen, für die die jeweilige Innovationsstrategie eine hohe Bedeutung für die Ausrichtung der Innovationsaktivitäten im Zeitraum 2000-2002 hatte. Mehrfachnennungen möglich.
* nur Unternehmen mit laufenden oder abgebrochenen Innovationsaktivitäten.
Quelle: Mannheimer Innovationspanel – Berechnungen des ZEW. Mittelwerte der Nettostichprobe.

Forschende KMU zeichnen sich dadurch aus, dass bei ihnen sowohl technologieorientierte Innovationsstrategien, kosten- bzw. prozessorientierte Strategien und die Ausrichtung an individuellen Kundenlösungen überdurchschnittlich stark verbreitet sind. Sie versuchen sich somit in erster Linie durch eine Kombination aus technologischem Know-how und Kundennähe im Markt zu positionieren. Ein bedeutender Teil der forschenden KMU scheint aber auch einem starken Preiswettbewerb ausgesetzt zu sein, dem unter anderem durch eine Strategie der Kostenführerschaft zu begegnen versucht wird.

Innovierende KMU ohne FuE setzen erwartungsgemäß am seltensten auf technologische Führungsstrategien (Technologieführerschaft, Einführung völlig neuer Technologien, Branchenerster mit neuen Produkten oder Prozessen), da diese Strategien in der Regel eine eigene FuE-Tätigkeit erfordern. Der Markterfolg mit Innovationen wird in dieser KMU-Gruppe über eine starke Kundenorientierung, eine Marktspezialisierung oder eine Kostenführerschaft zu erreichen versucht. Auch ist in dieser Gruppe der Anteil der Unternehmen, die auf Innovationen der Konkurrenz reagieren, am höchsten.

Für die Umsetzung der strategischen Ziele und zur Nutzung der Innovationspotenziale eines Unternehmens ist ein effizientes *Innovationsmanagement* notwendig. Hierfür existieren eine Reihe von Maßnahmen in den Bereichen Führung und Personalmanagement, die die Innovationstätigkeit unternehmensintern stimulieren sollen, sowie Methoden zur Verbesserung der Zusammenarbeit zwischen einzelnen Unternehmensbereichen, um die Querschnittsaufgabe Innovation organisatorisch effizient umzusetzen.

Im Bereich der *innovationsstimulierenden Maßnahmen* werden von allen KMU-Gruppen Maßnahmen zur effizienteren Nutzung von Humankapital, wie z.B. Gruppenarbeit oder Innovationszirkel als wichtig eingestuft (Abbildung 33).[11] Für Hightech-Startups, FuE-Dienstleister sowie jenen Teil der nicht innovierenden KMU, die laufende oder abgebrochene Innovationsprojekte haben, ist dies die Maßnahme, die in den meisten Unternehmen eine hohe Bedeutung hat. Für alle KMU-Gruppen mit Ausnahme der nicht innovierenden KMU sind auch Anreizsysteme für Mitarbeiter zur Entwicklung von Innovationsideen – oft unter den Begriff „betriebliches Vorschlagswesen" zusammengefasst – von großer Bedeutung. Dies gilt in besonderem Maß für forschende KMU. Jene KMU, die kontinuierlich bzw. sehr intensiv FuE betreiben, bewerten auch das Fördern, Finden und Binden von Schlüsselpersonen als wichtige Maßnahme des Innovationsmanagements. Investitionen in das Humankapital (im Sinn von Ausbildungs- und Rekrutierungsmaßnahmen) werden vor allem von FuE-Dienstleistern und forschenden KMU als wichtig eingestuft. Immaterielle Anreize für Innovationsmanager (wie z.B. zeitliche Freiräume) sind in Hightech-Startups überdurchschnittlich stark verbreitet, während materielle Anreize kaum eine Rolle spielen.

Insgesamt zeigt sich, dass innovationsstimulierende Maßnahmen umso eher eingesetzt werden, je forschungsorientierter Unternehmen sind. Innovierende KMU ohne FuE setzen alle betrachteten Maßnahmen signifikant seltener ein als die anderen drei KMU-Gruppen mit Innovationen. Für nicht innovierende KMU – soweit sie laufende oder abgebrochene Innovationsprojekte aufweisen – haben Instrumente des Innovationsmanagements im Führungs- und Personalbereich nur selten eine große Bedeutung. Dies kann durchaus als ein Defizit interpretiert werden, da diese Unternehmen sich mit ähnlicher Innovationsintensität in Innovationsprojekten engagieren wie innovierenden KMU ohne FuE. Möglicherweise ist gerade das Fehlen eines effizienten Innovationsmanagements der Grund dafür,

11 Die meisten der in Abbildung 33 angeführten Maßnahmen werden von fast allen Unternehmen eingesetzt. Um zwischen wichtigen und weniger wichtigen Maßnahmen zu diskriminieren, werden nur jene Unternehmen betrachtet, die eine Maßnahme als von hoher Bedeutung für das Innovationsmanagement im Unternehmen angegeben haben.

dass diese Unternehmen noch keine erfolgreichen Innovationen einführen konnten oder Innovationsprojekte wieder abbrechen mussten.

Abbildung 33: Maßnahmen zur Innovationsstimulierung nach KMU-Gruppen in Deutschland 2002 (verarbeitendes Gewerbe und wissensintensive Dienstleistungen, in %)

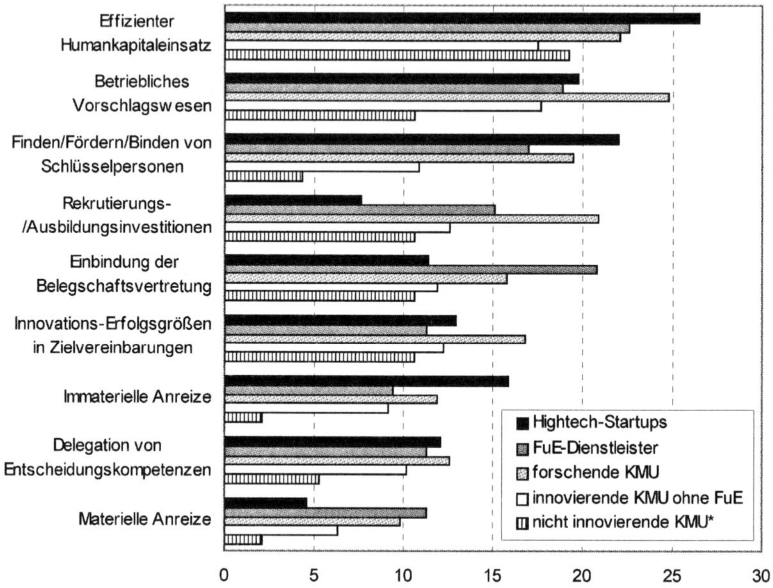

Anteil der Unternehmen, für die die jeweilige Maßnahme im Bereich Führung und Personalmanagement im Zeitraum 2000-2002 von hoher Bedeutung für die Stimulierung von Innovationen im Unternehmen war. Mehrfachnennungen möglich.
* nur Unternehmen mit laufenden oder abgebrochenen Innovationsaktivitäten.
Quelle: Mannheimer Innovationspanel – Berechnungen des ZEW. Mittelwerte der Nettostichprobe.

Ein weiterer wichtiger Aspekt des Innovationsmanagements ist die *innovationsbezogene unternehmensinterne Zusammenarbeit innerhalb des Unternehmens*. Hierbei liegt der Fokus auf der Ausnutzung von Synergie- und Lerneffekten und einer effizienten Nutzung von unternehmensinternen Ressourcen. Für alle KMU-Gruppen wird die unternehmensinterne Zusammenarbeit hauptsächlich durch die Pflege informeller Kontakte und die offene Kommunikation wichtiger innovationsrelevanter Ideen motiviert (Abbildung 34). Als ebenfalls wichtig – insbesondere von den Hightech-Startups – wird die gegenseitige Unterstützung der Abteilungen bei Problemen in Innovationsprojekten eingestuft. Von hoher Relevanz ist vor allem für Hightech-Startups und FuE-Dienstleister die Entwicklung von gemeinsamen Innovationsstrategien. Da insbesondere diese beiden KMU-Gruppen die für ihre Innovationstätigkeit relevante FuE unternehmensintern durchführen, fördern sie mit dieser Strategie die Ausnutzung von Synergien. Dass der befristete Personalaustausch über alle KMU-Gruppen hinweg als wenig relevant im Rahmen der innovationsfördernden Strategien für die Innovationstätigkeit angesehen wird, mag vor allem daran liegen, dass im Bereich der FuE das Humankapital hoch spezialisiert ist.

Abbildung 34: Unternehmensinterne innovationsbezogene Zusammenarbeit nach KMU-Gruppen in Deutschland 2002 (verarbeitendes Gewerbe und wissensintensive Dienstleistungen, in %)

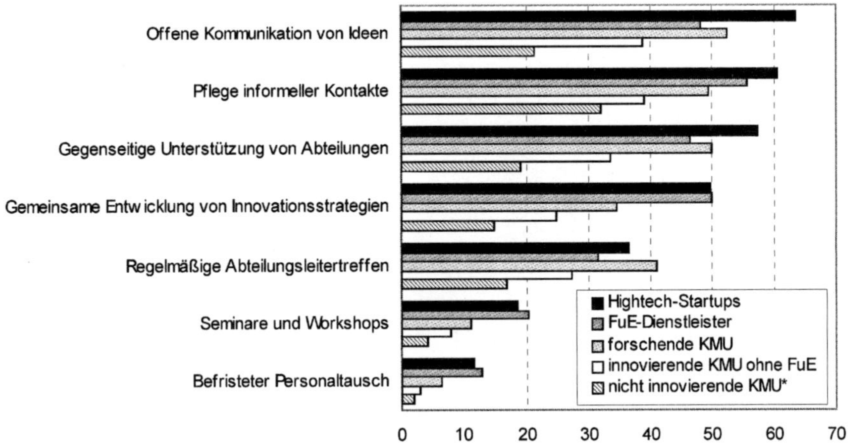

Anteil der Unternehmen, für die die jeweilige Form der innovationsbezogenen Zusammenarbeit innerhalb des Unternehmens im Zeitraum 2000-2002 von großer Bedeutung war. Mehrfachnennungen möglich.
* nur Unternehmen mit laufenden oder abgebrochenen Innovationsaktivitäten.
Quelle: Mannheimer Innovationspanel – Berechnungen des ZEW. Mittelwerte der Nettostichprobe.

Neben einer effizienten unternehmensinternen Gestaltung von Innovationsprozessen kann auch die Ausrichtung der *externen Beziehungen* ein wesentlicher Faktor für den Erfolg von Innovationsprojekten und die Nutzung von Innovationspotenzialen sein. Dabei spielen zwei Aspekte eine wesentliche Rolle: Kooperationen mit externen Partnern bieten die Möglichkeit, Zugang zu komplementärem Wissen zu erhalten und das Risiko von Innovationsprojekten für das Unternehmen zu verringern, indem es auf mehrere Partner verteilt wird. Zum anderen erlaubt eine effektive Nutzung von externen Impulsen und Innovationsideen, Wünsche und Anforderungen von Kunden, die technologischen Möglichkeiten, die Technologieproduzenten und die Wissenschaft bieten, sowie Trends in Märkten und Rahmenbedingungen zu erkennen und in die eigenen Innovationsprojekte zu integrieren. Daraus können Wettbewerbsvorteile gegenüber anderen Innovatoren erzielt und gegebenenfalls ein höherer Innovationserfolg erreicht werden.

Die Kooperationsaktivitäten unterscheiden sich ganz deutlich nach KMU-Gruppen: Bei Hightech-Startups und FuE-Dienstleistern geht die starke Ausrichtung der Innovationsstrategien auf die Entwicklung von originären Neuheiten und neuen Technologien mit einer hohen *Kooperationsneigung* einher, etwa drei

Viertel aller Unternehmen kooperieren im Rahmen ihrer Innovationsprojekte mit externen Partnern (Abbildung 35). Aber auch jedes zweite forschende KMU unterhält Innovationskooperationen. Unter den innovierenden KMU ohne FuE ist dagegen nur jedes fünfte Unternehmen in eine Kooperation eingebunden.

Abbildung 35: Innovationskooperationen von KMU-Gruppen in Deutschland 2000, 2002 und 2003 (verarbeitendes Gewerbe und wissensintensive Dienstleistungen, in %)

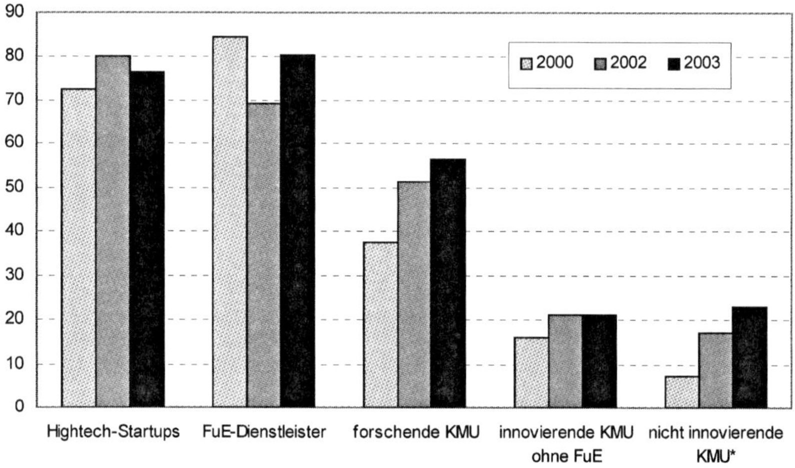

Anteil der Unternehmen, die im Zeitraum 2001-2003 im Rahmen von Innovationsprojekten mit anderen Unternehmen oder Einrichtungen aktiv zusammengearbeitet haben.
* nur Unternehmen mit laufenden oder abgebrochenen Innovationsaktivitäten.
Quelle: Mannheimer Innovationspanel – Berechnungen des ZEW. Mittelwerte der Nettostichprobe.

Nicht innovierende KMU – sofern sie laufende oder abgebrochene Innovationsprojekte haben – weisen im Jahr 2000 noch die deutlich niedrigste Kooperationsneigung auf, im Jahr 2003 liegt sie dagegen auf dem Niveau der innovierenden KMU ohne FuE. Dieser stärkeren Kooperationsorientierung entspricht auch die Zunahme der in Innovationsprojekte einsteigenden oder – wegen erfolgloser Innovationsbemühungen – wieder aussteigenden KMU: Im gleichen Zeitraum stieg die durchschnittliche Innovationsintensität in dieser Teilgruppe der nicht innovierenden KMU von 3 auf 6 % an.

Die wichtigsten Kooperationspartner sind für jede KMU-Gruppe die Hochschulen, gefolgt von außeruniversitären Einrichtungen und Kunden (Abbildung 36). Für FuE-Dienstleister ist eine Zusammenarbeit mit der Wissenschaft in Innovationsprojekten nahezu der Regelfall, und auch die meisten Hightech-Startups suchen die Kooperation mit wissenschaftlichen Einrichtungen. Dies ist vor dem Hintergrund, dass diese Unternehmen in der Regel durch Akademiker gegründet werden, von denen viele wohl auch zuvor in der Wissenschaft tätig waren und dadurch noch persönliche Kontakte zu wissenschaftlichen Einrichtungen unterhalten, nicht weiter verwunderlich.

Abbildung 36: Kooperationspartner in Innovationskooperationen von KMU-Gruppen in Deutschland 2003 (verarbeitendes Gewerbe und wissensintensive Dienstleistungen, in %)

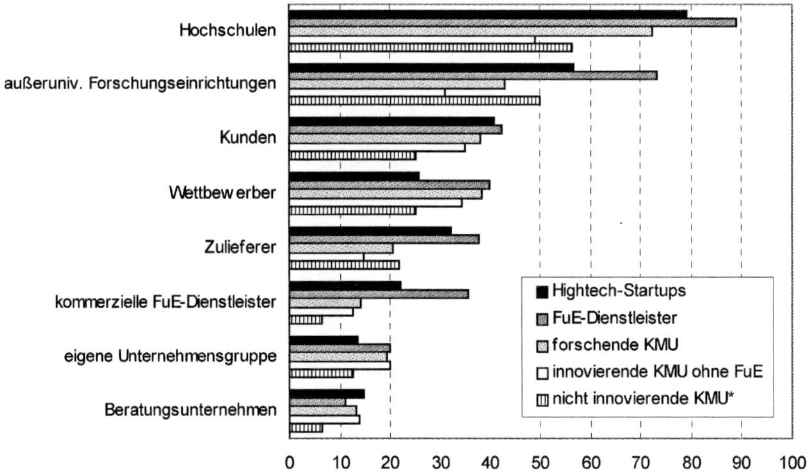

Anteil der Unternehmen mit Innovationskooperationen im Zeitraum 2001-2003, die mit dem jeweiligen Partner in Innovationsprojekten aktiv zusammengearbeitet haben.
* nur Unternehmen mit laufenden oder abgebrochenen Innovationsaktivitäten.
Quelle: Mannheimer Innovationspanel – Berechnungen des ZEW. Mittelwerte der Nettostichprobe.

Die Kooperation mit Hochschulen oder außeruniversitären Forschungseinrichtungen ermöglicht es diesen überwiegend kleinen Unternehmen, bestimmtes Wissen und bestimmte Aktivitäten im Rahmen von Innovationsprojekten von außen zu beziehen, was die eigenen Kosten verringert und die Spezialisierung auf Kernkompetenzen erleichtert. Aber auch ein hoher Anteil der forschenden KMU sucht die Zusammenarbeit mit wissenschaftlichen Einrichtungen. Und selbst unter den KMU, die nicht regelmäßig forschen, kooperiert etwa jedes zweite mit Hochschulen und rund jedes dritte mit außeruniversitären Einrichtungen.

Dabei muss es sich nicht notwendigerweise um FuE-Kooperationen handeln. Fasst man die Frage der Zusammenarbeit mit Hochschulen weiter und bezieht dabei die verschiedenen Formen des formellen oder informellen Wissensaustauschs mit ein, so sind informelle Kontakte, die Betreuung von Diplomarbeiten oder Dissertationen im Unternehmen, Fort- und Weiterbildung sowie die wissenschaftlich-technische Beratung die am häufigsten genutzten Formen der Zusammenarbeit (Abbildung 37). Für alle KMU-Gruppen sind informelle Kontakte zu wissenschaftlichen Einrichtungen die wichtigste Kooperationsform; dies gilt auch für Hightech-Startups und FuE-Dienstleister.

Abbildung 37: Form der Zusammenarbeit mit der Wissenschaft durch KMU-Gruppen in Deutschland 2002 (verarbeitendes Gewerbe und wissensintensive Dienstleistungen, in %)

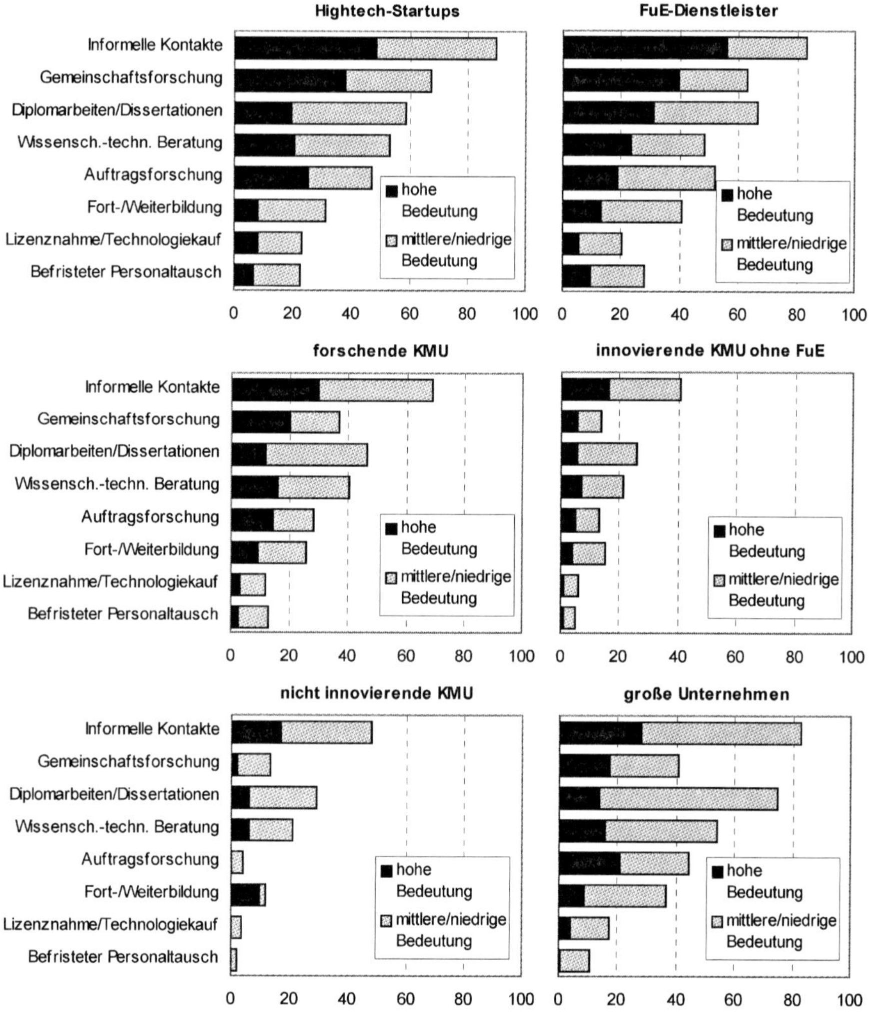

Anteil der Unternehmen mit Innovationsaktivitäten, die im Zeitraum 2000-2002 die angeführte Form der Zusammenarbeit mit Hochschulen oder außeruniversitären Forschungseinrichtungen genutzt haben. Quelle: Mannheimer Innovationspanel – Berechnungen des ZEW. Mittelwerte der Nettostichprobe.

Während Gemeinschafts- und Auftragsforschung als Kooperationsform für diese beiden KMU-Gruppen – ebenso wie für Großunternehmen – von hoher Bedeutung sind und häufig genutzt werden, spielen sie bereits für forschende KMU eine geringere und für die anderen beiden KMU-Gruppen kaum eine Rolle. Nicht innovierende KMU, soweit sie laufende oder abgebrochene Innovationsaktivitäten haben, nutzen in erster Linie Diplomarbeiten und Dissertationen sowie die wissenschaftlich-technische Beratung, um Zugang zu wissenschaftlichem Know-how zu erhalten. Aber auch der Fort- und Weiterbildung der eigenen Mitarbeiter in wissenschaftlichen Einrichtungen kommt eine vergleichsweise große Bedeutung zu.

Lizenznahme oder der Kauf von Technologien – die auf die kommerzielle Verwertung von an wissenschaftlichen Einrichtungen entstandenen Innovationen durch KMU abzielen – ist fast nur in Hightech-Startups, FuE-Dienstleistern und Großunternehmen anzutreffen, und auch dort nur für einen sehr kleinen Teil der Unternehmen (weniger als 10 %) ein wichtiger Kanal des Wissenstransfers. Befristeter Personalaustausch mit Wissenschaftseinrichtungen findet fast nur in Zusammenarbeit mit Hightech-Startups bzw. FuE-Dienstleistern statt.

Insgesamt bestätigen die starke Neigung aller KMU-Gruppen, mit wissenschaftlichen Einrichtungen zu kooperieren, und die Nutzung unterschiedlicher und vielfältiger Wissenstransferformen, dass Hochschulen und außeruniversitäre Einrichtungen eine wichtige Wissensquelle für Unternehmen sind. Dabei darf das Augenmerk aber nicht nur auf die „klassische" kooperative oder Auftragsforschung gerichtet sein. Für die große Zahl der innovativen KMU sind nicht auf FuE bezogene Formen der Zusammenarbeit deutlich wichtiger. Diese sollten daher bei der Frage, wie geeignete Strukturen und Anreizmechanismen in wissenschaftlichen Einrichtungen geschaffen und verbessert werden können, um den Wissens- und Technologietransfer gerade gegenüber KMU zu stärken, adäquat berücksichtigt werden.

Kooperationen mit Kunden unterhalten etwa 35-40 % der KMU, lediglich bei den nicht innovierenden KMU ist dieser Anteil deutlich niedriger. FuE-Dienstleister und forschende KMU arbeiten überdurchschnittlich häufig mit Wettbewerbern zusammen, während Kooperationen mit Lieferanten stärker bei Hightech-Startups und FuE-Dienstleistern anzutreffen sind. FuE-Dienstleister kooperieren darüber hinaus häufig auch mit anderen Unternehmen ihrer Branche, vermutlich im Zusammenhang mit der kooperativen Durchführung größerer FuE-Aufträge.

Die insgesamt sehr hohe Neigung von FuE-Dienstleistern, in Innovationsprojekten mit externen Partnern zu kooperieren, überrascht ein wenig. Denn für diese KMU-Gruppe war angenommen worden, dass sie wegen des hohen eigenen Wissenskapitalstocks Kooperationen zur Erlangung externen Wissens weniger benötigen als andere forschende KMU. Tatsächlich gehen diese Unternehmen jedoch am häufigsten Kooperationen ein, und zwar vor allem mit Partnern, die über eine ähnlich intensive Wissensausstattung wie sie selbst verfügen. Hier ist zu vermuten, dass innerhalb sehr eng abgegrenzter Technologiefelder komplementäres Wissen, etwa im Grundlagenbereich, von öffentlichen Forschungseinrichtungen genutzt wird, um Innovationsprojekte umzusetzen.

Ein weiteres wichtiges Kalkül bei der Gestaltung von externen Beziehungen in Innovationsprozessen ist die Nutzung von *externen Innovationsquellen* (Abbildung 38). Das sind jene Impulsgeber, die Innovationen anstoßen und deren

Impulse unverzichtbar für die Entwicklung eines neuen Produktes, einer neuen Dienstleistung oder eines neuen Prozesses sind.

Für alle vier KMU-Gruppen mit erfolgreicher Innovationstätigkeit sind die *Kunden* die mit Abstand wichtigste externe Innovationsquelle. Zwischen 50 % (innovierende KMU ohne FuE) und 70 % (FuE-Dienstleister) greifen Anstöße ihrer Kunden auf, um neue Produkte zu entwickeln und einzuführen, in seltenen Fällen aber auch, um ihre internen Prozesse zu erneuern. Dies spiegelt die hohe Bedeutung der Kundenorientierung in Innovationsprozessen wider. Gerade das flexible und rasche Eingehen auf spezifische Kundenwünsche ist ein wesentlicher Wettbewerbsvorteil für KMU gegenüber Großunternehmen im Innovationswettbewerb. Auffallend ist, dass ein höherer Anteil der Unternehmen Kunden als Innovationsquelle nutzt als mit ihnen direkt kooperiert. Kundenanregungen werden somit zu einem bedeutenden Teil außerhalb von Kooperationsprojekten aufgegriffen, z.B. durch Marketing und Vertrieb, und fließen dann unternehmensintern in Innovationsprojekte ein.

Abbildung 38: Nutzung von Innovationsquellen nach KMU-Gruppen in Deutschland 2002 (verarbeitendes Gewerbe und wissensintensive Dienstleistungen, in %)

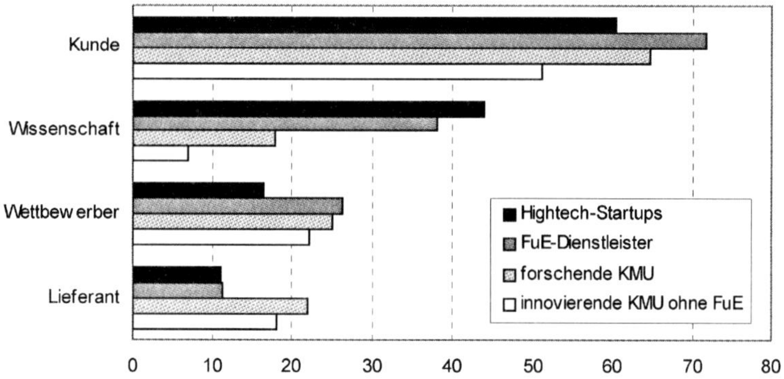

Anteil der Unternehmen, die im Zeitraum 2000-2002 Innovationen eingeführt zu haben, die gezielt durch Kundenwünsche oder Nachfrageforderungen angestoßen, durch neue wissenschaftlichen Ergebnissen ermöglicht, von Wettbewerbern übernommen oder durch Lieferanten ermöglicht wurden. Mehrfachnennungen möglich.

Quelle: Mannheimer Innovationspanel – Berechnungen des ZEW. Mittelwerte der Nettostichprobe.

Deutliche Unterschiede in der Nutzung von Innovationsquellen zwischen KMU-Gruppen zeigen sich in Bezug auf *Wissenschafts-Impulse*. Neue wissenschaftliche Forschungsergebnisse als Auslöser und Ermöglicher von Innovationen spielen für die Hightech-Startups und die FuE-Dienstleister eine herausragende Rolle, etwa 40 % der Unternehmen haben im Zeitraum 2000-2002 wissenschaftsgetriebene Innovationen eingeführt. Dies ist etwa viermal so viel wie im Durchschnitt der innovierenden Unternehmen. Für forschende KMU sind neue wissenschaftliche Erkenntnisse ebenfalls von größerer Bedeutung, etwa jedes sechste Unternehmen in dieser KMU-Gruppe hat die Innovationsquelle Wissenschaft genutzt. Für innovierende KMU ohne FuE spielt die Wissenschaft dagegen eine sehr geringe Bedeutung als Anstoßgeber für Innovationen. Angesichts der weit verbreiteten Kooperation mit der Wissenschaft in Innovationsprojekten bedeutet dies, dass für die innovierenden KMU ohne FuE, aber auch für den größten Teil der forschenden KMU und selbst für sehr viele Hightech-Startups und FuE-Dienstleister eine Zusammenarbeit mit der Wissenschaft nicht auf die Umsetzung neuer Forschungsergebnisse in neue Produkte und Prozesse abzielt. Vielmehr dürfte die Nutzung von bereits vorhandenem wissenschaftlichen Know-how der Lösung von technisch-wissenschaftlichen Problemen in Innovationsprojekten und der – häufig inkrementellen – Verbesserung der existierenden Produkte und Prozesse dienen. Der Wissenschaft kommt somit eher die Rolle eines Wissensdienstleisters als eines Bereitstellers grundlegend neuer Technologien oder Methoden zu. Auch diesen Umstand gilt es zu berücksichtigen, wenn es um die Ausgestaltung des Wissens- und Technologietransfersystems inklusive adäquater Anreizstrukturen in den wissenschaftlichen Einrichtungen geht.

Wettbewerber sind für FuE-Dienstleister, forschende KMU und innovierende KMU ohne FuE gleichermaßen als Innovationsquelle von Bedeutung, rund ein Viertel der Unternehmen nutzt Anstöße der Marktkonkurrenten. Hightech-Startups greifen dagegen kaum Impulse von dieser Seite auf. Dies wird vermutlich daran liegen, dass ein großer Teil die Hervorbringung grundlegend neuer Technologien und Produkte, die noch gar nicht im Markt angeboten werden, als Innovationsstrategie verfolgt. Dabei spezialisieren sich die Unternehmen auf sehr spezifische Technologieanwendungen und Produktnischen, so dass wohl nur selten direkte Wettbewerber im (angestrebten) Produktmarkt existieren, von deren Innovationsaktivitäten Impulse aufgenommen werden könnten.

Lieferanten von Technologie, Anlagen, Materialien oder Dienstleistungen spielen für forschende KMU und innovierende KMU ohne FuE eine recht wichtige Rolle als Anstoßgeber für Innovationen. Hier scheint eine Art „kommerzieller", indirekter Technologietransfer stattzufinden, indem innovative Produkte der Zulieferer für Produkt- und Prozessinnovationen der KMU genutzt werden. Hightech-Startups und FuE-Dienstleister nutzen diese Innovationsquelle kaum, was ein weiterer Beleg für deren „Anfangsposition" innerhalb der Kette von der Entwicklung bis zur Diffusion von neuen Technologien ist.

3.4 Innovationswege in KMU-Gruppen

Aus den oben dargestellten Befunden ergibt sich folgendes zusammenfassendes Bild des Innovationsverhaltens der einzelnen KMU-Gruppen:

Für *Hightech-Startups* stehen Innovationen ganz im Zentrum der Unternehmensaktivitäten. Rund 60 % des Umsatzes werden für Innovationsprojekte ausgegeben, insbesondere für FuE. Dabei verfolgen sie überwiegend die Hervorbringung grundlegend neuer Produkte, in der Regel auf Basis von neuen Technologien. Prozessinnovationen stehen meist im Zusammenhang mit Produktinnovationsaktivitäten, sind aber ebenso auf neue technologische Lösungen ausgerichtet. Die (angestrebte) Marktpositionierung ist die des Technologieführers und Branchenersten mit neuen Produkten. Gleichwohl ist nur ein Teil der Hightech-Startups mit dieser Strategie bereits im Markt erfolgreich: Je nach Beobachtungsjahr konnten 50 bis 75 % der Unternehmen tatsächlich eine Marktneuheit einführen, und nur etwa 20 bis 30 % des Umsatzes gehen auf diese originären Innovationen zurück. Als Folge weisen sie ein besonders ungünstiges Verhältnis zwischen dem Input in Innovationsprojekte und den Erlösen aus Innovationen auf. Für die Umsetzung ihrer Innovationsstrategie greifen Hightech-Startups besonders intensiv auf externes Wissen zu (drei Viertel kooperieren im Rahmen von Innovationsprojekten), wobei Hochschulen und außeruniversitäre Forschungseinrichtungen die wichtigsten Partner sind und die enge Wissenschaftsanbindung dieser Unternehmen unterstreichen. Maßnahmen des Innovationsmanagements sind in Hightech-Startups weiter verbreitet als in anderen KMU.

FuE-Dienstleister weisen ebenfalls eine sehr hohe Innovationsintensität auf, wobei fast alle Innovationsaufwendungen auf FuE entfallen. Im Gegensatz zu Hightech-Startups liegt der Fokus der Innovationsaktivitäten jedoch nicht auf der Hervorbringung radikal neuer Produkte, um diese selbst zu vermarkten. Im Zentrum steht die Spezialisierung auf bestimmte FuE- und technische Dienstleistungen auf Grundlage hoher technologischer Kompetenz. Kooperationen mit anderen Partnern stellen dabei faktisch den Geschäftszweck dar, da die Umsetzung von FuE-Aufträgen fast immer die Zusammenarbeit mit dem Auftraggeber erfordert. Fast jeder FuE-Dienstleister kooperiert aber auch mit Hochschulen. FuE-Dienstleister können somit auch als eine Art aktive Wissenstransfereinrichtung bezeichnet werden, die neue wissenschaftliche Forschungsergebnisse in kommerzielle FuE überführt bzw. in FuE-Dienstleistungsangebote integriert. Gemessen an den Indikatoren für den Innovationserfolg weisen FuE-Dienstleister – angesichts ihrer extrem hohen Innovationsintensität – eine schwache Performance auf. Dieser Befund ist jedoch auf die nur bedingte Eignung der Messinstrumente zurückzuführen. Denn für viele FuE-Dienstleister steht nicht die Eigenvermarktung ihrer FuE-Ergebnisse im Mittelpunkt, sondern die Erbringung von qualitativ hochwertigen Dienstleistungen für ihre Kunden. Diese Dienstleistungen selbst müssen dabei nicht notwendigerweise neue Produkte darstellen. Die Qualitätsorientierung bei gleichzeitig starker Spezialisierung auf bestimmte Dienstleistungsangebote (d.h. die Verfolgung einer Nischenstrategie) verringert den Preiswettbewerb und rückt daher auch Prozessinnovationen, die auf Rationalisierung abzielen, in den Hintergrund.

Forschende KMU zeichnen sich durch effiziente Innovationsprozesse aus: Die im Schnitt hohe technologische Kompetenz und die lange Markterfahrung erlauben eine Gestaltung von Innovationsprozessen, die offenbar rasch zur Einführung neuer Produkte und Prozesse und zu vergleichsweise hohen Erträgen aus diesen Innovationen führt. Forschende KMU kombinieren dabei eine starke Ausrichtung an kundenspezifischen Lösungen mit einer anspruchsvollen Innovationen und einer starken Orientierung auf Kostenführerschaft, wobei Prozessinnovationen für die preisliche Wettbewerbsfähigkeit eine wesentliche Rolle spielen. Charakteristisch für die Gruppe der forschenden KMU ist somit ein hoher Anteil von Unternehmen mit Marktneuheiten und die weite Verbreitung von Rationalisierungsinnovationen. Diese insgesamt anspruchsvolle Ausgestaltung von Innovationsprozessen geht mit einer hohen Kooperationsneigung und der Nutzung verschiedener Instrumente des Innovationsmanagements einher. Eine besondere Bedeutung kommt der effizienten Nutzung des Humankapitals und entsprechender innovationsstimulierender Maßnahmen zu.

Innovierende KMU ohne FuE zeichnen sich durch hohe quantitative Innovationserfolge bei einem eher geringen Umfang der Innovationsaktivitäten aus. Dies betrifft sowohl den finanziellen Umfang, die Zusammenarbeit mit Dritten und die Nutzung externer Innovationsquellen als auch die Verbreitung von Innovationsmanagement-Instrumenten. Für diese KMU-Gruppe spielt die Adoption von neuen Technologien (meist über Investitionen in neue Anlagen) und die Übernahme von Produktinnovationsideen (d.h. die Einführung von Nachahmerprodukten) in die meist regional eng begrenzten Märkte eine herausragende Rolle. Damit einher geht ein hoher investiver Anteil der Innovationsaufwendungen, ein hoher Anteil an Produktimitatoren und eine Ausrichtung der Prozessinnovationen auf Kostensenkungsziele. Die Wissenschaft spielt als Partner in Innovationskooperationen oder als Impulsgeber für Innovationen kaum eine Rolle.

Unter den *nicht innovierenden KMU* finden sich etwa 10 bis 15 %, die laufende oder abgebrochene Innovationsaktivitäten und somit auch Innovationsaufwendungen aufweisen. Dabei handelt es sich zum einen um Unternehmen, die aus den anderen KMU-Gruppen – vor allem aus den innovierenden KMU ohne FuE – in diese Gruppe gewechselt sind, zum anderen um Unternehmen, die neu in Innovationsaktivitäten eingestiegen sind, ihre Projekte aber noch nicht abschließen konnten. Die nicht innovierenden KMU mit positiven Innovationsaufwendungen weisen dabei ähnlich hohe Innovationsintensitäten wie die forschenden KMU oder die innovierenden KMU ohne FuE auf (2000: ca. 5 %, 2003: ca. 8 %). Die Ausgabenstruktur ähnelt jener von innovierenden KMU ohne FuE (geringer FuE-Anteil, hoher Investitionsanteil).

4 Innovationshemmnisse und Finanzierung in KMU-Gruppen

In diesem Kapitel wird untersucht, welche Faktoren die Unternehmen in den einzelnen KMU-Gruppen bei ihren Innovationsaktivitäten behindern. Besondere Aufmerksamkeit wird der Frage der Finanzierungssituation geschenkt. Untersucht wird unter anderem, welchen Einfluss Finanzierungsstrukturen und -hemmnisse auf die Ausrichtung und den Erfolg von Innovationsaktivitäten haben.

4.1 Innovationshemmnisse

Je intensiver sich Unternehmen mit Innovationsfragen beschäftigen, desto eher nehmen sie Hemmnisse für Innovationen wahr. Dies liegt zum einen daran, dass mit steigender Komplexität von Innovationsprojekten bestimmte Hemmnisfaktoren überhaupt erst ins Blickfeld eines Unternehmens geraten. Zum anderen steigt mit der Zahl der unterschiedlichen Innovationsprojekte, die gleichzeitig verfolgt werden, auch die Wahrscheinlichkeit, dass zumindest bei einem ein Hemmnis auftritt. Dementsprechend melden Unternehmen der KMU-Gruppen Hightech-Startups und FuE-Dienstleister am häufigsten das Vorhandensein von Innovationshemmnissen (2002: 70 % der Unternehmen), bei forschenden KMU sind es etwa 60 %, bei innovierenden KMU ohne FuE knapp 50 % (Abbildung 39). Beachtenswert ist, dass die KMU-Gruppen mit FuE-Aktivitäten im Jahr 2002 höhere Anteile von Unternehmen mit Hemmnissen aufweisen als die Gruppe der großen Unternehmen. Angesichts der im Mittel deutlich höheren Zahl von gleichzeitig durchgeführten Innovationsprojekten hätte erwartet werden können, dass Großunternehmen den höchsten Anteil von Unternehmen mit Hemmnissen aufweisen.

Die Gruppe der nicht innovierende KMU weist den mit Abstand niedrigsten Anteil von durch Hemmnisse an ihren Innovationsbemühungen behinderten Unternehmen auf (gut 15 %). Dies bedeutet, dass der ganz überwiegende Teil der KMU, die keine erfolgreichen Innovationen aufweisen, hieran nicht durch Hemmfaktoren gehindert wurde. Die Unternehmen dieser KMU-Gruppe, die Hemmnisse melden, setzen sich zum kleineren Teil aus Unternehmen mit noch laufenden oder abgebrochenen Innovationsaktivitäten (ca. 15 %) und aus Unternehmen, die ihr Innovationsvorhaben bereits in der Konzeptphase eingestellt und Innovationsprojekte gar nicht erst begonnen haben (ca. 85 %), zusammen. Im Vergleich zwischen 1998 und 2002 fällt vor allem auf, dass die Zahl der Hightech-Startups und FuE-Dienstleister, die Innovationshemmnisse melden, um etwa 10 Prozentpunkte zugenommen hat. In allen anderen KMU-Gruppen sowie in den Großunternehmen blieb der Anteil der Unternehmen mit Hemmnis nahezu unverändert.

Abbildung 39: Vorhandensein von Innovationshemmnissen nach KMU-Gruppen in Deutschland 1998 und 2002 (verarbeitendes Gewerbe und wissensintensive Dienstleistungen, in %)

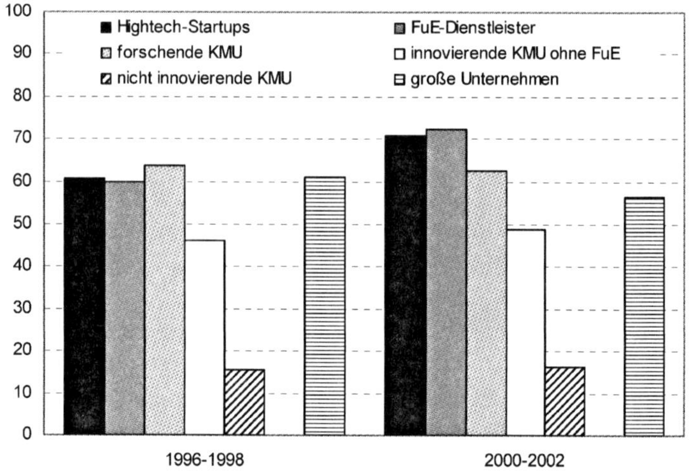

Anteil der Unternehmen, in denen Innovationshemmnisse im Zeitraum 1996-1998 bzw. 2000-2002 zum Abbruch, zur Verlängerung oder zum Nicht-Beginn von Innovationsprojekten geführt haben.
Quelle: Mannheimer Innovationspanel – Berechnungen des ZEW. Mittelwerte der Nettostichprobe.

Die Verbreitung der unterschiedlichen Innovationshemmnisse in den einzelnen KMU-Gruppen (Abbildung 40) entspricht im Wesentlichen den in Abschnitt 2.1 dargestellten Erwartungen:

Hightech-Startups und FuE-Dienstleister nehmen die Hemmnisse „*hohes wirtschaftliches Risiko*“, „*hohe Innovationskosten*“ und „*Mangel an Finanzierungsquellen*“ deutlich stärker wahr als andere KMU-Gruppen. Dies spiegelt erstens das grundsätzlich höhere Risiko von Innovationsprojekten in diesen beiden KMU-Gruppen wider: Die starke Ausrichtung auf originäre Innovationen und neuen Technologien bedingt eine hohe Unsicherheit über das Ergebnis, die hohe Innovationsintensität bedeutet ein hohes wirtschaftliches Risiko im Fall eines Nichterfolgs eines Innovationsprojektes. Und es zeigt zweitens, dass in Relation zu den im Unternehmen vorhandenen finanziellen Ressourcen ein deutlich höherer Finanzierungsbedarf für die Durchführung von Innovationsprojekten besteht. Folglich ist auch das Hemmnis des Mangels an geeigneten Finanzierungsquellen das bedeutendste in den beiden KMU-Gruppen. Dabei erschweren gerade das hohe Risiko der Projekte und deren zentrale Bedeutung für das Unternehmen eine Fremdfinanzierung. Gleichzeitig ist zu beachten, dass die starke Wissensbasis und das FuE-Potenzial der Unternehmen eine Vielzahl von Innovationsideen hervorbringen, d.h. es werden häufiger als in anderen KMU Innovationsideen auf ihre Machbarkeit geprüft – und entsprechend häufiger werden auch Hemmnisse für deren Umsetzung identifiziert.

Abbildung 40: Innovationshemmnisse von KMU-Gruppen in Deutschland 2002 (verarbeitendes Gewerbe und wissensintensive Dienstleistungen, in %)

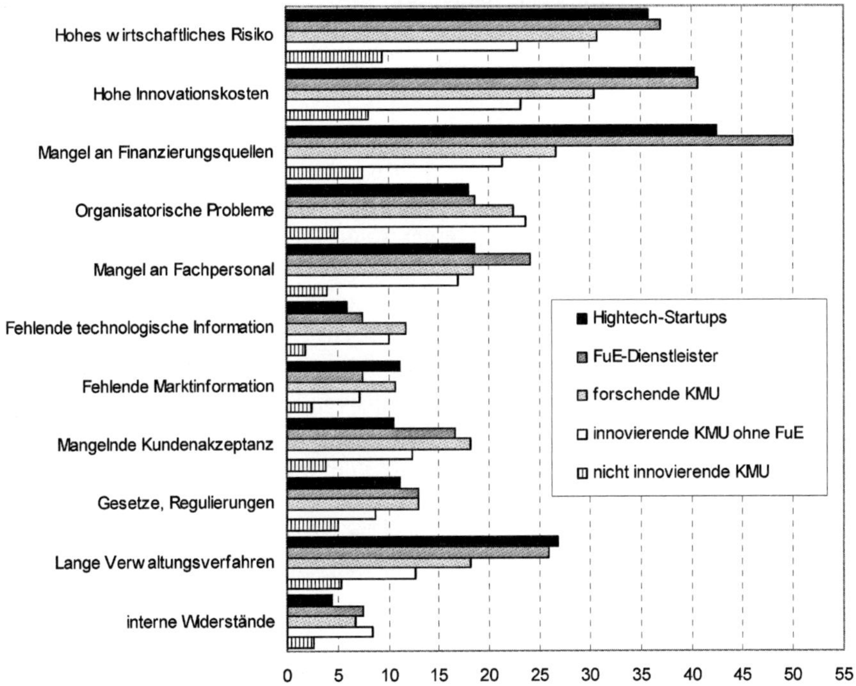

Anteil der Unternehmen, in denen das jeweilige Innovationshemmnis im Zeitraum 2000-2002 zum Abbruch, zur Verlängerung oder zum Nicht-Beginn von Innovationsprojekten geführt hat. Mehrfachnennungen möglich.

Quelle: Mannheimer Innovationspanel – Berechnungen des ZEW. Mittelwerte der Nettostichprobe.

Forschende KMU nennen diese drei Hemmnisse deutlich seltener. Vor allem beim Mangel an Finanzierungsquellen ist der Unterschied beträchtlich: Während über 40 % der Hightech-Startups und jeder zweite FuE-Dienstleister dieses Hemmnis nennt, sehen sich nur 25 % der forschenden KMU davon betroffen. Unter den innovierenden KMU geben etwas mehr als 20 % die Hemmnisse hohes Risiko, hohe Kosten bzw. Finanzierungsrestriktionen an.

Demgegenüber spielen die Hemmnisse *„organisatorische Probleme“* und *„fehlende technologische Informationen“* bei Hightech-Startups und FuE-Dienstleistern eine geringere Bedeutung als in den anderen KMU-Gruppen. Besonders in innovierenden KMU ohne FuE spielen organisatorische Probleme im Unternehmen eine große Rolle als Innovationshemmnis, kein anderes Hemmnis wird in dieser Gruppe so häufig genannt. Dahinter könnten Schwächen im Innovationsmanagement stehen.

Ein Viertel der Hightech-Startups und der FuE-Dienstleister gibt an, dass *lange Verwaltungs- und Genehmigungsverfahren* Innovationsprojekte behindert hätten.

Dass dieses Hemmnis in diesen beiden Gruppen häufiger auftritt, verwundert nicht, da die Einführung von originären Innovationen viel eher eine Genehmigung durch eine Behörde erfordert als die Einführung einer Produktimitation oder die Adoption eines neuen, andernorts bereits erprobten Verfahrens. Das Hemmnis „*Gesetze/Regulierungen*", das seltener genannt wird als eine Behinderung durch lange administrative Verfahren, wird von forschenden KMU dagegen genauso oft angeführt wie von Hightech-Startups und FuE-Dienstleistern.

Der *Fachpersonalmangel* spielte im Jahr 2002 eine untergeordnete Rolle als Innovationshemmnis. Vergleichsweise häufig nannten FuE-Dienstleister dieses Hemmnis. Auch dieses Ergebnis ist einfach zu erklären: FuE-Dienstleister weisen einerseits eine hohe Humankapitalintensität auf (fast zwei Drittel aller Beschäftigten haben einen Hochschulabschluss), gleichzeitig spezialisieren sie sich auf sehr spezifische Technologiefelder bzw. Marktsegmente, d.h. sie fragen ein sehr spezifisches Wissen und Humankapital nach. Unter diesen Bedingungen ist die Wahrscheinlichkeit, kein adäquates Angebot am Arbeitsmarkt vorzufinden, höher als in den drei weniger forschungsintensiven KMU-Gruppen, die bei einer Akademikerquote von etwa einem Viertel einen geringeren Humankapitalbedarf haben. Dass Hightech-Startups weniger stark vom Fachpersonalmangel betroffen sind, kann an ihrer geringen Größe liegen, die es eher erlaubt, durch andere organisatorische Maßnahmen, wie z.B. längere Arbeitszeiten der Unternehmenseigentümer, auf kurzfristige Personalknappheit zu reagieren.

Das Innovationshemmnis der *mangelnden Akzeptanz von Innovationen durch Kunden* ist – auf den ersten Blick überraschend – in den forschenden KMU am häufigsten anzutreffen. Angesichts des Umstandes, dass Unternehmen dieser Gruppe ihre Innovationsstrategien stark auf individuelle Kundenlösungen ausrichten, Kunden die mit Abstand wichtigste externe Innovationsquelle sind und zudem häufig mit Kunden in Innovationsprojekten direkt zusammengearbeitet wird, könnte man erwarten, dass neue Produkte von Anfang an so an den Kundenanforderungen ausgerichtet werden, dass keine Akzeptanzprobleme auftreten sollten. Allerdings kann gerade auch die intensive Kooperation mit Kunden dazu führen, dass sich für bestimmte Innovationsideen schon frühzeitig herausstellt, dass sie an den Wünschen der Kunden vorbeigehen und deshalb nicht weiterverfolgt werden können bzw. abgeändert werden müssen. Hightech-Startups berichten dagegen nur in wenigen Fällen von einer mangelnden Kundenakzeptanz ihrer Produktneuheiten.

Generell wenig verbreitet sind die Hemmnisse einer *mangelnden technologischen Informationen, mangelnder Informationen über den Markt* und *interner Widerstände.*

Zwischen 1998 und 2002 gab es einige deutliche Verschiebungen im Auftreten von Innovationshemmnissen (Abbildung 41). In allen KMU-Gruppen hat der Mangel an Finanzierungsquellen als Hemmnisfaktor an Bedeutung gewonnen. In etwa gleichem Ausmaß ist der Mangel an Fachpersonal in den Hintergrund getreten. Gesetze und Regulierungen als Innovationshemmnis wurden 2002 in den meisten KMU-Gruppen weniger stark wahrgenommen als 2002. Hightech-Startups stellen allerdings eine Ausnahme von diesem Trend dar, 2002 meldete ein etwas höherer, gleichwohl weiterhin niedriger Anteil dieser KMU rechtliche Regelungen als Innovationshemmnis. In allen KMU-Gruppen zugenommen hat die Verbreitung des Hemmnisses langer administrativer Verfahren. Besonders stark zugenommen hat der Anteil der von diesem Faktor behinderten KMU bei den Hightech-Startups.

Abbildung 41: Veränderung des Auftretens von Innovationshemmnissen in KMU-Gruppen in Deutschland zwischen 1998 und 2002 (verarbeitendes Gewerbe und wissensintensive Dienstleistungen, in %)

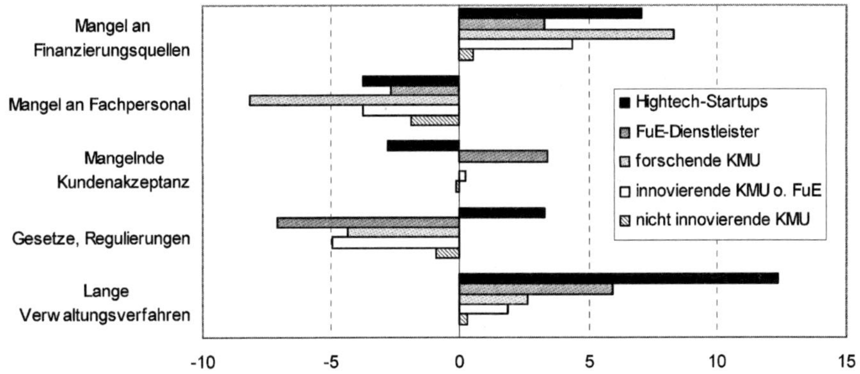

Veränderung des Anteils der Unternehmen in Prozentpunkten, in denen das jeweilige Innovationshemmnis im Zeitraum 1996-1998 bzw. 2000-2002 zum Abbruch, zur Verlängerung oder zum Nicht-Beginn von Innovationsprojekten geführt hat.
Quelle: Mannheimer Innovationspanel – Berechnungen des ZEW. Mittelwerte der Nettostichprobe.

In der Gruppe der *nicht innovierenden KMU* führen nur wenige Unternehmen konkrete Hemmnisse als Grund für den Verzicht auf Innovationsaktivitäten an. Unter den 15 % der Unternehmen mit Innovationshemmnissen haben die Faktoren hohes wirtschaftliches Risiko, hohe Innovationskosten und mangelnde Finanzierungsquellen die größte Bedeutung. Unter den Unternehmen dieser KMU-Gruppe, die gar keine Innovationsaktivitäten durchgeführt haben (also auch keine noch laufenden oder zwischenzeitlich abgebrochenen Innovationsprojekte aufweisen), geben fast zwei Drittel an, auf Innovationsaktivitäten verzichtet zu haben, weil wegen der Marktbedingungen kein Bedarf besteht (Abbildung 42). Dieser Anteil ist von 2000 auf 2002 angestiegen. Fast jedes zweite nicht innovierende KMU ohne jegliche Innovationsaktivitäten gibt an, dass aufgrund von früheren Innovationen aktuell kein Bedarf für Innovationen bestünde. Dieser Anteil ist von 2000 auf 2002 gesunken.

Mit etwa 10 % konstant geblieben ist der Anteil der Unternehmen, in denen Hemmnisse den Start von Innovationsprojekten verhindert haben. Wenngleich diese Quote niedrig ist, bedeutet sie gleichzeitig, dass im verarbeitenden Gewerbe und in den wissensintensiven Dienstleistungen Deutschlands zusammen rund 4.000 bis 5.000 KMU wegen Hemmnissen gänzlich auf Innovationsaktivitäten verzichten müssen.

Abbildung 42: Gründe für den Verzicht auf Innovationsaktivitäten in der Gruppe der nicht innovierenden KMU in Deutschland 2000 und 2002 (verarbeitendes Gewerbe und wissensintensive Dienstleistungen, in %)

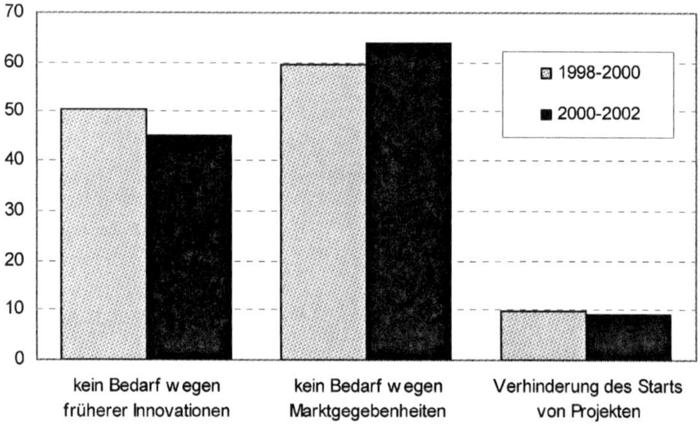

Anteil der Unternehmen ohne Innovationsaktivitäten, für die der jeweilige Grund ausschlaggebend dafür war, im Zeitraum 1998-2000 bzw. 2000-2002 keine Innovationsaktivitäten durchzuführen. Mehrfachnennungen möglich.
Quelle: Mannheimer Innovationspanel – Berechnungen des ZEW. Mittelwerte der Nettostichprobe.

Allerdings können wohl nicht alle dieser Unternehmen durch innovationspolitische Maßnahmen angesprochen werden. Denn das wichtigste Hemmnis in dieser Gruppe von Unternehmen ist das hohe wirtschaftliche Risiko, das mit Innovationsprojekten verbunden ist und das grundsätzlich nicht beseitigt werden kann (Abbildung 43). Etwa jedes sechste Unternehmen meldet allerdings einen Mangel an geeigneten Finanzierungsquellen, und in jedem siebenten Unternehmen führen hohe Innovationskosten zu einem Verzicht auf den Start von Innovationsprojekten. Von relativ hoher Bedeutung sind außerdem interne Widerstände gegen Innovationsprojekte sowie lange Verwaltungsverfahren.

Das Auftreten von Innovationshemmnissen wird stark durch das Markt- und Technologieumfeld eines Unternehmens beeinflusst. Dieses wird teilweise durch die KMU-Gruppeneinteilung bereits insofern erfasst, als sich die einzelnen KMU-Gruppen in Bezug auf Branchenzugehörigkeit und Wettbewerbsverhältnisse im Markt deutlich unterscheiden. Gleichwohl ist davon auszugehen, dass es branchenspezifische Einflüsse auf das Auftreten von Innovationshemmnissen gibt, die unabhängig vom Alter, der Größe oder der FuE-Orientierung der Unternehmen in einer Branche auftreten.

Abbildung 43: Hemmnisse in KMU ohne Innovationsaktivitäten in Deutschland 2002, in denen der Start von Innovationsprojekten verhindert wurde (verarbeitendes Gewerbe und wissensintensive Dienstleistungen, in %)

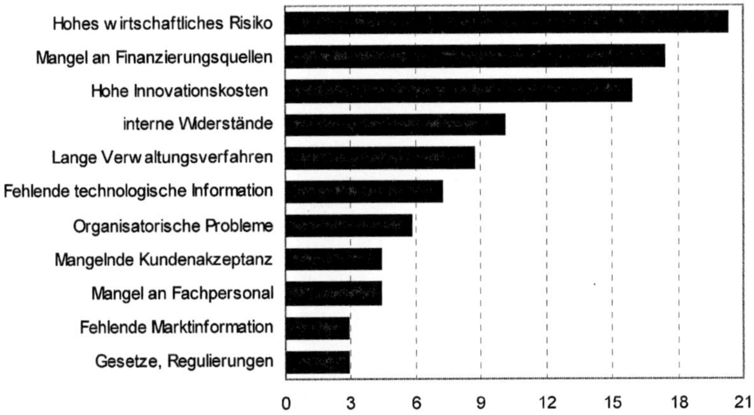

Anteil der Unternehmen ohne Innovationsaktivitäten, in denen das jeweilige Hemmnis dazu geführt hat, dass sie im Zeitraum 2000-2002 keine Innovationsprojekte beginnen konnten. Mehrfachnennungen möglich.
Quelle: Mannheimer Innovationspanel – Berechnungen des ZEW. Mittelwerte der Nettostichprobe.

Um für diese Effekte zu kontrollieren, werden Probit-Modelle geschätzt, die das Auftreten eines Innovationshemmnisses durch die Branchen- und die KMU-Gruppenzugehörigkeit eines Unternehmens erklären.[12] Gleichzeitig werden in diesen Modellen nicht nur KMU berücksichtigt, sondern auch große Unternehmen. Dadurch kann die spezifische Betroffenheit der einzelnen KMU-Gruppen durch die verschiedenen Innovationshemmnisse im Vergleich zu Großunternehmen identifiziert werden. Die Schätzergebnisse (Tabelle 9) zeigen Folgendes:

Der *Mangel an Finanzierungsquellen* ist jenes Innovationshemmnis, das KMU ganz klar von großen Unternehmen trennt: Gehört ein Unternehmen den FuE-Dienstleistern an, ist die Wahrscheinlichkeit des Auftretens dieses Hemmnisses um 27,5 Prozentpunkte höher als bei Großunternehmen. Bei Hightech-Startups beträgt der Abstand zu den Großunternehmen gut 20 Prozentpunkte, bei forschenden KMU 10 Prozentpunkte und bei innovierenden KMU ohne FuE noch 7 Prozentpunkte. Fast alle anderen Hemmnisse werden von jeder KMU-Gruppe seltener genannt als von Großunternehmen. Dies liegt in erster Linie daran, dass

12 Die Modelle werden für die Beobachtungsjahre 1996, 1998, 2000 und 2002 geschätzt. Während in den Jahren 1998 und 2002 das Auftreten eines Innovationshemmnisses daran gemessen wurde, ob es zu einer Verzögerung, einem Abbruch oder einem Nicht-Beginn eines Innovationsprojektes geführt hat, wurde in den Jahren 1996 und 2000 (aufgrund der Vorgaben durch die Community Innovation Surveys) nur nach der Bedeutung der Hemmnisse gefragt. Ein Hemmnis wurde dabei dann als vorhanden betrachtet, wenn das Unternehmen angab, dass es eine große Bedeutung gehabt hatte. Mit Hilfe von Indikatorvariablen für die einzelnen Beobachtungsjahre wird für einen möglichen Effekt der Fragestellung auf das Antwortverhalten der Unternehmen kontrolliert.

Großunternehmen eine größere Zahl an Innovationsprojekten durchführen und dadurch die Wahrscheinlichkeit steigt, dass bei zumindest einem Projekt ein bestimmtes Hemmnis auftritt.[13] Die im Vergleich zu den Großunternehmen deutlich höhere Wahrscheinlichkeit der Wahrnehmung des Mangels von Finanzierungsquellen bei KMU ist vor diesem Hintergrund umso bedeutender.

Tabelle 9: Einfluss der Zugehörigkeit zu einer KMU-Gruppe auf das Vorhandensein von Innovationshemmnissen: Marginale Effekte von Probit-Modellen (Stützzeitraum 1996-2002, verarbeitendes Gewerbe und wissensintensive Dienstleistungen)

	Hightech-Startups	FuE-Dienstleister	forschende KMU	innovierende KMU ohne FuE	große Unternehmen
zu hohes wirtschaftliches Risiko	n.s.	n.s.	**-0,071**	**-0,111**	n.s.
zu hohe Innovationskosten	n.s.	n.s.	*-0,028*	**-0,062**	*0,065*
Mangel an Finanzierungsquellen	**0,207**	**0,275**	**0,099**	**0,072**	**0,239**
organisatorische Probleme	**-0,079**	n.s.	**-0,043**	**-0,064**	n.s.
Mangel an Fachpersonal	**-0,064**	n.s.	**-0,042**	**-0,068**	n.s.
fehlende technolog. Informationen	*-0,030*	n.s.	**-0,031**	**-0,041**	n.s.
fehlende Marktinformationen	n.s.	**-0,048**	**-0,033**	**-0,049**	n.s.
mangelnde Kundenakzeptanz	n.s.	n.s.	**-0,035**	**-0,057**	n.s.
Gesetze/Regulierungen	**-0,056**	*-0,053*	*-0,020*	**-0,045**	n.s.
lange Verwaltungsverfahren[a)]	n.s.	n.s.	n.s.	**-0,048**	n.s.
interne Widerstände[a)]	n.s.	n.s.	**-0,036**	**-0,075**	n.s.
zumindest ein Hemmnis vorhanden	n.s.	n.s.	n.s.	**-0,135**	**0,086**

In den Modellen sind außerdem Indikatorenvariablen für die Beobachtungsjahre und für die Branchenzugehörigkeit der Unternehmen berücksichtigt. Fett gedruckte Werte sind signifikant auf dem 5-%-Niveau, kursiv gedruckte Werte auf dem 10-%-Niveau; n.s.: nicht signifikant.

* nur Unternehmen mit laufenden oder abgebrochenen Innovationsaktivitäten.

a) Hemmnis „lange Verwaltungsverfahren“ 2000 nicht erfragt, Hemmnis „interne Widerstände“ 1996 und 2000 nicht erfragt.

Quelle: Mannheimer Innovationspanel – Berechnungen des ZEW.

Insgesamt ist das Auftreten von irgendeinem Innovationshemmnis bei Hightech-Startups, FuE-Dienstleistern und forschenden KMU nicht häufiger oder seltener als in Großunternehmen. Demgegenüber berichten *innovierende KMU ohne FuE* signifikant seltener von Innovationshemmnissen. Mit Ausnahme des Hemmnisses mangelnder Finanzierungsquellen sind alle anderen Hemmnisse deutlich weniger weit verbreitet als in Großunternehmen und den anderen KMU-Gruppen. Dieses Ergebnis deutet darauf hin, dass das Vorhandensein von Hemmnissen offenbar stark mit der FuE-Orientierung zu tun hat. Dies wird weiter unten noch eingehender untersucht.

13 Für diesen Effekt der unterschiedlichen Zahl der durchgeführten Innovationsprojekte kann allerdings nicht kontrolliert werden, da keine direkte Beobachtung dieser Zahl vorliegt und Hilfsgrößen wie die Unternehmensgröße oder die Innovationsintensität konstituierend für die KMU-Gruppeneinteilung sind.

Nicht innovierende KMU, die laufende oder abgebrochene Innovationsaktivitäten aufweisen, sind dagegen überdurchschnittlich häufig von Innovationshemmnissen betroffen. Dies ist nicht weiter verwunderlich, da in dieser Gruppe ausschließlich Unternehmen mit (noch) nicht erfolgreichen Innovationsaktivitäten betrachtet werden, und es nahe liegend ist, dass unter anderem das Auftreten von Hemmnissen hierfür verantwortlich ist. Beachtenswert ist allerdings, dass im Wesentlichen Finanzierungsrestriktionen für den Nicht-Erfolg von Innovationsaktivitäten verantwortlich sind: Gegenüber Großunternehmen mit Innovationsaktivitäten ist in nicht innovierenden KMU mit laufenden oder abgebrochenen Innovationsprojekten die Wahrscheinlichkeit, wegen mangelnder Finanzierungsquellen Innovationsprojekte abbrechen oder verlängern zu müssen, um 24 Prozentpunkte höher. Außerdem spielen die zu hohen Innovationskosten eine bedeutende Rolle. Bei allen anderen Hemmnisfaktoren unterscheidet sich diese Gruppe nicht von Großunternehmen. Dies zeigt, dass vorrangig eine Verbesserung der Finanzierungsbedingungen notwendig ist, um den Anteil der erfolgreichen Innovatoren im KMU-Sektor Deutschlands zu erhöhen. Andere Rahmenbedingungen, wie der Zugang zu Informationen, der Fachpersonalmangel, die mangelnde Effizienz des Innovationsmanagements (die näherungsweise am Vorliegen organisatorischer Probleme oder interner Widerstände abgelesen werden kann) oder rechtliche Regelungen und administrative Verfahren, spielen eine vergleichsweise geringe Bedeutung. Dabei ist aber zu berücksichtigen, dass das Auftreten von Hemmnissen immer in Bezug auf die Referenzgruppe der Großunternehmen betrachtet wird. Innerhalb der Gruppe der KMU spielen dagegen Gesetze/Regulierungen sowie lange Verwaltungsverfahren für nicht innovierende KMU eine deutlich größere Rolle für den Abbruch oder die Verlängerung von Innovationsprojekten als in den anderen vier KMU-Gruppen.

Forschende KMU sehen sich bei fast allen Hemmnisfaktoren mit Ausnahme des Finanzierungshemmnisses weniger stark betroffen als Großunternehmen. Aber auch im Vergleich zu Hightech-Startups und FuE-Dienstleistern treten in dieser Gruppe einige Hemmnisse signifikant seltener auf. Dies gilt sowohl für ein zu hohes wirtschaftliches Risiko und zu hohe Innovationskosten als auch für fehlende technologische oder Marktinformationen, mangelnde Kundenakzeptanz und interne Widerstände. Hierin spiegeln sich die größere Markterfahrung der forschenden KMU und das geringere technologische Risiko der von ihnen betriebenen Innovationsprojekte wider.

Hightech-Startups sehen sich am seltensten von den Hemmnissen „organisatorische Probleme" und „Gesetze/Regulierungen" betroffen. Auch der Mangel an Fachpersonal wird in dieser KMU-Gruppe fast ähnlich selten genannt wie von innovierenden KMU ohne FuE. Sehr ähnliche Ergebnisse ergeben sich auch für FuE-Dienstleister, wenngleich wegen der geringen Unternehmenszahl in dieser Gruppe viele Effekte statistisch nicht signifikant sind. Die Durchführung von Innovationsprojekten hängt in den Gruppen der Hightech-Startups und FuE-

Dienstleister – mehr noch als in den anderen KMU-Gruppen – von der Verfügbarkeit von Finanzierungsmitteln ab.

Ein Nachteil der oben dargestellten Analysen ist, dass das Vorhandensein von Innovationshemmnissen in KMU-Gruppen im Vergleich zu den großen Unternehmen bestimmt wird und damit auch von deren spezifischem Verhalten abhängt. Ein alternativer und aufschlussreicher Weg, um den Einfluss der KMU-Gruppenzugehörigkeit auf das Vorhandensein unterschiedlicher Innovationshemmnisse abzubilden, ist die Schätzung des Einflusses der einzelnen Variablen, die konstituierend für die Zuordnung eines Unternehmens zu einer KMU-Gruppe sind. Hierzu wird mit Hilfe von Probit-Modellen der Einfluss von Größe, Alter, Innovationsintensität und FuE-Tätigkeit auf die Wahrnehmung eines Innovationshemmnisses durch ein Unternehmen geschätzt. Zusätzlich werden die Ausrichtung der Innovationstätigkeit, die Exporttätigkeit, die Humankapitalausstattung, die Branchenzugehörigkeit sowie jahresspezifische Effekte berücksichtigt. Hierbei werden nicht nur KMU, sondern auch Großunternehmen betrachtet, um den Einfluss der Unternehmensgröße auf die Hemmniswahrnehmung adäquat ermitteln zu können. Gleichzeitig werden nur Unternehmen betrachtet, die im jeweiligen Referenzzeitraum (das ist 1994-1996 für das Beobachtungsjahr 1996, 1996-1998 für 1998, 1998-2000 für 2000 und 2000-2002 für 2002) Innovationsaktivitäten hatten, jedoch unabhängig davon, ob diese erfolgreich abgeschlossen werden konnten, d.h. zur Einführung neuer Produkte oder Prozesse geführt haben. Dadurch wird vermieden, dass die Ergebnisse durch die Gruppe der Unternehmen ohne Innovationsaktivitäten verzerrt werden. Denn die Hemmniswahrnehmung in dieser Gruppe – die im Wesentlichen eine kleine Teilmenge der nicht innovierenden KMU umfasst – ist vermutlich deutlich anders, da die Unternehmen gar nicht erst Innovationsprojekte begonnen haben.

Die Schätzergebnisse zeigen folgende Zusammenhänge auf (Tabelle 10):

Mit zunehmender *Unternehmensgröße* steigt das Auftreten von Innovationshemmnissen. Dies kann – wie oben bereits erwähnt – damit zu tun haben, dass größere Unternehmen eine größere Zahl von Innovationsprojekten durchführen, wodurch die Wahrscheinlichkeit steigt, dass ein bestimmtes Hemmnis bei zumindest einem Projekt auftritt. Allerdings ist dieser Einfluss für die meisten Hemmnisse und auch für das Vorliegen irgendeines Innovationshemmnisses nicht linear: Sehr kleine Unternehmen sehen sich ebenfalls überdurchschnittlich stark von Innovationshemmnissen betroffen. Die Beschäftigtenzahl, bis zu der die Wahrnehmung von irgendeinem Innovationshemmnis sinkt und ab der sie dann wieder ansteigt, liegt bei etwa 90. Für die Hemmnisse „hohe Innovationskosten“ (ca. 170), „Gesetze/Regulierungen“ (ca. 150) und „lange Verwaltungsverfahren“ (gut 400) liegen diese Wendepunkte höher, d.h. hier sind es die mittelgroßen Unternehmen, die diese Hemmnisse am seltensten wahrnehmen. Bei den Faktoren „zu hohes wirtschaftliches Risiko“ (ca. 60), „mangelnde Kundenakzeptanz“ (ca. 20) sind nur die ganz kleinen Unternehmen überproportional betroffen. Interne Widerstände gegen Innovationsprojekte treten in Unternehmen mit rund 100 Beschäftigten am seltensten auf.

Das *Alter* eines Unternehmens hat dagegen nur wenig direkten Einfluss auf das Auftreten von Innovationshemmnissen. Allerdings nehmen ältere Unternehmen organisatorische Probleme häufiger als Innovationshemmnis wahr. Außerdem steigt mit dem Unternehmensalter die Wahrscheinlichkeit, dass das Unternehmen über Fachpersonalmangel klagt. In Hinblick auf Risiko, Kosten und Finanzierungsmöglichkeiten von Innovationsprojekten sehen sich junge Unternehmen dagegen nicht häufiger durch diese Faktoren behindert als alte.

Die *Innovationsintensität* hat keinen linearen Einfluss auf die Wahrnehmung von Innovationshemmnissen. Für das Vorliegen irgendeines Innovationshemmnisses in einem Unternehmen lässt sich ein nicht linearer Zusammenhang beobachten, wobei die Wahrscheinlichkeit, dass ein Innovationshemmnis auftritt, bis zu einer Innovationsintensität von gut 4,5 % ansteigt. Danach sinkt diese Wahrscheinlichkeit bis zu einem unteren Wendepunkt von 23 % wieder. Ein hohes Risiko und hohe Innovationskosten nehmen mit der Innovationsintensität zunächst zu, allerdings melden Unternehmen mit einer Innovationsintensität von mehr als etwa 3,5 % die beiden Hemmnisse wieder seltener. Sehr innovationsintensiv tätige Unternehmen – d.h. Hightech-Startups und FuE-Dienstleister – nehmen das ursächlich mit Innovationsaktivitäten verbundene hohe Risiko und die entsprechend hohen Kosten somit nicht als Innovationshemmnisse wahr, sondern sehen diese wohl als unvermeidbaren Bestandteil ihrer Unternehmenstätigkeit, die ihre Innovationsaktivitäten folglich auch nicht behindern. Anders ist es dagegen beim Hemmnis „Mangel an Finanzierungsquellen". Dessen Auftreten steigt tendenziell mit zunehmender Innovationsintensität an, wobei allerdings zwei Wendepunkte zu beobachten sind: Bis zu einer Innovationsintensität von gut 1 % nehmen Finanzierungshemmnisse zu, danach nehmen sie wieder ab. Ab einer Innovationsintensität von ca. 3,5 % tritt dieses Hemmnis wieder stärker in Erscheinung. Ab einer hohen Innovationsintensität von etwa 8 % ist wiederum eine Abnahme der Bedeutung des Finanzierungshemmnisses zu beobachten. Vom Hemmnis Fachpersonalmangel sind vor allem die Unternehmen mit einer sehr niedrigen Innovationsintensität betroffen. Denn das Auftreten dieses Hemmnisses steigt mit der Innovationsintensität nur bis zu einem Wert von ca. 1,5 % an. Unternehmen mit einer höheren Innovationsintensität melden dieses Hemmnis tendenziell seltener.

Den stärksten Einfluss auf das Vorhandensein von Innovationshemmnissen hat die *FuE-Tätigkeit*: Unternehmen, die kontinuierlich FuE betreiben, sehen sich mit einer um rund 16 Prozentpunkte höheren Wahrscheinlichkeit mit Innovationshemmnissen konfrontiert, bei Unternehmen, die gelegentlich FuE betreiben, steigt diese Wahrscheinlichkeit um 13,5 Prozentpunkte. Besonders stark ist dieser Effekt in Bezug auf die Hemmnisse Risiko und Kosten. Dies bestätigt, dass innerhalb der Innovationsaktivitäten insbesondere bei FuE hohe Spillovers auf-

Tabelle 10: Determinanten der Wahrnehmung von Innovationshemmnissen im verarbeitenden Gewerbe und in den wissensintensiven Dienstleistungen Deutschlands (Stützzeitraum 1996-2002, nur Unternehmen mit Innovationsaktivitäten)

	ln(Beschäftigte)	a)	ln(Beschäftigte)^2	ln(Alter)	Innovationsintensität	a)	Innovationsintensität^2	kontinuierliche FuE	gelegentliche FuE	Produktinnovator	Prozessinnovator
zu hohes wirtschaftliches Risiko	**-0,069**	61	**0,008**	n.s.	**0,100**	3,3	**-0,015**	**0,095**	**0,101**	n.s.	n.s.
zu hohe Innovationskosten	**-0,051**	168	**0,005**	n.s.	**0,130**	3,7	**-0,018**	**0,095**	***0,118***	*0,039*	*0,026*
Mangel an Finanzierungsquellen	**-0,036**		-	n.s.	**0,270**	1,1[c)]	**-0,174**	**0,045**	**0,061**	*0,027*	n.s.
organisatorische Probleme	**0,012**		-	**0,013**	n.s.		-	**0,045**	**0,070**	n.s.	n.s.
Mangel an Fachpersonal	**0,015**		-	**0,008**	**0,194**	0,4	**-0,229**	n.s.	**0,032**	n.s.	**0,019**
fehlende technolog. Informationen	**0,009**		-	n.s.	n.s.		-	n.s.	n.s.	**0,031**	n.s.
fehlende Marktinformationen	**0,013**		-	n.s.	n.s.		-	**0,035**	**0,046**	*0,026*	n.s.
mangelnde Kundenakzeptanz	*-0,016*	23	**0,003**	n.s.	n.s.		-	**0,050**	**0,067**	n.s.	n.s.
Gesetze/Regulierungen	**-0,049**	153	***0,005***	n.s.	n.s.		-	**0,067**	**0,065**	n.s.	**0,024**
lange Verwaltungsverfahren[a)]	**-0,037**	423	**0,003**	n.s.	n.s.		-	**0,059**	**0,064**	**0,047**	**0,036**
interne Widerstände[a)]	**-0,036**	110	**0,004**	n.s.	n.s.		-	**0,059**	**0,074**	n.s.	n.s.
zumindest ein Hemmnis vorhanden	**-0,073**	91	**0,008**	n.s.	**0,132**	4,7[d)]	*-0,045*	**0,151**	**0,134**	n.s.	n.s.

In den Modellen sind außerdem der Akademikeranteil sowie Indikatorenvariablen für das Vorliegen von Exportaktivitäten, für die Beobachtungsjahre und für die Branchenzugehörigkeit der Unternehmen berücksichtigt.

Fett gedruckte Werte sind signifikant auf dem 5-%-Niveau, kursiv gedruckte Werte auf dem 10-%-Niveau; n.s.: nicht signifikant.

a) Wendepunkt des Einflusses von Beschäftigtenzahl bzw. Innovationsintensität bei nicht linearem Einfluss der Variablen.

b) Hemmnis „lange Verwaltungs-/Genehmigungsverfahren“ 2000 nicht erfragt, Hemmnis „interne Widerstände“ 1996 und 2000 nicht erfragt.

c) Berücksichtigung bis zum Polynom vierter Ordnung, weitere Wendepunkte: 3,5 (Minimum), 7,8 (Maximum).

d) Berücksichtigung bis zum Polynom dritter Ordnung, weiterer Wendepunkte: 23 (Minimum)

Quelle: Mannheimer Innovationspanel – Berechnungen des ZEW.

treten, was zu hohen Kosten (in Relation zu den zu erwartenden Erträgen) führt, und dass hier die Unsicherheit, ob das Projekt zu einem kommerziell verwertbaren Resultat führt, besonders hoch ist. Unternehmen mit FuE nennen aber auch nahezu alle anderen Hemmfaktoren signifikant häufiger. Einzige Ausnahme ist das Hemmnis „fehlende technologische Informationen". Der Fachpersonalmangel wird von kontinuierlich forschenden Unternehmen nicht häufiger als Hemmnis genannt als von Unternehmen mit Innovationsprojekten, die selbst keine Forschung betreiben. Fachpersonalmangel tritt allerdings bei gelegentlich forschenden Unternehmen häufiger als Hemmnis auf.

Die Ausrichtung der Innovationstätigkeit nach *Produkt- und Prozessinnovationen* (deren Effekt im Vergleich zu Unternehmen mit Innovationsaktivitäten, jedoch ohne erfolgreiche Einführung von Produkt- oder Prozessinnovationen gemessen wird) hat nur auf das Auftreten einiger weniger Hemmnisse einen Einfluss: Produktinnovatoren melden häufiger das Fehlen von technologischen und Marktinformationen, während für Prozessinnovatoren insbesondere Gesetze/Regulierungen als Hemmnis wahrgenommen wird. Hierbei dürfte es sich um Vorschriften im Anlagenbereich sowie um Genehmigungsverfahren handeln. Produkt- gleichermaßen wie Prozessinnovatoren melden häufiger als innovative Unternehmen ohne erfolgreiche Innovationen, dass Innovationsprojekte durch hohe Kosten und lange Verwaltungsverfahren behindert würden.

Der Einfluss der einzelnen Variablen auf das Vorhandensein von Innovationshemmnissen ist je nach Beobachtungsjahr sehr unterschiedlich (Tabelle 11):[14] Der nicht lineare Einfluss der Unternehmensgröße ist vor allem in der zweiten Hälfte der 1990er Jahre zu beobachten, während im Jahr 2002 ein linearer, positiver Effekt der Größe auf das Vorhandensein von Hemmnissen zu beobachten ist. Der positive Einfluss des Alters auf das Auftreten eines Fachpersonalmangels ist auf die Jahre 1996 und 2000 beschränkt. Im Jahr 1998 ging von der Innovationsintensität ein schwach signifikanter, linear positiver Einfluss auf das Auftreten von Hemmnissen aus, im Jahr 2000 war dieser Effekt stärker, galt jedoch nur bis zu einer Innovationsintensität bis 4 %. In diesem Jahr ist auch ein signifikanter Einfluss der Innovationsintensität auf die Hemmnisse „Mangel an Finanzierungsquellen" und „Fachpersonalmangel" festzustellen. Im Jahr 2002 zeigt sich ein deutlicher Einfluss nur noch in Bezug auf das Auftreten von Finanzierungshemmnissen.

Beim Einfluss der FuE-Tätigkeit auf das Vorhandensein von Hemmnissen kann eine „Interaktion" mit dem Einfluss der Innovationsintensität beobachtet werden, obwohl sich statistisch zwischen den beiden Variablen keine Multikollinearität zeigt: Im Jahr 2000, als sich die Hemmniswahrnehmung stärker an der Innovationsintensität orientierte, ging von der FuE-Tätigkeit kein Einfluss auf das Vor-

14 Dabei ist zu beachten, dass ein Vergleich der marginalen Effekte zwischen den einzelnen Beobachtungsjahren wegen der veränderten Fragestellung in 1996 und 2000 gegenüber 1998 und 2002 nur eingeschränkt möglich ist (vgl. Fußnote 12).

handensein von Innovationshemmnissen aus. In den anderen drei Beobachtungsjahren zeigt sich dagegen jeweils ein deutlicher Einfluss, der insbesondere im Jahr 1996 sehr hoch war. In diesem Jahr fühlten sich FuE betreibende Unternehmen – zusätzlich zu den Faktoren der hohen Kosten und des hohen Risikos – vor allem durch Finanzierungshemmnisse und den Mangel an Fachpersonal in ihren Innovationsaktivitäten behindert. Im Jahr 2002 standen dagegen – wiederum zusätzlich zu den Faktoren Risiko und Kosten – eine mangelnde Kundenakzeptanz, Gesetze und Regulierungen sowie lange Verwaltungsverfahren im Vordergrund.

Die Ausrichtung der Innovationstätigkeit hat im konjunkturschwachen Jahr 2002 einen merklichen Effekt, wobei Produktinnovatoren häufiger Hemmnisse nennen. Dies ist allerdings weniger auf mangelnde Marktakzeptanz als auf Finanzierungshemmnisse und zu hohe Kosten für Innovationsprojekte zurückzuführen. Prozessinnovatoren sahen sich 2002 vor allem durch einen Fachpersonalmangel überdurchschnittlich stark an Innovationsaktivitäten gehindert. Das bei Prozessinnovatoren insgesamt häufiger auftretende Hemmnis „Gesetze/Regulierungen“ wurde nur in den Jahren 1996 und 2002 häufiger genannt. Bei Produktinnovatoren steigt dagegen über die Zeit gleichmäßig die Wahrscheinlichkeit, dass Gesetze und Regulierungen als Innovationshemmnis wahrgenommen werden.

Interessant ist die Entwicklung des Innovationshemmnisses *mangelnder Finanzierungsquellen*: Im Jahr 1996 waren im Wesentlichen die Unternehmensgröße und die FuE-Tätigkeit ausschlaggebend für das Auftreten dieses Hemmfaktors: Kleine und FuE betreibende Unternehmen hatten eine signifikant höhere Wahrscheinlichkeit, wegen Finanzierungsschwierigkeiten Innovationsprojekte nicht im vorgesehenen Ausmaß umsetzen zu können. Im Jahr 1998 verschob sich der starke Effekt, der von der Durchführung kontinuierlicher FuE ausging, auf die Innovationsintensität hin: Mit steigender Innovationsintensität trat dieses Hemmnis deutlich häufiger auf. Im Jahr 2000 ging von der FuE-Tätigkeit schließlich gar kein Einfluss auf das Vorhandensein von Finanzierungshemmnissen aus. Vielmehr sahen sich vor allem Unternehmen mit geringer Innovationsintensität (bis ca. 1,5 %) von Finanzierungsschwierigkeiten besonders stark betroffen. Zusätzlich standen ganz kleine Unternehmen ebenfalls vor Finanzierungsproblemen. In diesem Jahr ist zu vermuten, dass durch die günstige konjunkturelle Situation eine größere Anzahl an Unternehmen sich mit der Aufnahme oder Ausweitung von Innovationsaktivitäten befasste und sich daher die Nachfrage nach Finanzierungsmitteln für Investitionen tendenziell weg von den forschenden hin zu kleinen, jungen Unternehmen mit geringer Innovationsintensität bzw. zu zuvor nicht innovierenden Unternehmen verschob. Unter den positiven Zukunftserwartungen, die die Situation in diesem Jahr geprägt haben, mag zudem die Durchführung von FuE als ein positives Signal für künftig steigende Erträge und Umsätze gewertet worden sein und die Finanzierungsrestriktionen für forschende Unternehmen verringert haben. Zu beachten ist auch, dass in diesem Jahr die In-

Tabelle 11: Determinanten der Wahrnehmung von ausgewählten Innovationshemmnissen im verarbeitenden Gewerbe und in den wissensintensive Dienstleistungen Deutschlands, differenziert nach Beobachtungsjahren (Stützzeitraum 1996-2002, nur Unternehmen mit Innovationsaktivitäten)

		ln(Beschäftigte)	a)	ln(Beschäftigte)^2	ln(Alter)	a)	ln(Alter)^2	Innovationsintensität	a)	Innovationsintensität^2	kontinuierliche FuE	gelegentliche FuE	Produktinnovator	Prozessinnovator
Mangel an Finanzierungsqu.	1996	**-0,040**		-	n.s.		-	n.s.		-	**0,109**	**0,150**	n.s.	n.s.
	1998	**-0,047**		-	n.s.		-	**0,204**		-	n.s.	**0,098**	n.s.	*0,037*
	2000	**-0,067**		-	*0,058*	7	**-0,015**	*0,206*	1,7	*-0,098*	n.s.	n.s.	n.s.	n.s.
	2002	n.s.		-	n.s.		-	**0,252**	1,3[b)]	**-0,153**	n.s.	n.s.	**0,043**	*0,024*
Mangel an Fachpersonal	1996	n.s.		-	**0,021**		-	n.s.		-	**0,109**	**0,128**	n.s.	n.s.
	1998	**0,019**		-	n.s.		-	n.s.		-	n.s.	n.s.	*0,105*	n.s.
	2000	**0,096**	221	**-0,009**	**-0,059**	7	**0,015**	**0,349**	0,5	*-0,334*	n.s.	n.s.	n.s.	n.s.
	2002	**0,025**		-	n.s.		-	n.s.		-	n.s.	**0,071**	n.s.	**0,044**
mangelnde Kundenakzeptanz	1996	**-0,064**	136	**0,006**	n.s.		-	n.s.		-	**0,140**	**0,210**	n.s.	*-0,021*
	1998	**0,017**		-	n.s.		-	n.s.		-	*0,057*	**0,074**	**0,126**	n.s.
	2000	n.s.		-	*0,012*		-	n.s.		-	n.s.	n.s.	n.s.	n.s.
	2002	**0,019**		-	n.s.		-	n.s.		-	n.s.	**0,059**	n.s.	n.s.
Gesetze/Regulierungen	1996	**-0,099**	264	**0,009**	n.s.		-	n.s.		-	**0,117**	n.s.	n.s.	**0,141**
	1998	**-0,075**	177	**0,007**	n.s.		-	n.s.		-	*0,056*	*0,061*	n.s.	n.s.
	2000	**-0,023**		-	n.s.		-	n.s.		-	n.s.	**0,057**	n.s.	n.s.
	2002	**0,027**		-	n.s.		-	n.s.		-	**0,087**	**0,079**	n.s.	**0,043**
lange Verwaltungsverfahren	1996	**-0,073**	851	*0,005*	n.s.		-	n.s.		-	**0,120**	**0,125**	n.s.	**0,051**
	1998	n.s.		-	n.s.		-	n.s.		-	*0,051*	**0,067**	n.s.	n.s.
	2002	n.s.		-	n.s.		-	n.s.		-	*0,046*	n.s.	n.s.	*0,035*
zumindest ein Hemmnis vorhanden	1996	**-0,136**	223	**0,013**	n.s.		-	n.s.		-	**0,351**	**0,338**	*0,142*	n.s.
	1998	**-0,118**	76	**0,014**	n.s.		-	*0,205*		-	**0,151**	**0,132**	n.s.	n.s.
	2000	**-0,084**	882	*0,006*	n.s.		-	**0,290**	4,0	**-0,105**	n.s.	n.s.	n.s.	n.s.
	2002	**0,033**		-	n.s.		-	n.s.		-	**0,154**	**0,134**	**0,088**	n.s.

In den Modellen sind außerdem Indikatorenvariablen für die Beobachtungsjahre und für die Branchenzugehörigkeit der Unternehmen berücksichtigt.
a) Wendepunkt (Beschäftigtenzahl, Alter in Jahren bzw. Innovationsintensität) bei nicht linearem Einfluss der Variable.
b) Berücksichtigung bis zum Polynom vierten Grads, weitere Wendepunkte bei 3 % (Minimum) und 8 % (Maximum).
Quelle: Mannheimer Innovationspanel – Berechnungen des ZEW.

vestitionen durch Wagniskapitalunternehmen ihren Höhepunkt erreichten, was auch nicht ohne Einfluss auf die Finanzierungsmöglichkeiten von forschenden Unternehmen blieb.

Im Jahr 2002 verschieben sich die Determinanten von Finanzierungsrestriktionen als Innovationshemmnis noch mehr auf den Faktor Innovationsintensität, wobei der „zweigebirgige" Einfluss bestehen bleibt: Sowohl Unternehmen mit einer niedrigen (ca. 1,5 %) als auch solche mit einer recht hohen (ca. 8 %) Innovationsintensität sind am stärksten betroffen. Während der Einfluss der FuE-Tätigkeit weiterhin statistisch nicht signifikant ist, sind 2002 Produktinnovatoren überdurchschnittlich stark von Finanzierungshemmnissen betroffen. Aber auch für Prozessinnovatoren zeigt sich eine etwas höhere Wahrscheinlichkeit, auf Finanzierungsbarrieren zu stoßen. Demgegenüber geht weder von der Unternehmensgröße noch vom Alter ein Einfluss aus. Angesichts der deutlichen Zunahme des Hemmnisses „Mangel an Finanzierungsquellen" im Jahr 2002 gegenüber den Vorjahren bedeutet dies eine „Verallgemeinerung" der Betroffenheit von innovationsaktiven Unternehmen durch Finanzierungshemmnisse: Auch Unternehmen, die wenig risikoreich agieren, haben ähnliche Schwierigkeiten, ihre Innovationsvorhaben zu finanzieren, wie stark auf FuE fokussierte Unternehmen. Hinter dieser Entwicklung können verschiedene Faktoren stehen: Zum einen spielt wohl die damals allgemein restriktive Kreditvergabe von Banken eine Rolle. Hinzu kommt der Einbruch im Wagniskapitalmarkt. Vor allem aber haben sich im Zuge der Konjunkturschwäche auch die Gewinne vieler KMU verringert und dadurch die Innenfinanzierungsmöglichkeiten für Innovationsprojekte verringert.

4.2 Finanzkraft

Die hohe und zunehmende Bedeutung von Finanzierungshemmnissen gerade für KMU legt es nahe, die Finanzierungsstrukturen der KMU-Gruppen zu untersuchen. Hierfür kann auf Informationen aus dem MIP, dem KfW-Mittelstandspanel, den KfW-Antragsdaten sowie den Daten des Stifterverbandes zurückgegriffen werden. Wenngleich die einzelnen Datenquellen nicht miteinander verknüpft werden können, so kann in der Zusammenschau verschiedener Indikatoren ein konsistentes Bild der Finanzierungssituation gezeichnet werden. Dabei wird insbesondere auch der Einfluss der Finanzierungssituation auf die Innovationstätigkeit und das Auftreten von Innovationshemmnissen untersucht.

Die Umsatzproduktivität kann als ein grober Indikator für die Finanzierungskraft eines Unternehmens interpretiert werden, insbesondere wenn für die Branchenzugehörigkeit und damit einhergehende Unterschiede im Anteil von Handelswaren und zugekauften Vorleistungen am Gesamtumsatz kontrolliert wird. Eine simple Auswertung des Mittelwerts der Umsatzproduktivität nach den fünf KMU-Gruppen sowie für die großen Unternehmen zeigt markante Unterschiede (Abbildung 44): Hightech-Startups erreichen nur einen Umsatz je Beschäftigten von rund 80-90.000 €, FuE-Dienstleister kommen auf etwas mehr als 100.000 €.

Demgegenüber erreichen forschende KMU etwa 170.000 €, innovierende KMU ohne FuE und nicht innovierenden KMU erreichen einen Durchschnittswert von etwa 150.000 €. Großunternehmen setzen sich gegenüber den KMU mit (2003) fast 250.000 € Umsatz je Beschäftigten deutlich ab.

Diese Unterschiede zwischen den KMU-Gruppen und zwischen KMU und Großunternehmen bleiben auch dann weitgehend bestehen, wenn für die Branchenzugehörigkeit sowie für Größeneffekte[15] kontrolliert wird (Abbildung 45). Für Hightech-Startups erhöht sich dabei sogar der Produktivitätsrückstand gegenüber den Großunternehmen. Auch die anderen KMU-Gruppen weisen signifikant niedrigere Umsatzproduktivitäten auf, wobei diese im Zuge der konjunkturellen Abschwächung nach 2000 zugenommen haben.

Abbildung 44: Umsatzproduktivität von KMU-Gruppen in Deutschland 1998, 2000, 2002 und 2003 (verarbeitendes Gewerbe und wissensintensive Dienstleistungen, in 1.000 €)

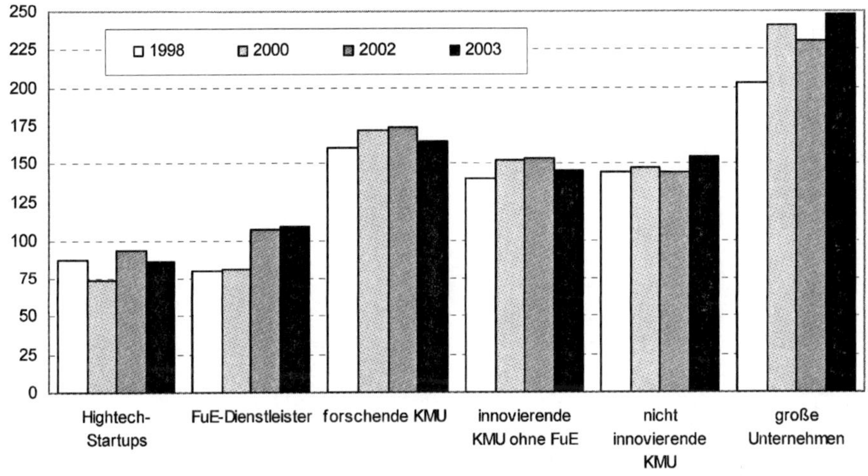

Umsatzproduktivität: Umsatz je Beschäftigten (Teilzeitstellen in Vollzeitstellen umgerechnet).
Quelle: Mannheimer Innovationspanel – Berechnungen des ZEW. Mittelwerte der Nettostichprobe.

Der geringste Produktivitätsabstand ergibt sich für forschende KMU, gefolgt von innovierenden KMU ohne FuE. FuE-Dienstleister konnten ihren Produktivitätsrückstand gegenüber Großunternehmen über die Zeit weitgehend konstant halten und liegen im Jahr 2003 sogar vor den nicht innovierenden KMU. Die niedrige Umsatzproduktivität der FuE-Dienstleister ist somit zu einem guten Teil auf ihre spezifische Branchenzugehörigkeit zurückzuführen, d.h. einem bran-

15 Hierfür wird der Effekt der Zugehörigkeit eines Unternehmens zu einer bestimmten KMU-Gruppe in einem bestimmten Jahr geschätzt, wobei gleichzeitig mit Hilfe von Indikatorvariablen für die Branchenzugehörigkeit sowie mit Hilfe des Logarithmus der Beschäftigtenzahl für Skaleneffekte kontrolliert wird. Abhängige Variable ist der Logarithmus der Umsatzproduktivität.

chentypisch niedrigen Anteil an Vorleistungen und Handelswaren an den Gesamterlösen.

Abbildung 45: Abweichung der Umsatzproduktivität von KMU-Gruppen in Deutschland gegenüber Großunternehmen 1998, 2000, 2002 und 2003 bei Kontrolle für Branchenzugehörigkeit und Skaleneffekte (verarbeitendes Gewerbe und wissensintensive Dienstleistungen, in %)

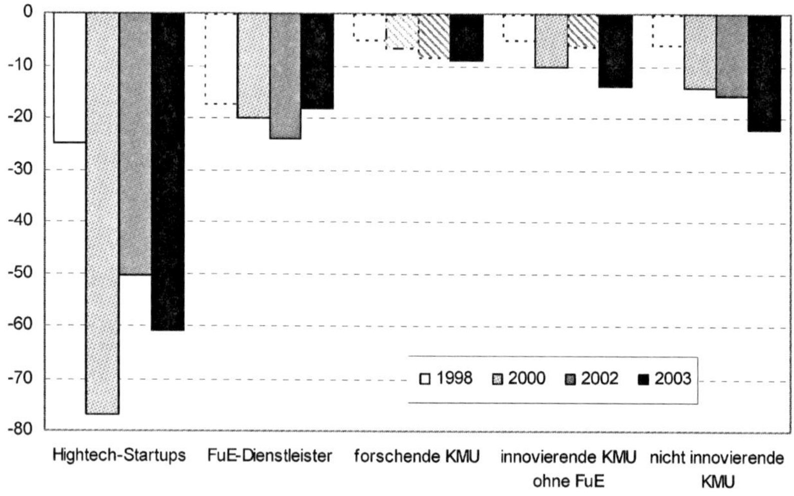

Schraffiert: statistisch nicht signifikant am 10-%-Niveau.
Lesehilfe: Im Jahr 1998 lag die Umsatzproduktivität der Hightech-Startups um etwa 25 % unter der von Großunternehmen (unabhängig vom Einfluss der Branche und der Unternehmensgröße auf die Umsatzproduktivität).
Quelle: Mannheimer Innovationspanel – Berechnungen des ZEW.

Ein zweites Maß für die Finanzierungskraft von Unternehmen ist die Umsatzrendite. Hierzu liegen aus der MIP-Erhebung des Jahres 2003 Daten für die Beobachtungsjahre 2001 und 2002 vor. Die Umsatzrendite wurde dabei kategorial für sieben Stufen abgefragt. Eine Auszählung für die Unternehmen, die Angaben zur Umsatzrendite gemacht haben,[16] zeigt klar die niedrige Rentabilität der Hightech-Startups (Abbildung 46): Über 50 % der Unternehmen hatten sowohl 2001 als auch 2002 eine negative Umsatzrendite. Immerhin 12 bis 15 % kamen aber auf Renditen von 10 % und mehr. Dies entspricht in etwa dem Anteil, den hoch profitable Unternehmen auch in anderen KMU-Gruppen und in der Gruppe der Großunternehmen erreichen. Dementsprechend klein ist die Gruppe der Hightech-Startups mit niedrigen und mit mittleren Renditen. Die anderen vier

16 Insgesamt haben 16 % der Unternehmen keine Angaben gemacht, wobei Hightech-Startups und FuE-Dienstleister mit 6 bzw. 5 % den niedrigsten Anteil und Großunternehmen mit 33 % den höchsten Anteil aufweisen. Die anderen drei KMU-Gruppen liegen geringfügig unter dem Mittelwert.

KMU-Gruppen weisen zwischen gut einem Viertel und knapp einem Drittel an nicht profitablen Unternehmen aus. Diese ist deutlich mehr als die entsprechende Quote der Großunternehmen, die bei 17 % (2001) bzw. 20 % (2002) liegt. FuE-Dienstleister unterscheiden sich von den anderen KMU-Gruppen durch einen hohen Anteil von Unternehmen mit einer zwar positiven Rendite, die jedoch unter 2 % des Umsatzes bleibt. Diese Unternehmen sind somit nicht in der Lage, über ihre Gewinne die hohen FuE-Aufwendungen vorzufinanzieren.

Abbildung 46: Umsatzrendite von KMU-Gruppen und großen Unternehmen in Deutschland 2001 und 2002 (verarbeitendes Gewerbe und wissensintensive Dienstleistungen, Anteile in %)

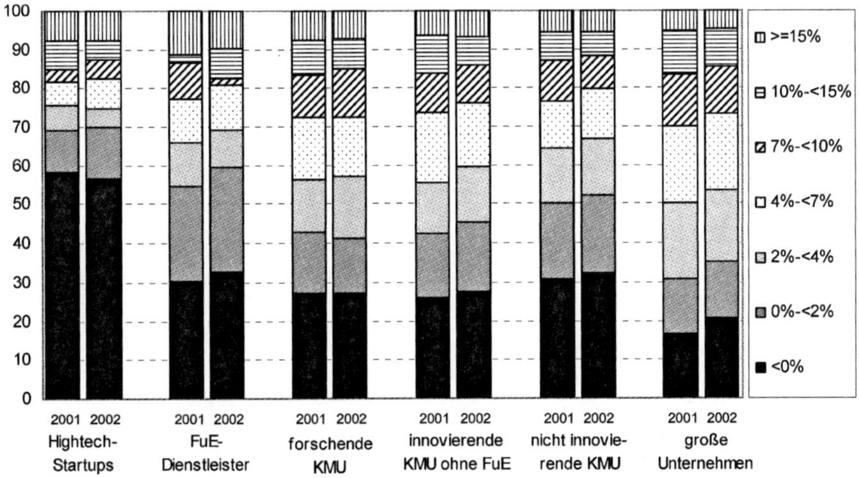

Unternehmen ohne Angaben zur Umsatzrendite bzw. mit der Angabe „nicht bekannt" wurden nicht berücksichtigt.
Quelle: Mannheimer Innovationspanel – Berechnungen des ZEW. Mittelwerte der Nettostichprobe.

Der Einfluss von Größe und Alter sowie der Innovationsintensität und FuE-Orientierung auf die Umsatzproduktivität und die Umsatzrendite kann in dieser Untersuchung nur ansatzweise analysiert werden: Denn grundsätzlich ist von einer gegenseitigen Beeinflussung insbesondere der innovationsbezogenen Variablen und der Finanzierungskraft eines Unternehmens auszugehen, wobei die gegenseitigen Einflüsse mit unterschiedlicher zeitlicher Verzögerung auftreten können. Zum einen erweitern hohe Gewinne und eine hohe Produktivität in den vorausgegangenen Perioden den Finanzierungsspielraum für Innovationen, zum anderen sollten aus Innovationen früher oder später höhere Gewinne resultieren.

Zur adäquaten Abbildung dieser Endogenität ist die Verfügbarkeit längerer Zeitreihen zu Innovationen und Gewinnen/Produktivität sowie die Anwendung von aufwendigen, panelökonometrischen Schätzverfahren notwendig. Da im Rahmen dieser Studie nur die Frage des Zusammenhangs zwischen Finanzierungssituation und Innovationshemmnissen, und weniger die ursächliche Richtung der gegenseitigen Beeinflussung im Zentrum steht, wird auf den Einsatz dieser Verfahren verzichtet. Vielmehr wird mit Hilfe von Regressionsanalysen der Zusammenhang zwischen den für die KMU-Gruppenzuordnung konstitutiven Variablen und den Indikatoren zur Finanzierungskraft – Umsatzproduktivität und Umsatzrendite – geprüft (Tabelle 12).

Es zeigt sich, dass die Umsatzproduktivität wie auch die Umsatzrendite mit der *Unternehmensgröße* tendenziell zunehmen. Bei sehr kleinen Unternehmen sind die Indikatoren zunächst allerdings geringfügig höher und erreichen bei etwa 10 Beschäftigten ihr Minimum.

Tabelle 12: Einfluss von Größe, Alter, Innovationsintensität und FuE-Orientierung auf Umsatzproduktivität und Umsatzrendite: Schätzergebnisse von Regressionen (verarbeitendes Gewerbe und wissensintensive Dienstleistungen Deutschlands)

	Umsatzproduktivität (Logarithmus)	*Umsatzrendite (7 Kategorien)*
Beobachtungsjahre	*1998, 2000, 2002, 2003*	*2002*
Schätzmethode	*OLS-Regression*	*geordnetes Probit-Modell*
ln(Beschäftigtenzahl)	-0,151	-0,393
ln(Beschäftigtenzahl)^2	0,0444	0,115
ln(Beschäftigtenzahl)^3	-0,00243	-0,0136
ln(Beschäftigtenzahl)^4	-	0,000562
ln(Alter)	-0,0326	-0,396
ln(Alter)^2	0,01640	0,164
ln(Alter)^3	-	-0,0206
Innovationsintensität	-0,690	1,158
Innovationsintensität^2	0,0663	-0,587
Innovationsintensität^3	-0,001967	0,2102
Innovationsintensität^4	-	0,000764
Exporttätigkeit	0,276	0,210
Akademikeranteil unter den Beschäftigten	0,0016	0,001
Wendepunkt Beschäftigtenzahl	8[a)]	12[a)]
Wendepunkt(e) Alter	3[a)]	6 / 32
Wendepunkte Innovationsintensität (%)	8 / 14	0,1 / 1,5 / 3,8

Die Variablen kontinuierliche/gelegentliche FuE-Tätigkeit sowie die Ausrichtung der Innovationstätigkeit (Produkt-/Prozessinnovator) sind nicht signifikant und wurden in den Schätzungen nicht berücksichtigt.
a) ab dem ersten Wendepunkt kein weiteres Maximum oder Minimum.
Ausgewiesene Koeffizienten statistisch zumindest auf dem 10-%-Niveau signifikant.
Quelle: Mannheimer Innovationspanel – Berechnungen des ZEW.

Das *Alter* hat tendenziell ebenfalls einen positiven Einfluss. Sehr junge Unternehmen weisen allerdings eine etwas höhere Umsatzproduktivität und Umsatzrendite als ein wenig ältere Unternehmen auf. Die ungünstigsten Werte ergeben sich im Alter von 4-6 Jahren. Die Umsatzproduktivität steigt mit dem Alter kontinuierlich an. Dies kann auf die mit dem Unternehmensalter verbundenen Lerneffekte zurückgeführt werden, für die es anscheinende keine obere Grenze gibt. Dagegen zeigt sich bei der Umsatzrendite ein oberer Wendepunkt bei etwa 40 Jahren. Allerdings überschreiten nur weniger als 10 % der hier betrachteten Unternehmen diese Altersschwelle.

Der Zusammenhang zwischen *Innovationsintensität* und der Umsatzproduktivität bzw. der Umsatzrendite ist nicht linear: Mit steigender Innovationsintensität fällt zunächst die Umsatzproduktivität. Ab einer Intensität von etwa 8 % steigt die Produktivität dann wieder leicht an. Bei einer Innovationsintensität von 14 % wird ein Maximum erreicht, das jedoch noch unter dem Niveau der nicht innovierenden Unternehmen liegt, danach sinkt die Umsatzproduktivität mit steigender Innovationsintensität. Der obere Wendepunkt der Innovationsintensität entspricht dabei jenem Bereich, der als Minimum für den Umsatzanteil mit neuen Produkten und mit Marktneuheiten und als Maximum für den Umsatzanteil mit Produktimitationen identifiziert wurde (vgl. Tabelle 8). Offenbar gelingt es vor allem Produktimitatoren, ihre Unternehmensprozesse effizient zu gestalten und eine hohe Produktivität zu erzielen. Beim Einfluss der Innovationsintensität auf die Umsatzrendite ist ein anderer Verlauf zu beobachten: Bereits bei etwa 1,5 % Innovationsintensität wird ein Minimum der Profitabilität erreicht, das Maximum tritt schon bei knapp 4 % Innovationsintensität ein. Danach ist kein weiterer unterer Wendepunkt zu beobachten. Dies bedeutet, dass innovationsintensive Unternehmen eine niedrigere Profitabilität aufweisen und dies auch schon Unternehmen mit einer nur durchschnittlichen Intensität betrifft.

Bei einer Querschnittsbetrachtung ergibt sich kein direkter Zusammenhang zwischen der *FuE-Tätigkeit* oder der *Ausrichtung der Innovationsaktivitäten* und der Umsatzproduktivität bzw. Umsatzrendite. Dies weist allerdings in erster Linie darauf hin, dass die hier gewählte Methode nicht geeignet ist, solche Zusammenhänge, die in der Regel mit einer zeitlichen Verzögerung eintreten, aufzudecken. Andere Analysen zeigen, dass die Investition in FuE und neues, exklusives Wissen – etwa gemessen am verfügbaren Patentbestand eines Unternehmens (vgl. Czarnitzki und Kraft, 2004) oder an der Einführung von Marktneuheiten (vgl. Rammer et al., 2005b) – sehr wohl einen positiven Effekt auf die Profitabilität haben.

Ein starker, positiver Einfluss auf Umsatzproduktivität wie Umsatzrentabilität geht von der *Exportorientierung* aus, exportierende Unternehmen weisen eine deutlich höhere Finanzkraft auf. Dies gilt auch, wenn statt des Vorliegens einer Exporttätigkeit die Exportquote als erklärende Variable herangezogen wird. Ebenfalls signifikant positiv ist der Einfluss der *Humankapitalausstattung*: Unternehmen mit einer hohen Akademikerquote können höhere Gewinne und eine höhere Produktivität erzielen.

Der Einfluss von Umsatzproduktivität und Umsatzrentabilität auf die Wahrnehmung von unterschiedlichen Innovationshemmnissen wird mit Hilfe von Regressionsmodellen ermittelt. Dabei kommen die gleichen Modelle zum Einsatz, wie sie für die Identifikation des Einflusses von Größe, Alter, Innovationsintensität, FuE-Orientierung und Ausrichtung der Innovationstätigkeit herangezogen wurden (vgl. Tabelle 10). Zusätzlich wird nun zum einen die Umsatzproduktivität als erklärende Variable, zum anderen die Umsatzrendite berücksichtigt. Eine gleichzeitige Berücksichtigung der beiden Variablen ist wegen der hohen Korrelation der beiden Größen nicht sinnvoll. Die Umsatzrendite wird dabei für das Vorjahr des Beobachtungsjahres gemessen, d.h. für 2001, wobei sich das Auftreten von Innovationshemmnissen auf den Zeitraum 2000-2002 bezieht. Dadurch soll der kausale Zusammenhang zwischen der Profitabilität und dem Auftreten von Innovationshemmnissen abgebildet werden. Tabelle 13 zeigt die Schätzergebnisse.

Eine niedrige Umsatzproduktivität und eine niedrige Profitabilität erhöhen erwartungsgemäß deutlich die Wahrscheinlichkeit, dass ein Unternehmen das Innovationshemmnis „*Mangel an Finanzierungsquellen*" nennt. In Hinblick auf die Umsatzrendite liegt der Schwellenwert recht hoch bei etwa 4 %: Unternehmen, deren Rendite zwischen 0 und 4 % liegt, weisen statistisch die gleiche Betroffenheit durch Finanzierungshemmnisse auf wie Unternehmen mit einer negativen Rendite. Mit steigender Rendite sinkt dann das Auftreten dieses Hemmnisses. Unternehmen, die 15 % oder mehr an Umsatzrendite erwirtschaften, melden mit einer um 15 Prozentpunkte geringeren Wahrscheinlichkeit dieses Innovationshemmnis. Angesichts des Umstandes, dass in Summe etwa 24 % der Unternehmen mit Innovationsaktivitäten Finanzierungsrestriktionen als Hemmnis angeben, sind hoch profitable Unternehmen somit kaum durch mangelnde Finanzierungsmöglichkeiten an ihren Innovationsaktivitäten behindert. Aber auch bei Unternehmen mit einer Umsatzrendite zwischen 4 und 7 % liegt die Verbreitung dieses Hemmnisses um 10 Prozentpunkte niedriger.

Niedrige Werte bei Umsatzproduktivität und Umsatzrendite erhöhen zudem die Wahrscheinlichkeit, dass Innovationsprojekte wegen *hoher Kosten* nicht begonnen, abgebrochen oder verlängert werden. Der Effekt ist hier jedoch geringer (obwohl dieses Hemmnis deutlich weiter verbreitet ist, nämlich bei 33 % der Unternehmen mit Innovationsaktivitäten) und beschränkt sich bei der Umsatzrendite auf die hoch profitablen Unternehmen. Auf das Auftreten des Hemmnisses eines *hohen wirtschaftlichen Risikos* von Innovationen wirkt sich die Finanzierungskraft der Unternehmen kaum aus, hierdurch sehen sich nur die hoch profitablen Unternehmen weniger stark behindert.

Unternehmen mit einer hohen Umsatzproduktivität nennen demgegenüber eine Reihe von Innovationshemmnissen häufiger als wenig produktive Unternehmen: Organisatorische Probleme und interne Widerstände treten in den hoch produktiven Unternehmen ebenso häufiger auf wie die Hemmnisse Gesetze/Regulierungen, mangelnde Kundenakzeptanz und Fachpersonalmangel. Diese Unternehmen könnten möglicherweise versuchen, ihren Produktivitätsvorsprung in ein höheres Unternehmenswachstum umzumünzen und stoßen dabei auf interne Schwierigkeiten oder sie sehen sich durch Angebotsrestriktionen auf den Faktormärkten, rechtliche Regelungen sowie Schwierigkeiten in der Bearbeitung neuer Marktsegmente behindert. In Summe aller Hemmnisfaktoren übt die Höhe der Umsatzproduktivität eines Unternehmens jedoch keinen Einfluss auf das Auftreten von Innovationshemmnissen aus, da sich negative und positive Effekte der einzelnen Hemmnisse gegenseitig aufheben.

Tabelle 13: Marginale Effekte von Umsatzproduktivität und Umsatzrendite auf das Auftreten von Innovationshemmnissen in Unternehmen in Deutschland: Schätzergebnisse von Probit-Modellen (verarbeitendes Gewerbe und wissensintensive Dienstleistungen)

erklärende Variable:	*Umsatzproduktivität (log)*	*Umsatzrendite im Jahr 2001 (in %)[a)]*					
Beobachtungsjahre:	*1996, 1998, 2000, 2002*	*2002*					
		0 - <2	*2 - <4*	*4 - <7*	*7 - <10*	*10 - <15*	*>=15*
zu hohes Risiko	n.s.	n.s.	n.s.	n.s.	**-0,106**	n.s.	**-0,138**
zu hohe Innovationskosten	**-0,022**	n.s.	n.s.	n.s.	**-0,097**	n.s.	**-0,168**
Mangel an Finanzier.qu.	**-0,043**	n.s.	n.s.	**-0,095**	**-0,127**	**-0,142**	**-0,152**
organisatorische Probleme	**0,019**	n.s.	*-0,080*	n.s.	*-0,073*	n.s.	*-0,094*
Mangel an Fachpersonal	**0,023**	n.s.	n.s.	n.s.	n.s.	n.s.	*-0,053*
fehlende technol. Inform.	n.s.	n.s.	n.s.	n.s.	n.s.	n.s.	n.s.
fehlende Marktinformat.	n.s.	n.s.	*0,070*	n.s.	**0,105**	*0,069*	n.s.
mangelnde Kundenakzept.	**0,015**	n.s.	n.s.	**-0,072**	n.s.	n.s.	**-0,061**
Gesetze/Regulierungen	**0,031**	n.s.	n.s.	**-0,064**	*-0,060*	n.s.	**-0,091**
lange Verwaltungsverf.[b)]	n.s.	n.s.	n.s.	n.s.	n.s.	n.s.	n.s.
interne Widerstände[b)]	**0,020**	n.s.	n.s.	n.s.	n.s.	*-0,067*	n.s.
zumind. ein Hemmn. vorh.	n.s.	n.s.	*-0,104*	*-0,091*	**-0,128**	n.s.	**-0,159**
nachrichtlich:		*Umsatzrendite im Jahr 2002*					
Mangel an Finanzier.qu.		n.s.	n.s.	**-0,111**	**-0,094**	*-0,098*	**-0,128**

In den Modellen sind außerdem alle in Tabelle 10 angeführten Variablen berücksichtigt.
Fett gedruckte Werte sind signifikant auf dem 5-%-Niveau, kursiv gedruckte Werte auf dem 10-%-Niveau; n.s.: nicht signifikant.
a) Referenz: Umsatzrendite von weniger als 0 %.
b) Das Hemmnis „lange Verwaltungsverfahren“ wurde im Jahr 2000 nicht erfragt, das Hemmnis „interne Widerstände“ wurde in den Jahren 1996 und 2000 nicht erfragt.
Quelle: Mannheimer Innovationspanel – Berechnungen des ZEW.

Anders ist der Einfluss der Umsatzrendite: Unternehmen mit hohen Renditen nehmen generell Innovationshemmnisse seltener wahr. Dies gilt generell für Unternehmen mit einer Rendite, die etwa 4 % übersteigt. Auf der Ebene einzelner Hemmfaktoren zeigt sich nur beim Hemmnis „fehlende Marktinformationen“ ein positiver Einfluss. Hier kann vermutet werden, dass Unternehmen mit höherer Profitabilität die verfügbaren finanziellen Mittel zum Eintritt in neue Produktmärkte nutzen, sich dabei jedoch Problemen der Informationsbeschaffung gegenübersehen. Dies dürfte vor allem dann gelten, wenn ausländische Märkte anvisiert werden. Darauf deutet im Übrigen auch der positive Einfluss der Exporttätigkeit auf das Auftreten dieses Hemmnisses hin. Unternehmen mit einer sehr hohen Profitabilität nennen dagegen eine Vielzahl an Hemmnissen seltener:

Sowohl organisatorische Probleme und Gesetze/Regulierungen als auch Fachpersonalmangel und mangelnde Kundenakzeptanz treten in diesen Unternehmen seltener als Innovationshemmnis auf. Diese Unternehmen sind vermutlich in der Lage, ihre Geschäftsprozesse sehr effizient zu organisieren, woraus ein „hemmnisfreies" Innovieren wie auch andere Wettbewerbsvorteile entspringen, die schließlich in eine überdurchschnittliche Profitabilität münden.

Die Effekte der Umsatzproduktivität auf das Auftreten von Hemmnissen können für den Zeitraum 1996 bis 2002 analysiert werden. Dabei zeigt sich (Tabelle 14), dass der negative Einfluss auf die Wahrnehmung von Finanzierungshemmnissen für Innovationen in den Jahren 2000 und 1998 besonders stark war. Im Jahr 2002 war der negative Einfluss der Umsatzproduktivität auf das Auftreten von Finanzierungsrestriktionen für Innovationen dagegen deutlich geringer.

Tabelle 14: Marginale Effekte der Umsatzproduktivität auf das Auftreten ausgewählter Innovationshemmnisse in Unternehmen in Deutschland 1996 1998, 2000 und 2002: Schätzergebnisse von Probit-Modellen (verarbeitendes Gewerbe und wissensintensive Dienstleistungen)

	Marginaler Effekt der Umsatzproduktivität (Logarithmus)			
	1996	*1998*	*2000*	*2002*
zu hohes wirtschaftliches Risiko	n.s.	n.s.	**-0,042**	**0,035**
zu hohe Innovationskosten	n.s.	**-0,060**	**-0,055**	*n.s.*
Mangel an Finanzierungsquellen	n.s.	**-0,048**	**-0,082**	*-0,031*
organisatorische Probleme	n.s.	n.s.	n.s.	n.s.
Mangel an Fachpersonal	n.s.	n.s.	n.s.	**0,032**
fehlende technologische Informat.	n.s.	n.s.	n.s.	n.s.
fehlende Marktinformationen	n.s.	n.s.	n.s.	**0,029**
mangelnde Kundenakzeptanz	**0,034**	n.s.	n.s.	**0,026**
Gesetze/Regulierungen	n.s.	n.s.	n.s.	**0,060**
lange Verwaltungsverfahren	n.s.	n.s.	a)	n.s.
interne Widerstände	a)	**0,044**	a)	n.s.
zumindest ein Hemmnis vorhand.	n.s.	n.s.	n.s.	n.s.

In den Modellen sind außerdem alle in Tabelle 10 angeführten Variablen berücksichtigt.
Fett gedruckte Werte sind signifikant auf dem 5-%-Niveau, kursiv gedruckte Werte auf dem 10-%-Niveau; n.s.: nicht signifikant.
a) Hemmnis „im entsprechenden Jahr nicht erfragt.
Quelle: Mannheimer Innovationspanel – Berechnungen des ZEW.

Dies bedeutet, dass die gleichzeitige Zunahme der Bedeutung dieses Hemmnisses über den gesamten hier betrachteten Zeitraum (von 16 % im Jahr 1996 auf 26 % im Jahr 2002) in den Jahren 1998 und 2000 noch stark durch einen „Selektionsprozess" getrieben war, in dessen Rahmen die weniger leistungsfähigen Unternehmen zunehmend Finanzierungsschwierigkeiten für Innovationsprojekte bekamen. Im Jahr 2002 hat sich dagegen das Finanzierungshemmnis insofern verallgemeinert, als es weniger stark nach der Finanzierungskraft der Unternehmen differenziert, sondern offenbar stärker in die Breite wirkt. Dies wurde auch in Abschnitt 4.1 bereits herausgearbeitet und ist unter anderem am nicht mehr vorhandenen Einfluss der Unternehmensgröße und der FuE-Tätigkeit auf das Vorhandensein dieses Hemmnisses zu sehen (vgl. auch Tabelle 11).

Das Hemmnis der zu hohen Innovationskosten wurde ebenfalls vor allem in den Jahren 1998 und 2000 durch die Umsatzproduktivität negativ beeinflusst. Interessant ist, dass im Jahr 2002 sogar ein positiver Effekt von der Umsatzproduktivität auf das Auftreten des Hemmnisses „zu hohes wirtschaftliches Risiko" ausgeht. Dies kann z.B. dadurch erklärt werden, dass unter den damaligen Rahmenbedingungen einer anhaltend schwachen wirtschaftlichen Entwicklung in Deutschland und eines weltwirtschaftlichen Konjunkturabschwungs die produktiveren Unternehmen zwar weiterhin Innovationsprojekte durchführten, die noch im Jahr 2000 geplante Ausweitung von Innovationsaktivitäten jedoch aufgrund der schwierigeren wirtschaftlichen Situation zurücksteckten und daher den Abbruch oder Nicht-Beginn von Innovationsprojekten aufgrund des hohen wirtschaftlichen Risikos meldeten. Auch bei zahlreichen anderen Hemmnisfaktoren ist im Jahr 2002 ein positiver Einfluss der Umsatzproduktivität festzustellen, der durch ähnliche Mechanismen erklärt werden kann.

4.3 Finanzierungsstrukturen

Auf Basis der Daten des KfW-Mittelstandspanels können Informationen zur Finanzierungsstruktur der KMU-Gruppen gewonnen werden. Hierfür wird auf die erste Befragungswelle aus dem Jahr 2003 (mit dem Referenzjahr 2002) zurückgegriffen, in der nach den Finanzierungsquellen für Investitionen gefragt wurde. Wenngleich sich Finanzierungsquellen für Investitionen deutlich von jenen für Innovationen unterscheiden können, so ist für KMU dennoch zu erwarten, dass die Struktur der Investitionsfinanzierung eine gewisse Näherung für die Struktur der Innovationsfinanzierung ist. Denn erstens weisen viele Innovationsprojekte einen bedeutenden Investitionsanteil auf (er liegt – auf Basis von MIP-Angaben – zwischen rund 20 % bei FuE-Dienstleistern und 60 % bei innovierenden KMU ohne FuE), und zweitens sind viele der KMU so klein, dass meistens nur eine „Zukunftsinvestition" gleichzeitig verfolgt werden kann, so dass Investitions- und Innovationsprojekte zusammenfallen. Die Übereinstimmung der Investitions- mit der Innovationsfinanzierung steigt somit mit einem zunehmenden Anteil der Investitionen an den Innovationsvorhaben.

Tabelle 15 zeigt die Nutzung unterschiedlicher Quellen zur Finanzierung der Investitionen in den verschiedenen KMU-Gruppen. Hightech-Startups weisen einen überdurchschnittlich hohen Anteil von Fördermitteln und den niedrigsten Anteil von Eigenmitteln auf. Interessanterweise kommt in dieser Gruppe den Fremdmitteln eine große Bedeutung zu, während entsprechend den Angaben der Unternehmen der Finanzierungsanteil durch Beteiligungskapital nur bei 4 % liegt. Es ist zu allerdings zu vermuten, dass viele Unternehmen das Beteiligungskapital von geförderten Beteiligungen vollständig den Fördermitteln zurechnen, obwohl in geförderte Beteiligungen auch erhebliche Mittel von Wagniskapital-

Gesellschaften einfließen.[17] Für eine größere Bedeutung von Beteiligungskapital spricht auch, dass gemäß den Angaben des Bundesverbands Deutscher Kapitalbeteiligungsgesellschaften (BVK) im Jahr 2002 knapp 740 Frühphasenunternehmen durch Beteiligungskapital finanziert wurden.

Der große Anteil an Fremdmitteln trägt zur Erklärung der hohen Bedeutung bei, die Hightech-Startups der Verbesserung des Zugangs zu Fremdkapital für die Erhöhung ihrer Innovationsaktivitäten beimessen. FuE-Dienstleister unterscheiden sich von Hightech-Startups vor allem durch einen höheren Anteil von Eigenmitteln und Beteiligungskapital. Forschende KMU setzen erwartungsgemäß verstärkt Eigenmittel zur Investitionsfinanzierung ein, während Fördermittel und Fremdmittel eine geringere Rolle spielen. Innovierende KMU ohne FuE-Tätigkeiten nutzen von allen KMU-Gruppen am häufigsten Fremdmittel zur Finanzierung ihrer Investitionen. Der Anteil der Eigenmittel bei diesen KMU ist relativ gering. Demgegenüber berichten nicht innovierende KMU einen relativ hohen Eigenmittel- und Fremdmittelanteil.

Tabelle 15: Finanzierungsstruktur von Investitionen nach KMU-Gruppen in Deutschland im Jahr 2002 (verarbeitendes Gewerbe und wissensintensive Dienstleistungen, in %)

	Hightech-Startups	FuE-Dienstleister	forschende KMU	innovierende KMU ohne FuE	nicht innovierende KMU
Fördermittel*	37	31	25	24	28
Fremdmittel	36	30	26	41	34
Eigenmittel	22	30	39	23	34
Beteiligungskapital	4	8	2	2	1
Sonstiges	1	1	8	10	3

Anteil der einzelnen Quellen an der Gesamtfinanzierung; Mittelwerte in der Nettostichprobe, fehlende Werte auf 100 %: keine Angabe.
* Fördermittel umfassen auch das Gesamtvolumen von geförderten Krediten und Beteiligungskapital.
Quelle: KfW-Mittelstandspanel – Berechnungen der KfW. Mittelwerte der Nettostichprobe.

Insgesamt fällt auf, dass die Finanzierungsstruktur von KMU, was Investitionen betrifft, sich zwischen den fünf KMU-Gruppen nicht grundlegend unterscheidet. Für die Gesamtunternehmensfinanzierung ist allerdings insbesondere bei Hightech-Startups und FuE-Dienstleistern von deutlich verschiedenen Finanzierungsstrukturen auszugehen, da bei diesen Gruppen ein großer Teil des Finanzierungsbedarfs auf FuE-Projekte mit keinem oder nur einem geringen Investitionsanteil entfällt. Solche Projekte dürften stärker als Investitionen über Beteiligungskapital, Fördermittel und – so vorhanden – Eigenmittel finanziert werden.

Zusätzlich zur Finanzierungsstruktur von Investitionen liegen auch Informationen zur Finanzierungsstruktur der FuE-Aufwendungen vor. Diese stammen aus

17 So beträgt etwa das Verhältnis von öffentlicher Beteiligung zu zusätzlich mobilisiertem Kapital in der Koinvestmentvariante des BTU-Programms rund 1 zu 1,9.

einer Sonderauswertung der FuE-Erhebung des Stifterverbandes. Dabei können die drei KMU-Gruppen der Hightech-Startups, der FuE-Dienstleister und der forschenden KMU unterschieden werden. Letztere Gruppe kann allerdings auch Unternehmen der innovierenden KMU ohne (kontinuierliche) FuE sowie vereinzelt nicht innovierende KMU, sofern diese laufende FuE-Projekte aufweisen, beinhalten. Eine Identifizierung dieser Unternehmen innerhalb der forschenden KMU ist nicht möglich, da die FuE-Erhebung keine Informationen zur erfolgreichen Einführung von Produkt- *und* Prozessinnovationen enthält.

Alle KMU-Gruppen finanzieren nach eigenen Angaben ihre FuE-Aufwendungen ganz überwiegend aus dem Wirtschaftssektor. Dies umfasst einerseits Eigenmittel, zum anderen Aufträge durch andere Unternehmen. Der Anteil der überwiegend öffentlich finanzierten FuE ist in der Gruppe der FuE-Dienstleister am höchsten (Abbildung 47): Knapp 12 % der FuE-Aufwendungen des Jahres 2001 stammen von Bund oder Ländern in Form von Zuschüssen für FuE-Projekte oder Auftragsforschungsmitteln. Ein weiteres Prozent stammt aus dem Sektor „sonstige Inländer", der unter anderem Stiftungen und andere nicht kommerzielle Einrichtungen, inklusive von Hochschulen und außeruniversitären Forschungseinrichtungen umfasst. Aus dem Ausland stammen 3 % der für FuE aufgewendeten Mittel. Dabei kann es sich sowohl um Aufträge durch ausländische Unternehmen als auch um öffentliche Mittel handeln. Zu vermuten ist, dass dahinter zu einem guten Teil Mittel aus dem EU-Rahmenprogramm stehen.

Abbildung 47: Anteil der überwiegend öffentlich finanzierten FuE-Aufwendungen von KMU-Gruppen in Deutschland 2001 nach Herkunft der Mittelgeber (in %)

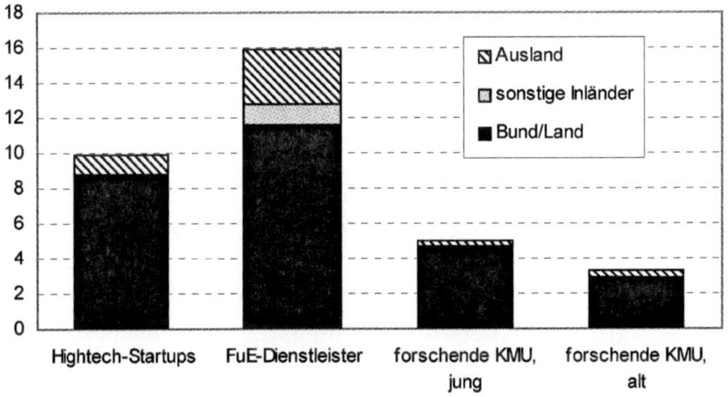

„Jung": unter 10 Jahre alt; „alt": 10 Jahre oder älter. Ausland: Finanzierung durch ausländische Unternehmen, ausländische Regierungen oder internationale Organisationen, insbesondere EU; sonstige Inländer: überwiegend Stiftungen und andere nicht kommerzielle Einrichtungen, inkl. Hochschulen und außeruniversitäre Forschungseinrichtungen.
Quelle: Stifterverband: Sonderauswertung der FuE-Erhebung 2001- Berechnungen des SV und ZEW.

Hightech-Startups erhalten gut 8 % ihrer gesamten FuE-Aufwendungen durch staatliche Zuschüsse oder FuE-Aufträge. Dabei ist allerdings zu beachten, dass über Eigenkapital finanzierte FuE als interne Finanzierung gilt, und zwar auch dann, wenn es sich um öffentliches Wagniskapital handelt oder um privates Wagniskapital, das über öffentliche Programme gesichert oder re-finanziert wurde. Mittel aus dem Ausland machen etwa 1 % aus. Forschende KMU weisen eine deutliche niedrigere Quote an öffentlich finanzierter FuE auf. Bei forschenden KMU, die jünger als 10 Jahre sind, liegt der Wert bei gut 4 %, bei älteren Unternehmen in dieser KMU-Gruppe bei knapp 3 %.

Finanzierungsschwierigkeiten im Zusammenhang mit einer *Fremdkapitalfinanzierung* können über Schwerpunktfragen der zweiten Befragungswelle des KfW-Mittelstandspanels aus dem Jahr 2004 erschlossen werden. Um Unternehmen der zweiten Befragungswelle einer KMU-Gruppe zuzuordnen, sind allerdings Informationen aus der ersten Befragungswelle zuzuspielen, da nur in dieser Welle Angaben zur Innovationstätigkeit erhoben wurden. Dadurch verringert sich die Zahl der Beobachtungen. Außerdem sind – ebenso wie im MIP – Hochrechnungen auf die Grundgesamtheit nicht möglich.

Zur Erfassung von Finanzierungsschwierigkeiten wird in einem ersten Schritt ein entsprechender Fragenblock aus der zweiten Welle des KfW-Mittelstandspanels ausgewertet. Dabei wurde nach den Ergebnissen von Kreditverhandlungen, den Gründen für nicht erfolgreiche Kreditverhandlungen und den Konsequenzen des Scheiterns von Kreditverhandlungen gefragt. Selbstverständlich stellen Kredite nur eine Finanzierungsmöglichkeit von KMU dar, und ein Scheitern von Kreditverhandlung ist dementsprechend auch nur ein Aspekt von Finanzierungshemmnissen. Andere Aspekte sind unter anderem Probleme bei der Innenfinanzierung (z.B. aufgrund eines niedrigen Gewinns/Cashflows) und der Zugang zu Beteiligungskapital.

Mit Ausnahme der Hightech-Startups scheitern die innovierenden bzw. FuE betreibenden KMU nicht häufiger bei Kreditverhandlungen als nicht innovierende KMU (Tabelle 16). Zwischen 40 und 45 % der Unternehmen in diesen vier KMU-Gruppen melden nicht erfolgreiche Kreditverhandlungen. In der Gruppe der Hightech-Startups scheitert dagegen bei 55 % der Unternehmen mindestens eine Kreditverhandlung. Deutliche Unterschiede ergeben sich im Hinblick auf den Auslöser des Scheiterns. Insbesondere bei Hightech-Startups und nicht innovierenden KMU bricht die Bank die Verhandlungen ab, indem sie kein Angebot macht. Bei forschenden KMU und innovierenden KMU ohne FuE-Tätigkeit überwiegt dagegen der Anteil der Unternehmen, die das Bankangebot ablehnen.

Diese auf den ersten Blick überraschenden Ergebnisse werden klarer, wenn man die Ablehnungsgründe betrachtet. Während Hightech-Startups vor allem aufgrund mangelnder Sicherheiten kein Kreditangebot von ihrer Bank bekommen, werden die Kreditwünsche nicht innovierender KMU überdurchschnittlich häufig aufgrund mangelnder Projektrentabilität abgelehnt. Von einer Kreditablehnung aufgrund mangelnder Sicherheiten sind auch FuE-Dienstleister relativ häufig betroffen. Neben ungenügender Sicherheiten werden Kredite von Seiten der Bank häufig aufgrund einer geänderten Geschäftspolitik nicht gewährt. Dieser Ablehnungsgrund, wie auch das Manko einer schlechten Bonität, betrifft vor allem FuE-Dienstleister und etablierte forschende KMU.

Tabelle 16: Kreditverhandlungen und deren Ergebnisse nach KMU-Gruppen in Deutschland im Jahr 2003 (verarbeitendes Gewerbe und wissensintensive Dienstleistungen, in %)

	Higtech-Startups	FuE-Dienstleister	forschende KMU	innovierende KMU o. FuE	nicht innovierende KMU
Anteil der KMU mit Kreditverhandlungen	81	77	71	72	64
Davon: Anteil der KMU mit zumindest einer nicht erfolgreichen Kreditverhandlung, ...					
weil das Unternehmen das Angebot ablehnt	22	20	23	26	14
weil die Bank kein Angebot macht	33	25	20	17	27
Konsequenzen des Scheiterns von Kreditverhandlungen (Anteil der KMU mit zumindest einer nicht erfolgreichen Kreditverhandlung)[1)]					
Investition wie geplant	22	n.a.	36	42	39
Investition verschoben	57	n.a.	42	35	37
Investitionsvolumen verringert	22	n.a.	14	15	14
Keine Investition	13	n.a.	19	20	16

1) Mehrfachnennungen möglich, wenn mehr als eine Investition vom Scheitern von Kreditverhandlungen betroffen ist.
n.a.: nicht ausgewiesen wegen zu geringer Fallzahl.
Quelle: KfW-Mittelstandspanel – Berechnungen der KfW. Mittelwerte in der Nettostichprobe.

Betrachtet man die Gründe für die Ablehnung des Kreditangebots der Bank durch das Unternehmen, so fällt auf, dass Hightech-Startups, FuE-Dienstleister und forschende KMU „zu hohe Sicherheitsforderungen" als Hauptgrund nennen. Darüber hinaus ist bei Hightech-Startups und FuE-Dienstleistern auch ein zu hoher Zinssatz häufig der Grund für die Ablehnung eines Kreditangebots. Im Unterschied hierzu spielt bei etablierten forschenden KMU ein zu hoher Zins eine geringe Rolle. Diese KMU lehnen ein Kreditangebot eher ab, weil ihnen ein besseres alternatives Angebot vorliegt. Dieser Ablehnungsgrund hat bei den Hightech-Startups die geringste Bedeutung.

Bei innovierenden KMU ohne FuE sind sowohl ein zu hoher Zins als auch ein besseres Alternativangebot die wichtigsten Gründe für die Ablehnung eines Kreditangebotes, während bei nicht innovierenden KMU ein zu hoher Zins von großer Bedeutung ist. Zu restriktive Forderungen bei den zu stellenden Sicherheiten spielen für letztere KMU-Gruppe nur eine untergeordnete Rolle. Insgesamt werden ein zu geringes Kreditvolumen und schlechte Beratung bei allen fünf KMU-Gruppen nur selten als Grund für die Ablehnung eines Kreditangebots genannt.

Allerdings sind diese beiden Ablehnungsgründe sowohl bei Hightech-Startups als auch bei FuE-Dienstleistern von vergleichsweise hoher Bedeutung.

Die am stärksten negativen Auswirkungen hat ein Scheitern von Kreditverhandlungen auf die geplanten Investitionen in der Gruppe der Hightech-Startups. Hier kann nur etwa ein Fünftel der Unternehmen nach Scheitern einer Kreditverhandlung die Investitionen wie geplant durchführen. Über die Hälfte verschiebt das geplante Projekt, ein weiteres Fünftel verringert das Investitionsvolumen. In forschenden KMU, in innovierenden KMU ohne FuE und in nicht innovierenden KMU bewirkt der Abbruch von Kreditverhandlungen bei etwa 6 von 10 betroffenen Unternehmen, dass das Projekt nicht wie geplant umgesetzt werden kann, wobei bei den meisten dieser Unternehmen eine zeitliche Verschiebung des Projekts erfolgt. Bei den forschenden KMU sowie den innovierenden KMU ohne FuE führt das Scheitern der Verhandlungen gar zur Aufgabe des Investitionsvorhabens. Von der Finanzierung her sind forschende KMU, innovierenden KMU ohne FuE und nicht innovierenden KMU stärker als die anderen KMU-Gruppen auf Fremdmittel angewiesen.

Es ist zu vermuten, dass sich die Kapitalstruktur der fünf KMU-Gruppen unterscheidet. Für die Hightech-Startups kann die höchste Eigenkapitalquote erwartet werden, da diese KMU-Gruppe das höchste Risiko aufweist. Diese Vermutung kann leider wegen zu geringer Fallzahl mit den Daten des KfW-Mittelstandspanels nicht überprüft werden. Die Eigenkapitalquote lässt sich jedoch für forschende KMU, innovierende KMU ohne FuE und für nicht innovierende KMU berechnen (Abbildung 48).

Abbildung 48: Eigenkapitalquote von KMU-Gruppen in Deutschland 2001 (verarbeitendes Gewerbe und wissensintensive Dienstleistungen, in %)

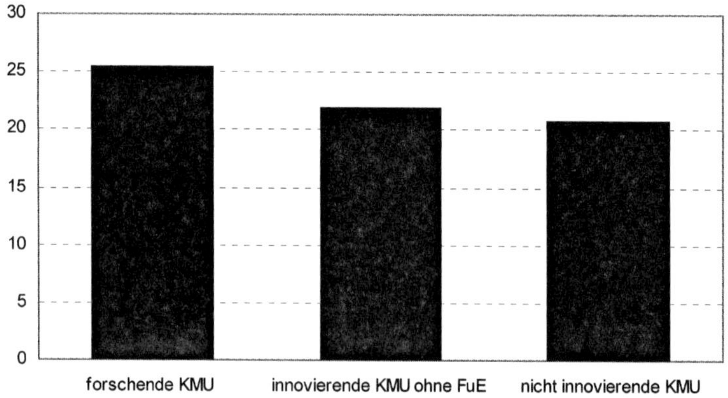

Werte für Hightech-Startups und FuE-Dienstleister wegen geringer Beobachtungszahlen nicht repräsentativ und daher nicht dargestellt.
Quelle: KfW-Mittelstandspanel – Berechnungen der KfW. Mittelwerte der Nettostichprobe.

Die Eigenkapitalquote ist bei der KMU-Gruppe mit der höchsten Risikoexposition, den forschenden KMU, am höchsten. KMU ohne Innovationstätigkeit weisen die niedrigste Eigenkapitalquote auf. Diese Unternehmen können sich stärker über Bankkredite finanzieren, da sie mit etablierten Produkten stetigere Einnahmen erzielen.

Wie Abbildung 49 zeigt, bleibt die Eigenkapitalquote mit zunehmendem Unternehmensalter nicht stabil. In der Anfangsphase sind die Gewinne, die im Unternehmen akkumuliert werden können, häufig noch begrenzt. Auch ergeben sich häufig zunächst Verluste, die das Eigenkapital reduzieren. Wenn sich ein Unternehmen längerfristig erfolgreich am Markt bewährt, können jedoch jedes Jahr Gewinne einbehalten werden, die die Eigenkapitalausstattung verbessern. Dieser Einfluss wird ab einem Alter von 16 Jahren deutlich. Es ist auch bemerkenswert, dass *Unternehmen mit FuE-Tätigkeit* in jeder Altersgruppe eine *höhere Eigenkapitalquote* aufweisen als Unternehmen ohne FuE.

Abbildung 49: Eigenkapitalquote von KMU in Deutschland im Jahr 2001 nach Unternehmensalter und FuE-Tätigkeit (verarbeitendes Gewerbe und wissensintensive Dienstleistungen, in %)

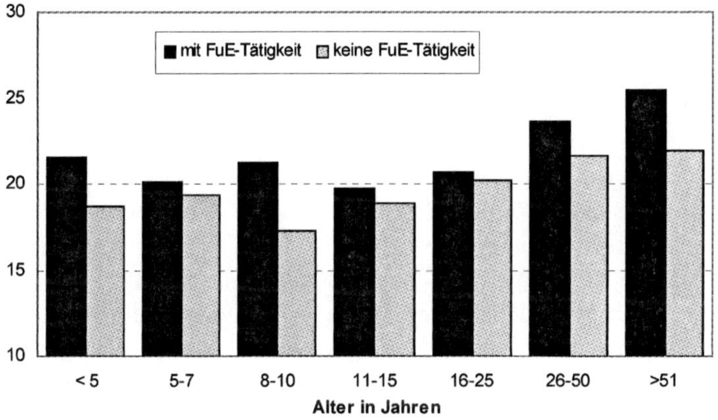

Quelle: KfW-Mittelstandspanel – Berechnungen der KfW. Mittelwerte der Nettostichprobe.

Die Entwicklung der Quote der langfristigen Verbindlichkeiten verläuft teilweise spiegelbildlich zur Entwicklung der Eigenkapitalquote (Abbildung 50). Sie verdeutlicht aber in besonderer Weise den Zugang der Unternehmen zur externen Finanzierung von langfristigen Projekten. Unternehmen mit FuE-Tätigkeit verwenden diese Finanzierungsform in den ersten Jahren nur sehr zurückhaltend. Erst nach einer gewissen Etablierung am Markt, in der Altergruppe von 5-7 Jahren, werden langfristige Verbindlichkeiten besonders intensiv genutzt. Ältere Unternehmen haben wiederum die Möglichkeit, sich intern zu finanzieren. Viele Eigentümer streben eine stärkere Unabhängigkeit von Banken an und lösen deshalb Kredite ab, sobald dies möglich ist. Dieses Verhalten spiegelt sich in einem

Rückgang der Quote der langfristigen Verbindlichkeiten für ältere Unternehmen wider.

Abbildung 50: Anteil der langfristigen Verbindlichkeiten von KMU in Deutschland 2001 nach Unternehmensalter und FuE-Tätigkeit (verarbeitendes Gewerbe und wissensintensive Dienstleistungen, in %)

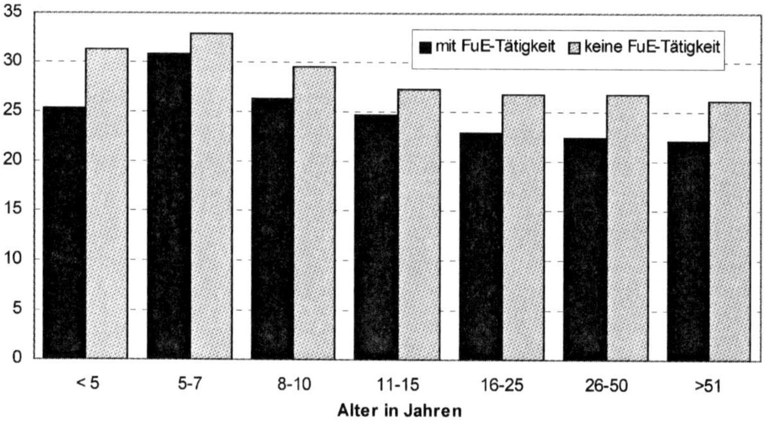

Quelle: KfW-Mittelstandspanel – Berechnungen der KfW. Mittelwerte der Nettostichprobe.

Der Erfolg von Kreditverhandlungen wird nicht nur durch die Kreditwürdigkeit des gesamten Unternehmens, sondern auch durch das Investitionsprojekt selbst beeinflusst. Dabei ist zu erwarten, dass risikoärmere Investitionen und Investitionen, die gut als Sicherheiten herangezogen werden können, eher mit Fremdkapital finanziert werden können. Hierfür werden die Ziele von realisierten Investitionsvorhaben den Gründen eines Scheiterns von Kreditverhandlungen gegenübergestellt. Zu beachten ist dabei, dass sich beim Vorliegen von mehreren realisierten oder geplanten Investitionsvorhaben die gescheiterte Kreditverhandlung nicht notwendigerweise auf die realisierte Investition mit dem angeführten Ziel beziehen muss.

Abbildung 51 zeigt die Wahrscheinlichkeit des Scheiterns einer Kreditverhandlung bei Unternehmen mit verschiedenen Investitionszielen. Grund für das Scheitern einer Verhandlung kann sein, dass die Bank kein Angebot vorlegt oder wenn das Unternehmen ein Angebot der Bank ablehnt. Auffallend ist die *hohe Wahrscheinlichkeit des Scheiterns von Kreditverhandlungen* bei Unternehmen, die *Investitionen in FuE tätigen.* Die Erträge dieser Investitionen sind häufig unsicher. Des Weiteren sind solche Investitionen nur in einem geringen Umfang als Sicherheit geeignet, da ein hoher Kostenanteil bei FuE auf Personal entfällt.

Für Investitionsziele, die geringe Erträge versprechen, ist es ebenfalls häufiger schwierig, einen Bankkredit zu erhalten. In diese Kategorie fallen die Ziele Umweltschutz und Befolgung von behördlichen Auflagen. Dagegen erweist sich für Projekte, die relativ sicher sind und gute Ertragsaussichten haben, eine Bankfinanzierung als weniger problematisch. Investitionen mit dem Ziel der Rationalisierung/Kostensenkung und Anpassung an technische Neuerungen sind hier zu nennen.

Abbildung 51: KMU mit gescheiterten Kreditverhandlungen in Deutschland 2003 nach dem Investitionsziel des Unternehmens (verarbeitendes Gewerbe und wissensintensive Dienstleistungen)

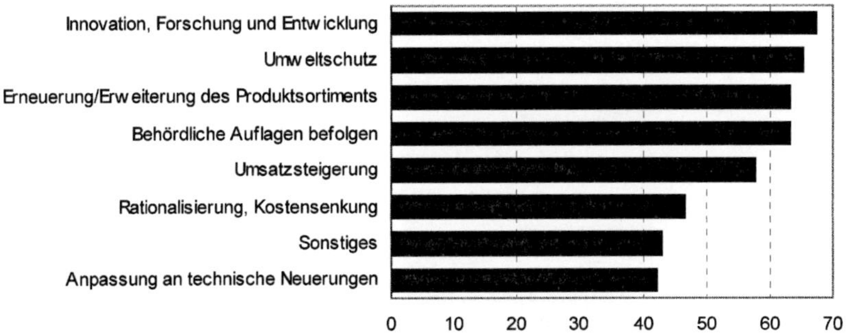

Anteil der Unternehmen, die mindestens eine gescheiterte Kreditverhandlung nennen, in % aller Unternehmen mit dem jeweiligen Investitionsziel.
Quelle: KfW-Mittelstandspanel 2004 – Berechnungen der KfW. Mittelwerte der Nettostichprobe.

Die verschiedenen KMU-Gruppen unterscheiden sich in ihrer Wahrnehmung von Finanzierungsschwierigkeiten bei einer Fremdkapitalfinanzierung (Abbildung 52). Fehlende Sicherheiten werden am häufigsten von Hightech-Startups als Finanzierungshemmnis genannt. Unternehmen dieser KMU-Gruppe sind jung und weisen eine hohe FuE-Intensität auf. Es ist davon auszugehen, dass die Unternehmen dieser Gruppe über einen vergleichsweise geringen Vermögensbestand verfügen, der als Kreditbesicherung geeignet ist. Deshalb sind Fremdkapitalfinanzierungen für diese Unternehmensgruppe auch weniger geeignet.

Eine mangelnde Risikobereitschaft der Banken wird vor allem von FuE-Dienstleistern als Hemmnis genannt. Aber auch für forschende KMU ist dies ein wichtiger Aspekt. Für diese Unternehmen würde aufgrund ihrer Etabliertheit eine Bankfinanzierung prinzipiell in Frage kommen. Allerdings sind diese Unternehmen riskanter als nicht forschende Unternehmen. Soweit Banken eine Risikovermeidungsstrategie verfolgen, haben diese Unternehmen Schwierigkeiten beim Kreditzugang.

Die Veränderungen in den Finanzmärkten durch die gestiegene Bedeutung des Ratings (verstärkt durch die Einführung der Basel-II-Vorschriften) werden von einigen Unternehmen auch als Finanzierungshemmnis gesehen. Vor allem FuE-Dienstleister machen auf dieses Hemmnis aufmerksam. Diese Unternehmen sind zwar schon am Markt etabliert; sie können aber weniger Sicherheiten stellen, was sich negativ auf ihr Rating auswirkt. Höhere Kosten für Bankkredite oder Kreditablehnungen können eine Konsequenz eines schlechteren Ratings sein.

Abbildung 52: Schwierigkeiten bei der Kreditfinanzierung von KMU-Gruppen in Deutschland 2003 (verarbeitendes Gewerbe und wissensintensive Dienstleistungen, in %)

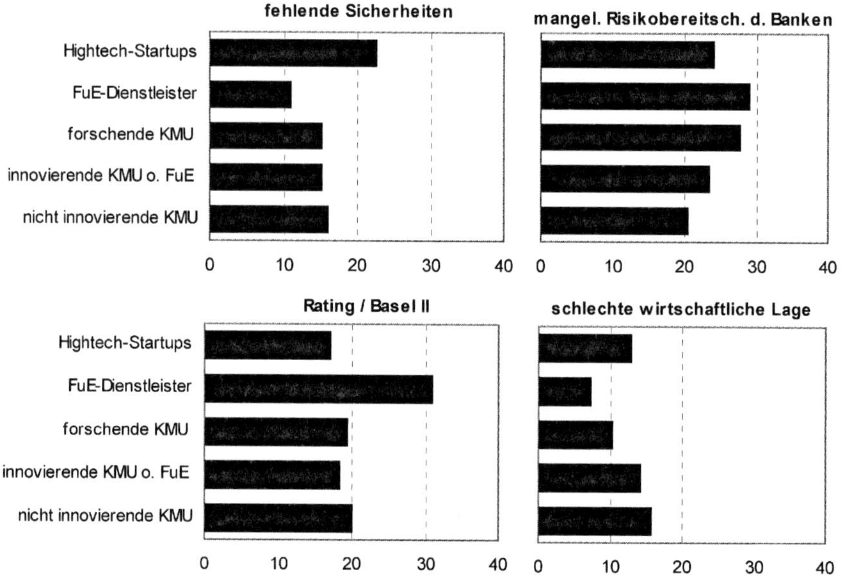

Anteil der Unternehmen, die das jeweilige Finanzierungshemmnis an erster Stelle nennen.
Quelle: KfW-Mittelstandspanel – Berechnungen der KfW. Mittelwerte der Nettostichprobe.

Das Problem einer schlechten wirtschaftlichen Lage wird hauptsächlich von innovierenden KMU ohne FuE und von nicht innovierenden KMU gesehen. Für diese Unternehmen sind gute Absatzchancen für die eigenen Produkte von hoher Bedeutung. Die Produkte dieser Unternehmen sind typischerweise schon im Markt bekannt. Für vergebene Kredite besteht ein Ausfallrisiko, wenn Unternehmen durch zu geringen Umsatz in Zahlungsschwierigkeiten kommen.

Die Ausführungen haben gezeigt, dass die Finanzierung von FuE durch Fremdkapital häufig auf Schwierigkeiten stößt. Dies liegt in erster Linie an dem hohen Risiko, das mit FuE-Aktivitäten einhergeht. Die Partizipation an diesem Risiko ist zwischen Kreditgeber und -nehmer asymmetrisch verteilt: Während der Kreditgeber bei einem Scheitern eines FuE-Projekts (das bei kleinen Unternehmen auch ein Scheitern des gesamten Unternehmensprojektes bedeuten kann) bis zum Totalausfall des Kredits partizipiert, ist er an sehr hohen Erfolgen nur im Ausmaß der Kreditzinsen beteiligt. Ein Ausgleich des Risikos würde sehr hohe Zinssätze erfordern, die vom Kreditnehmer als prohibitiv wahrgenommen würden. Deshalb sind Eigenkapitalfinanzierungen, die eine Teilhabe des Financiers an den potenziell hohen Gewinnen aus der FuE-Tätigkeit erlauben, für die Finanzierung solcher Vorhaben bzw. allgemein für die Finanzierung von sehr risikoreich arbeitenden Unternehmen besser geeignet.

Ein hoher Anteil von Eigenkapital an der Unternehmensfinanzierung befördert somit die Durchführung von FuE-Projekten. Im Folgenden soll die Frage beantwortet werden, wie sich die FuE-Aktivitäten von Unternehmen verändern würden, wenn sie eine bessere Eigenkapitalausstattung hätten. Konkret wird berechnet, um wie viele Prozentpunkte sich die Wahrscheinlichkeit einer kontinuierlichen FuE-Tätigkeit und wie stark sich die FuE-Intensität ändern würde, wenn die Eigenkapitalquote eines Unternehmens um 20 Prozentpunkte höher wäre (Abbildung 53).

Abbildung 53: Effekte der Eigenkapitalquote auf die FuE-Tätigkeit von KMU in Deutschland 2002 (verarbeitendes Gewerbe und wissensintensive Dienstleistungen, in Prozentpunkten)

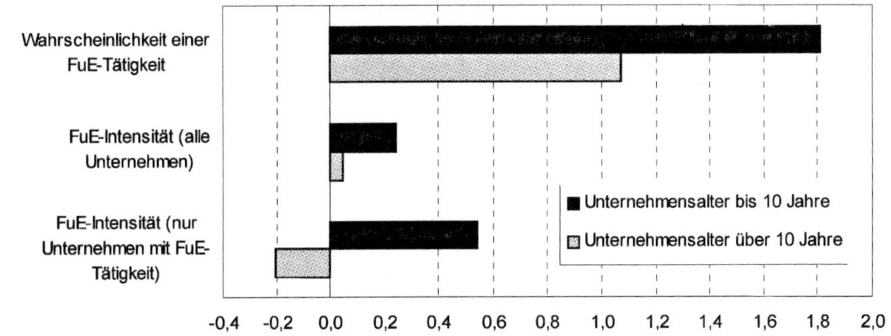

Effekte einer um 20 Prozentpunkte höheren Eigenkapitalquote.
Lesehilfe: Die Wahrscheinlichkeit, dass ein bis 10 Jahre altes Unternehmen eine FuE-Tätigkeit aufweist, erhöht sich bei einer um 20 Prozentpunkte höheren Eigenkapitalquote um 1,8 Prozentpunkte. Die FuE-Intensität erhöht sich bei einer entsprechend höheren Eigenkapitalausstattung in dieser Unternehmensgruppe um 0,5 Prozentpunkte.
Quelle: KfW-Mittelstandspanel – Berechnungen von KfW und ZEW.

Da junge Unternehmen spezielle Finanzierungsprobleme haben, ist es sinnvoll, zwischen jungen und alten Unternehmen zu unterscheiden. Junge Unternehmen sind stärker auf die Eigenkapitaleinlage der Eigentümer und von externen Financiers angewiesen, da sie noch nicht auf eine Finanzierung über einbehaltene Gewinne zurückgreifen können. Des Weiteren bereitet eine Fremdkapitalfinanzierung größere Schwierigkeiten, da noch keine gefestigten Bankbeziehungen bestehen. Insbesondere zeigt sich, dass eine Fremdkapitalfinanzierung von Innovationsvorhaben dann zustande kommt, wenn die jungen Unternehmen bereits über einen ausreichend hohen Cashflow sowie eine gute Eigenkapitalausstattung verfügen (vgl. Schäfer et al., 2004). Im Folgenden werden Unternehmen mit einem Alter bis zu 10 Jahre und über 10 Jahre betrachtet.

Bei jungen sowie bei alten Unternehmen führt eine um 20 Prozentpunkte *höhere Eigenkapitalquote* zu einer signifikanten *Erhöhung der Wahrscheinlichkeit FuE zu betreiben.* Der Effekt ist allerdings bei jungen Unternehmen deutlich stärker ausgeprägt. Bei jungen Unternehmen erhöht sich die Wahrscheinlichkeit um 1,8 Prozentpunkte, wohingegen die Zunahme bei alten Unternehmen nur 1,1 Prozentpunkte beträgt. Vor dem Hintergrund, dass ungefähr 25 % der Unternehmen im verarbeitenden Gewerbe und in den wissensintensiven Dienstleistungen FuE betreiben, wird deutlich, dass der Effekt in beiden Gruppen vergleichsweise gering ausfällt.

Werden alle Unternehmen in der Analyse berücksichtigt (unabhängig davon, ob sie FuE betreiben oder nicht), so nimmt ebenfalls die FuE-Intensität – gemessen an den FuE-Ausgaben bezogen auf den Umsatz – mit der Eigenkapitalquote zu. Für junge Unternehmen steigt die FuE-Intensität um 0,24 Prozentpunkte. Die durchschnittliche FuE-Intensität beträgt in dieser Unternehmensgruppe 2,8 %. Es liegt also eine Differenz von etwa 10 % vor. Bei den alten Unternehmen ist auch ein Anstieg zu verzeichnen, der allerdings statistisch nicht signifikant ist.

Werden nur Unternehmen mit FuE-Aktivitäten in die Untersuchung einbezogen, so ergibt sich ein positiver Einfluss für junge Unternehmen und ein negativer Einfluss für alte Unternehmen. Beide Effekte sind allerdings nicht statistisch signifikant, d.h. ein Einfluss der Eigenkapitalausstattung lässt sich nicht nachweisen.

Abbildung 54: Effekt einer Erhöhung der Eigenkapitalquote auf die Ausrichtung der Innovationstätigkeit von KMU in Deutschland 2002 (verarbeitendes Gewerbe und wissensintensive Dienstleistungen, in Prozentpunkten)

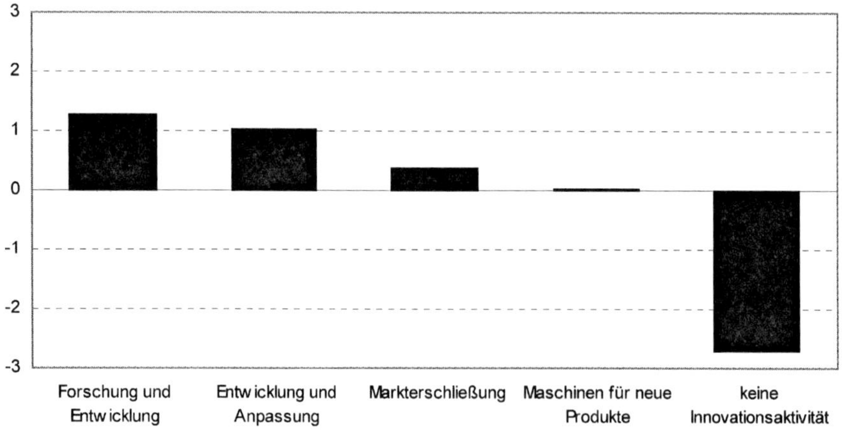

Effekte einer um 20 Prozentpunkte höheren Eigenkapitalquote.
Lesehilfe: Die Wahrscheinlichkeit, dass ein Unternehmen Innovationsaktivitäten im Bereich Entwicklung und Anpassung durchführt, erhöht sich bei einer um 20 Prozentpunkte höheren Eigenkapitalquote um 1,0 Prozentpunkte. Die Wahrscheinlichkeit, keine Innovationsaktivitäten durchzuführen, sinkt bei einer entsprechend höheren Eigenkapitalausstattung um 2,8 Prozentpunkte.
Quelle: KfW-Mittelstandspanel – Berechnungen von KfW und ZEW.

Um ein differenzierteres Bild über den Einfluss der Eigenkapitalausstattung zu erhalten, können die Innovationsaktivitäten von Unternehmen zusätzlich nach verschiedenen Kategorien unterteilt werden. So kann angenommen werden, dass

Komplexität und Risiko der Innovationsaktivitäten von den Kategorien „keine Innovationsaktivität“, „Erwerb von Maschinen für neue Produkte“, „Markterschließung“ und „Entwicklung und Anpassung“ bis hin zu „Forschung und Entwicklung“ ansteigen.

In dieser Untersuchung ergibt sich für *alte Unternehmen* kein Einfluss einer höheren Eigenkapitalausstattung auf die Wahrscheinlichkeit, bestimmte Kategorien von Innovationsaktivitäten durchzuführen. Für *junge Unternehmen* führt allerdings eine um 20 Prozentpunkte höhere Eigenkapitalquote zu messbaren Veränderungen (Abbildung 54). Die Wahrscheinlichkeit für die Durchführung der tendenziell riskanteren Innovationsaktivitäten “Forschung und Entwicklung“ sowie „Entwicklung und Anpassung“ erhöht sich jeweils um 1,3 und 1,0 Prozentpunkte. Für die in der Regel weniger riskanten Tätigkeiten „Markterschließung“ und „Erwerb von Maschinen für neue Produkte“ ergeben sich hingegen nur sehr geringe Veränderungen.

5 Innovationspotenziale und öffentliche Innovationsförderung in KMU-Gruppen

In diesem Kapitel wird versucht, die in den einzelnen KMU-Gruppen vorhandenen Innovationspotenziale zu bestimmen und dabei die Rolle der staatlichen finanziellen Förderung von Innovationsaktivitäten in KMU zu beleuchten. Die Bestimmung von Innovationspotenzialen ist dabei insofern schwierig, als sich diese nicht direkt beobachten lassen. In dieser Studie werden drei empirische Zugangswege beschritten, um Innovationspotenziale in KMU zu untersuchen:

Ein Hinweis auf Potenziale für mehr bzw. umfangreichere Innovationsaktivitäten kann aus dem *Vorhandensein von Innovationshemmnissen*, die in Abschnitt 4.1 untersucht wurden, abgeleitet werden: Jene Unternehmen, die auf die Durchführung von Innovationsprojekten verzichtet haben, bereits begonnene Projekte abbrechen mussten oder laufende Projekten verlängern mussten, konnten offenbar ihre vorhandenen Innovationspotenziale nicht voll nutzen. Eine Beseitigung dieser Hemmnisse könnte im Idealfall zu einer Erhöhung der Innovationsleistung in diesen Unternehmen führen, sei es dadurch, dass bisher nicht innovative Unternehmen mit Innovationsaktivitäten beginnen, sei es durch die Ausweitung von Innovationsaktivitäten in bereits innovativen Unternehmen, sei es durch einen höheren ökonomischen Erfolg der vergangenen und laufenden Innovationsvorhaben. Die Nennung von Hemmnissen kann insofern ein Indikator für das Vorhandensein nicht genutzter Innovationspotenziale sein.

Nicht genutzte Innovationspotenziale in KMU müssen sich jedoch nicht notwendigerweise im Auftreten von konkreten Innovationshemmnissen äußern. Auch der allgemeine wirtschaftliche Rahmen, insbesondere die Erwartungen der Unternehmen über die künftige Entwicklung von Märkten, Technologien, Regulierungen und anderen für Innovationsentscheidungen relevanten Faktoren spielen hierbei eine große Rolle. Um die Bedeutung dieser Faktoren für künftige Innovationsentscheidungen von Unternehmen zumindest näherungsweise zu erfassen, wurden in der Erhebung 2004 des MIP einige speziell auf diesen Punkt abzielende Fragen aufgenommen. Ein Schwerpunkt bildete dabei die Frage zu den aus Unternehmenssicht *notwendigen Veränderungen* als Voraussetzung für eine Ausweitung der Innovationsaktivitäten. Im Abschnitt 5.1 werden die Ergebnisse dargestellt.

Die *öffentliche finanzielle Förderung* der Innovationsaktivitäten von Unternehmen ist ein weiterer Aspekt der Nutzung von Innovationspotenzialen. Durch die staatliche Unterstützung sollen spezifische Barrieren abgebaut und Anreize für den Einstieg oder die Ausweitung von Innovationsaktivitäten bzw. Gründung innovativer Unternehmen gesetzt werden. Die Verbreitung solcher Förderungen nach verschiedenen KMU-Gruppen, insbesondere bei einer nach Förderinstrumenten differenzierten Betrachtung, kann Aufschluss darüber geben, welche

Gruppen von KMU bzw. welche Formen der in den KMU-Gruppen auftretenden Innovationsbarrieren möglicherweise noch nicht ausreichend durch innovationspolitische Maßnahmen adressiert wurden. Allerdings ist hierfür die Verfügbarkeit von Informationen eingeschränkt, da für die einzelnen Förderprogramme des Bundes, der Länder und der EU keine Förderstatistik nach den hier interessierenden Kriterien vorliegt. In Abschnitt 5.2 werden aus verschiedenen Datenquellen (MIP, Profi-Förderdatenbank des BMBF, KfW-Daten, FuE-Erhebung des Stifterverbands) Informationen zur staatlichen Innovationsförderung nach den hier unterschiedenen KMU-Gruppen zusammengetragen und analysiert.

5.1 Innovationspotenziale

Als Ausgangspunkt für die Diskussion von Innovationspotenzialen im KMU-Sektor Deutschlands dient die geplante Veränderung der Innovationsaufwendungen in den Jahren 2004 und 2005 (Abbildung 55). Zum Zeitpunkt der Innovationserhebung des Jahres 2004, d.h. im Frühjahr und Frühsommer 2004, rechnete rund ein Drittel der KMU in Deutschland mit einer Ausweitung ihrer finanziellen Aufwendungen für Innovationsprojekte gegenüber dem Jahr 2003. In der Gruppe der Hightech-Startups planten sogar 40 % der Unternehmen steigende Innovationsaufwendungen. Bemerkenswert hoch ist auch der Anteil der nicht innovierenden KMU, die ihre Innovationsaufwendungen in 2004 ausweiten möchten: Mehr als ein Viertel der Unternehmen plant steigende finanzielle Mittel für Innovationen. Dabei handelt es sich überwiegend um Unternehmen, die 2004 neu in Innovationsaktivitäten einsteigen. Gut ein Drittel der Unternehmen in dieser KMU-Gruppe geht von gleich bleibenden Aufwendungen für Innovationen aus, was in aller Regel bedeutet, dass auch in 2004 keine Innovationsprojekte durchgeführt werden sollen.

In den anderen KMU-Gruppen liegt der Anteil der Unternehmen mit im Jahr 2004 konstantem Innovationsbudget zwischen 20 und 30 %. Mit sinkenden Ausgaben für Innovationen rechnen insbesondere die FuE-Dienstleister. Knapp 40 % der Unternehmen planen für 2004 verringerte Innovationsaufwendungen, d.h. der Anteil der Unternehmen mit rückläufigen Aufwendungen ist höher als der mit steigenden. Dies ist vor dem Hintergrund von sehr hohen, zuletzt (von 2002 auf 2003) sogar noch weiter steigenden Aufwendungen in dieser KMU-Gruppe bei gleichzeitig nachlassenden Innovationserfolgen zu sehen. Möglicherweise versuchen FuE-Dienstleister zunehmend, sich auf das Angebot von standardisierten Dienstleistungen, die keine neuen Innovationsanstrengungen erfordern, zu konzentrieren. Zum anderen fallen gerade in dieser KMU-Gruppe die allgemeinen Absatzerwartungen der Unternehmen stark mit den Erwartungen zur Veränderung der Innovationsaufwendungen zusammen, da der Umfang der eigenen FuE- und Innovationsaktivitäten ganz wesentlich von externen Aufträgen abhängt.

Abbildung 55: Geplante Veränderung der Innovationsaufwendungen in den Jahren 2004 und 2005 nach KMU-Gruppen in Deutschland (verarbeitendes Gewerbe und wissensintensive Dienstleistungen, in %)

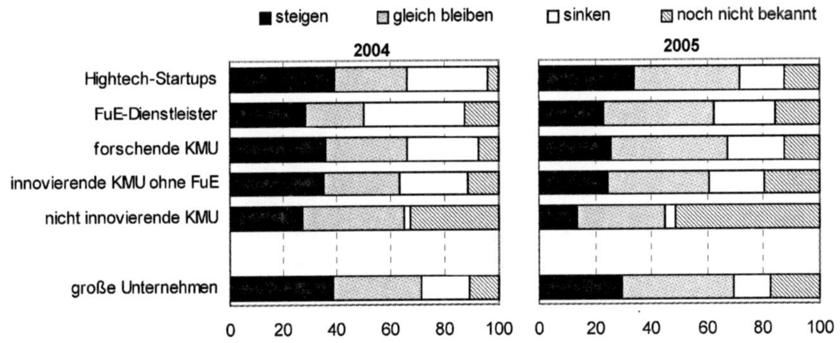

Veränderung der gesamten Innovationsaufwendungen jeweils gegenüber dem Vorjahr, Einschätzung der Unternehmen im Frühjahr 2004; „gleich bleiben“ ist definiert als eine Veränderung zwischen +1 und -1 %.
Quelle: Mannheimer Innovationspanel – Berechnungen des ZEW. Mittelwerte der Nettostichprobe.

In allen anderen KMU-Gruppen liegt der Anteil der Unternehmen, die für 2004 steigende Innovationsaufwendungen planen, über dem Anteil der Unternehmen mit sinkenden Aufwendungen. Die Stimmung in Bezug auf Innovationen schien im Frühjahr 2004 im deutschen KMU-Sektor somit günstig gewesen zu sein. Dies gilt auch, wenn man den Blick auf 2005 richtet: In jeder KMU-Gruppe liegt der Anteil der Unternehmen, die für 2005 eine Zunahme der Innovationsaufwendungen planen, über dem Anteil der Unternehmen mit voraussichtlich rückläufigen Innovationsbudgets. Besonders hoch ist diese Differenz bei den Hightech-Startups. Hier erwarten auch für 2005 fast 40 % der Unternehmen eine Zunahme der Innovationsaufwendungen, während nur rund 15 % mit einer Abnahme rechnen. Insgesamt rechnen fast 20 % der Hightech-Startups sowohl in 2004 als auch in 2005 mit einer Zunahme ihres Innovationsbudgets, und über 50 % möchten entweder in 2004 und/oder in 2005 mehr finanzielle Mittel für Innovationsprojekte bereitstellen (Abbildung 56). Allerdings wollen auch fast 30 % der Hightech-Startups ihre Innovationsaktivitäten 2004 und/oder 2005 zurückfahren, ohne sie in einem der beiden Jahre auszuweiten, d.h. in den beiden Jahren kommt es insgesamt zu einem Rückgang.

Der Anteil der Unternehmen, die keine Einschätzung zur Entwicklung der Innovationsaufwendungen abgeben konnten, ist in Bezug auf das Jahr 2004 gering und liegt zwischen unter 5 % (Hightech-Startups) und etwa 15 % (FuE-Dienstleister). In der Gruppe der nicht innovierenden KMU hatten allerdings 25 % der Unternehmen im Frühjahr 2004 noch keine Entscheidung darüber getroffen, wie hoch ihre Innovationsaufwendungen in diesem Jahr sein sollten. Dies dürfte in erster Linie Unternehmen betreffen, die bislang keine Innovationsaktivitäten aufwiesen, jedoch den Einstieg in Innovationsprojekte überlegten. In Bezug auf

2005 ist dieser Anteil auf über 50 % gestiegen. Viele der nicht innovierenden KMU haben somit noch keineswegs beschlossen, sich auch künftig vom Innovationsgeschehen fern zu halten. Insgesamt kann im Frühjahr 2004 rund ein Drittel der Unternehmen in dieser KMU-Gruppe noch nicht sagen, wie sich ihre Innovationsaufwendungen 2004 und 2005 entwickeln werden. Immerhin gut 10 % der Unternehmen dieser KMU-Gruppe rechnen jedoch sowohl 2004 als auch 2005 mit steigenden Innovationsbudgets, und 30 % wollen zumindest in einem der beiden Jahre mehr Mittel für Innovationsprojekte bereitstellen als im Vorjahr.

Abbildung 56: Geplante Veränderung der Innovationsaufwendungen 2004 und 2005 nach KMU-Gruppen in Deutschland: zusammengefasste Darstellung (verarbeitendes Gewerbe und wissensintensive Dienstleistungen, in %)

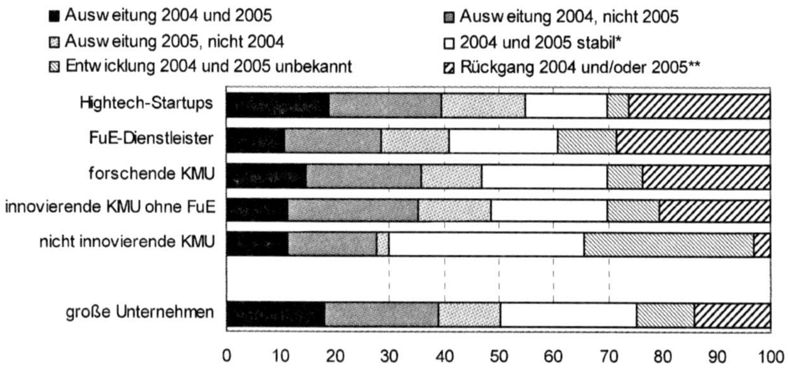

* inklusive Unternehmen, die 2004 oder 2005 unveränderte Innovationsaufwendungen melden und für das jeweils andere Jahr die Entwicklung noch nicht angeben können.
** falls Rückgang nur 2004 oder 2005: gleichzeitig kein Anstieg im anderen Jahr.
Veränderung der gesamten Innovationsaufwendungen jeweils gegenüber dem Vorjahr, Einschätzung der Unternehmen im Frühjahr 2004.
Quelle: Mannheimer Innovationspanel – Berechnungen des ZEW. Mittelwerte der Nettostichprobe.

Der Anteil der Unternehmen, die ihre Innovationsaufwendungen bis 2005 vermutlich ausweiten werden, ist in allen KMU-Gruppen höher als der Anteil der Unternehmen, die mit einem Rückgang ihrer Innovationsbudgets bis 2005 (gegenüber dem Niveau von 2003) rechnen: Bei Hightech-Startups und den innovierenden KMU ohne FuE beträgt dieser Saldo nahezu 30 Prozentpunkte und bei den forschenden KMU fast 25 Prozentpunkte. FuE-Dienstleister weisen nur einen geringen Überhang der auf Expansion eingestellten Unternehmen von gut 10 Prozentpunkten auf. Bei den nicht innovierenden KMU ergibt sich fast notwendigerweise ein positiver Saldo, da der Anteil der Unternehmen, die im Jahr 2003 positive Innovationsaufwendungen hatten – und daher 2004 oder 2005 einen Rückgang melden könnten, mit gut 10 % sehr niedrig ist. Von diesen Unternehmen plant etwa ein Drittel, die Höhe der Innovationsaufwendungen zu verringern.

Mit der tendenziell expansiven Grundstimmung im KMU-Sektor im Frühjahr 2004 einher geht eine partielle Umorientierung der Ausrichtung der Innovationsaktivitäten in den Jahren 2004 und 2005 (Abbildung 57): Hightech-Startups planen eine verstärkte Orientierung auf Produktinnovationen und eine Verringerung der Prozessinnovationstätigkeit. Bei FuE-Dienstleistern und forschenden KMU zeichnet sich dagegen ein Rückgang der Produktinnovationstätigkeit ab, während der Anteil der Prozessinnovationen vorantreibenden Unternehmen zumindest stabil bleiben dürfte.

Abbildung 57: Innovationsausrichtung 2003 und geplante Ausrichtung der Innovationsaktivitäten 2004 und 2005 nach KMU-Gruppen in Deutschland (verarbeitendes Gewerbe und wissensintensive Dienstleistungen, in %)

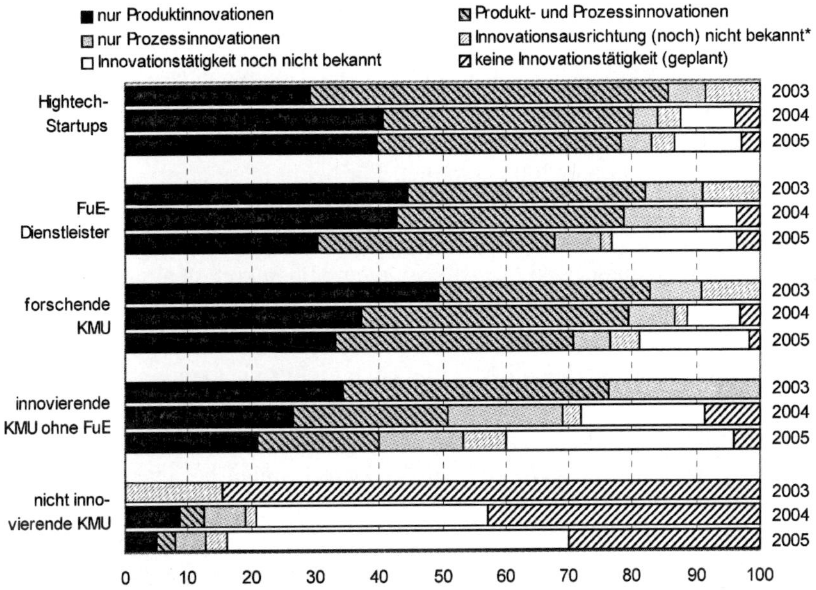

* Für 2003: Anteil der Unternehmen mit laufenden oder abgebrochenen Innovationsaktivitäten ohne erfolgreiche Innovation (d.h. weder die Einführung eines neuen Produktes noch eines neuen Prozesses). Planung der Innovationstätigkeit und Ausrichtung in den Jahren 2004 und 2005 auf Basis der Einschätzung der Unternehmen im Frühjahr 2004.
Quelle: Mannheimer Innovationspanel – Berechnungen des ZEW. Mittelwerte der Nettostichprobe.

Innerhalb der Gruppe der innovierenden KMU ohne FuE, die im Frühjahr 2004 bereits die Ausrichtung ihrer Innovationsaktivitäten in 2004 und 2005 festgelegt haben, ist keine Änderung bei den Anteilen der Produkt- und Prozessinnovatoren festzustellen. Allerdings ist sich in dieser KMU-Gruppe ein sehr hoher Anteil der Unternehmen, 2004 etwa 20 %, 2005 sogar über 35 %, noch unsicher, ob überhaupt Innovationsaktivitäten durchgeführt werden. Dies zeigt die geringe Verankerung von Innovationsaktivitäten in vielen dieser Unternehmen an, die auch mit einer geringen Innovationsintensität und niedrigen *sunk costs* bei einem Ausstieg aus Innovationsaktivitäten einhergeht.

Spiegelbildlich ist aber auch der Anteil der Unternehmen in der Gruppe der nicht innovierenden KMU, die einen Einstieg in Innovationsaktivitäten überlegen, sehr hoch: Für 2004 haben sich über 35 % der Unternehmen in dieser KMU-Gruppe noch nicht festgelegt, ob sie innovativ tätig sein werden oder nicht, während nur etwa 45 % bereits entschieden sind, sich weiterhin aus dem Innovationsgeschäft herauszuhalten.

Für 2005 steigt der Anteil der „Unsicheren" sogar auf 55 % an, der der sicher nicht innovativ tätigen KMU sinkt auf bloß 30 %. Dies unterstreicht die bereits in Abschnitt 2.5 dargestellte hohe Fluktuation der Unternehmen zwischen diesen beiden KMU-Gruppen: Der Anteil der zwischen zwei Beobachtungsjahren in Innovationsaktivitäten ein- bzw. aus diesen wieder aussteigenden Unternehmen ist sehr hoch. Die hohen Anteile der in 2004 und 2005 fest mit Innovationsaktivitäten rechnenden Unternehmen aus der Gruppe der nicht innovierenden KMU (15-20 %) – im Vergleich zu den Anteilen der Unternehmen der anderen vier KMU-Gruppen, die bereits fest mit einem Rückzug aus Innovationsaktivitäten rechnen – lassen einen Anstieg der Innovationsbeteiligung von KMU in Deutschland für 2004 und 2005 erwarten: Für beide Jahre errechnet sich ein Saldo von rund +6.000 Unternehmen, die im Vergleich zu 2003 Innovationsaktivitäten vorhaben. Dies entspricht etwa 4 % aller KMU im verarbeitenden Gewerbe und in den wissensintensiven Dienstleistungen. Hinzu kommt allerdings noch der Saldo aus den im Jahr 2003 innovierenden Unternehmen, die sich noch unsicher sind, ob sie sich 2004 und 2005 weiter in Innovationsaktivitäten engagieren, und den 2003 nicht innovierenden KMU, die noch nicht sicher sind, ob sie 2004 bzw. 2005 innovativ tätig sein werden. Dieser Saldo beträgt für 2004 etwa +5.000 KMU (= 3,5 % aller KMU) und 2005 etwa +7.000 KMU (= 5 %). Für beide Salden gilt jedoch, dass sie sich bloß auf die Unternehmen beziehen, die Innovationsaktivitäten durchführen möchten. Ob diese am Ende auch erfolgreich sein werden und die Unternehmen somit als Innovatoren zählen, ist offen.

Bei den Hightech-Startups ist der Anteil der hinsichtlich ihrer künftigen Innovationsaktivitäten noch unsicheren Unternehmen mit unter 10 % gering, und auch der Anteil der Unternehmen, die sich aus Innovationsaktivitäten zurückziehen wollen, ist mit 3-4 % niedrig. Dabei dürfte es sich wohl um Unternehmen handeln, deren wirtschaftliche Situation Anfang 2004 schon so kritisch war, dass eine Schließung des Unternehmens oder zumindest eine wesentliche Restrukturierung wahrscheinlich ist. Ähnliche Quoten von Unternehmen, die sich aus Innovationsaktivitäten zurückziehen werden, finden sich bei den FuE-Dienstleistern und forschenden KMU. Schließungsquoten von unter 5 % pro Jahr können dabei als sehr niedrig angesehen werden. So weist die Statistik von Eurostat zur Unternehmensbiographie (European Commission, 2004) Schließungsquoten im verarbeitenden Gewerbe und in den unternehmensnahen Dienstleistungen im Jahr 2000 von etwa 6 % aus. Für Deutschland liegen die geschätzten Schließungsquoten im verarbeitenden Gewerbe in den Jahren 2002 und 2003 bei 6-7 %, in den wissensintensiven Dienstleistungen bei gut 8 % (vgl. Rammer, 2004a).

In den Gruppen der forschenden KMU und der FuE-Dienstleister liegt allerdings der Anteil der Unternehmen, die noch nicht wissen, ob sie im Jahr 2005 innovativ tätig sein werden, bei 15-20 %. Dies ist ein hoher Wert angesichts der Tatsache, dass diese Unternehmen in den zurückliegenden Jahren in der Regel hohe (immaterielle) Investitionen in ihren Wissensstock getätigt haben, die erst durch die Einführung neuer Produkte oder Prozesse Erträge abwerfen. Das bedeutet gleichzeitig, dass für diese Gruppe an forschenden Unternehmen – ihre Zahl kann für 2003 auf etwa 5.000 geschätzt werden – Innovationsaktivitäten kein „Selbstläufer" sind, sondern von der spezifischen Ausgestaltung von Rahmenbedingungen abzuhängen scheinen.

Im Folgenden wird daher untersucht, welche Rahmenbedingungen notwendig wären, damit die grundsätzlich innovationsbereiten KMU auch tatsächlich in Innovationsprojekte investieren. Die Analysen befassen sich mit dem kurzfristig zu mobilisierenden Potenzial. Hierzu wurde in der MIP-Erhebung 2004 eine gesonderte Frage aufgenommen, die erfasst, welche Veränderungen aus Sicht der Unternehmen erforderlich sind, damit diese ihre Innovationsaktivitäten in den Jahren 2004 und 2005 ausweiten. Hierfür wurden neun Faktoren vorgegeben, die auf einer vierstufigen Skala von unbedingt notwendig bis gar nicht notwendig zu beurteilen waren. Die neun ausgewählten Faktoren orientieren sich dabei stark an jenen Hemmnissen, die die Unternehmen in den vergangenen Jahren als wichtig angegeben haben und die Innovationsaktivitäten be- oder verhindert haben. Eine Ausweitung der Innovationsaktivitäten wurde definiert als eine deutliche Erhöhung der Innovationsaufwendungen von bereits im Jahr 2003 innovationsaktiven Unternehmen bzw. als die Aufnahme von Innovationsaktivitäten im Fall jener Unternehmen, die 2003 keine Innovationsprojekte durchgeführt hatten.

Zunächst ist zu beachten, dass nur für einen Teil der Unternehmen Veränderungen in den Rahmenbedingungen einen Einfluss auf ihre Entscheidung haben, die Innovationsaktivitäten auszuweiten. Die Mehrzahl der KMU hatte sich im Frühjahr 2004 bereits unabhängig von solchen Veränderungen darauf festgelegt, in 2004 und 2005 entweder mehr Ressourcen für Innovationsprojekte bereitzustellen oder auf eine solche Ausweitung zu verzichten: Jedes zweite Hightech-Startups wird unabhängig von möglichen Veränderungen in den Rahmenbedingungen für Innovationen seine Aufwendungen ausweiten, bei den FuE-Dienstleistern und den forschenden KMU liegt dieser Anteil bei etwa 45 %, bei den innovierenden KMU ohne FuE bei 40 % und bei nicht innovierenden KMU bei knapp 25 % (Abbildung 58). Spiegelbildlich ist die Reihenfolge beim Anteil der Unternehmen, die unabhängig vom Umfeld ihre Innovationsaufwendungen sicher nicht erhöhen werden: 15 % der Hightech-Startups, knapp 20 % der FuE-Dienstleister, gut ein Viertel der forschenden KMU, knapp 30 % der innovierenden KMU ohne FuE und über 40 % der nicht innovierenden KMU zählen zu dieser Gruppe.

Abbildung 58: Abhängigkeit der Ausweitung von Innovationsaktivitäten in 2004 und 2005 von Veränderungen in den Rahmenbedingungen nach KMU-Gruppen in Deutschland (verarbeitendes Gewerbe und wissensintensive Dienstleistungen, in %)

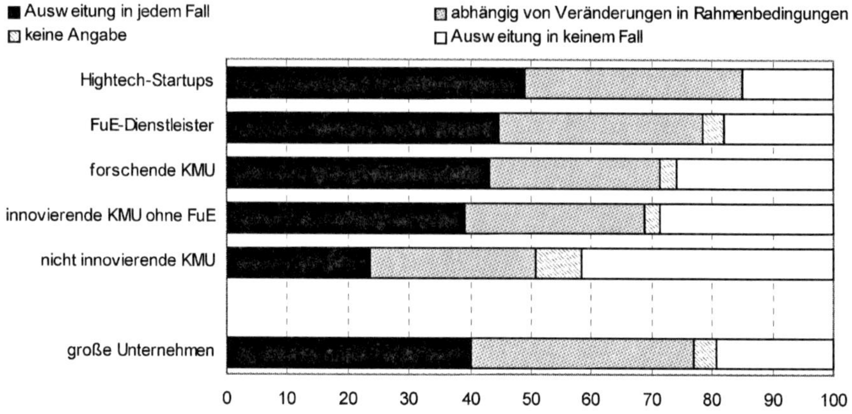

Einschätzung der Unternehmen im Frühjahr 2004.
Quelle: Mannheimer Innovationspanel – Berechnungen des ZEW. Mittelwerte der Nettostichprobe.

Somit bleiben je nach KMU-Gruppe zumindest zwischen 27 % (nicht innovierende KMU) und 36 % (Hightech-Startups) an Unternehmen, die potenziell auf Veränderungen in den Rahmenbedingungen für Innovationen reagieren würden.[18] Insgesamt kann die Zahl der KMU in Deutschland (in den Sektoren des verarbeitenden Gewerbes und der wissensintensiven Dienstleistungen), die im Frühjahr 2004 durch Maßnahmen, die die Rahmenbedingungen für Innovationsaktivitäten merklich ändern würden, in ihren Innovationsentscheidungen beeinflussbar waren, auf rund 40.000 (= knapp 30 % der KMU in diesen Sektoren) geschätzt werden. Drei Viertel davon sind Unternehmen, die den KMU-Gruppen der nicht innovierenden KMU und der innovierenden KMU ohne FuE angehören (und zwar bei jeweils in etwa gleichen absoluten Zahlen). Hier wirken sich Maßnahmen zur Verbesserung des Innovationsumfelds in erster Linie auf die Innovationsbeteiligung aus. Bei einem Viertel der Unternehmen handelt es sich um kontinuierlich forschende KMU, hier bewirken Verbesserungen eine Intensivierung bzw. inhaltliche Verbreiterung der Innovationsanstrengungen, was sich mittelfristig vor allem im Innovationserfolg mit originären Innovationen bemerkbar machen sollte.

Bei den aus Sicht der Unternehmen notwendigen Veränderungen für eine Ausweitung der Innovationsaktivitäten zeigt sich eine klare Hierarchie (Abbildung 59) bei insgesamt wenig Unterschieden zwischen den fünf KMU-Gruppen in der Rangfolge der einzelnen Faktoren (Abbildung 60):

18 Hinzu kommen noch Unternehmen, die nicht in der Lage waren, eine Einschätzung abzugeben.

Abbildung 59: Notwendige Veränderungen in den Rahmenbedingungen für die Ausweitung von Innovationsaktivitäten 2004 und 2005 nach KMU-Gruppen in Deutschland (verarbeitendes Gewerbe und wissensintensive Dienstleistungen, in %)

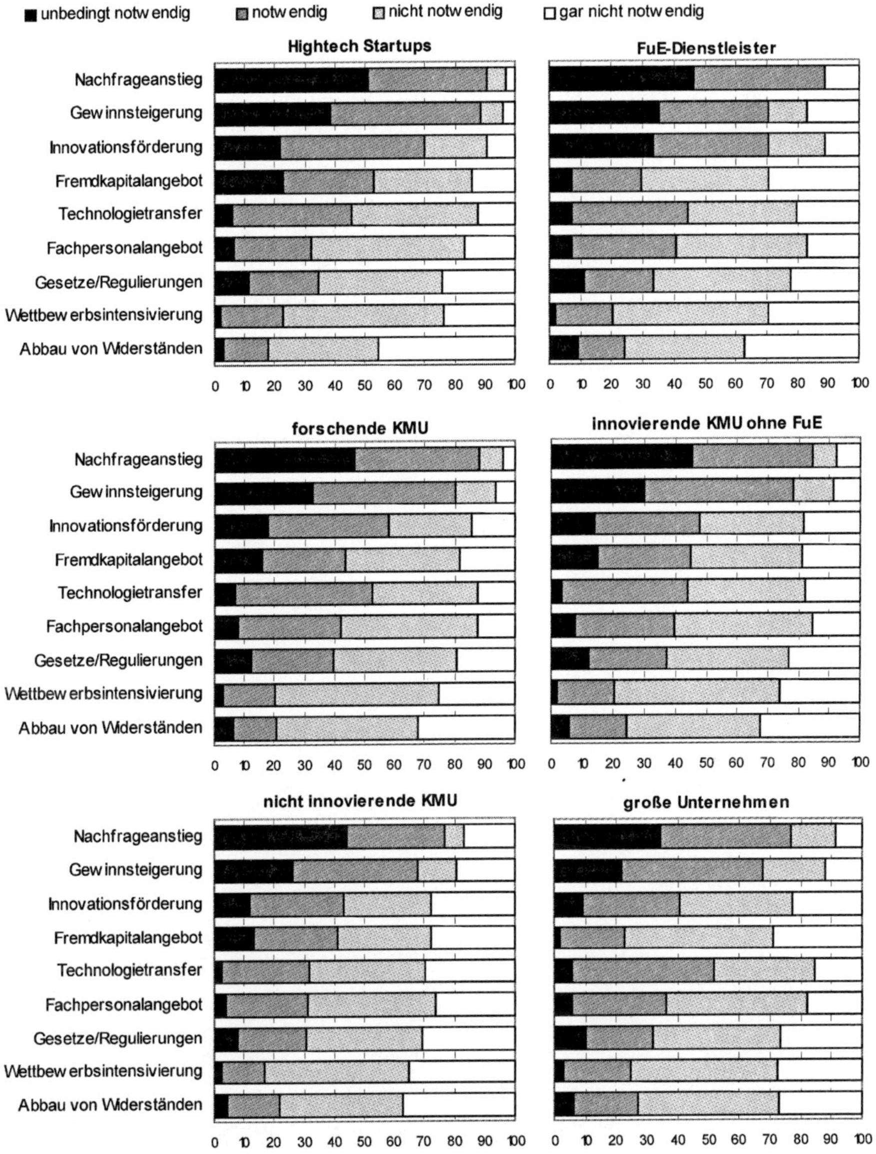

Einschätzung der Bedeutung der angeführten Faktoren für die Ausweitung bzw. Aufnahme von Innovationsaktivitäten in den Jahren 2004 und 2005, Befragung der Unternehmen vom Frühjahr 2004. Zu den Formulierungen für die einzelnen Faktoren vgl. Abbildung 60.
Quelle: Mannheimer Innovationspanel – Berechnungen des ZEW. Mittelwerte der Nettostichprobe.

Der am wichtigsten erachtete Faktor für eine Ausweitung der Innovationsaktivitäten ist in jeder der fünf KMU-Gruppen die *„kräftige Zunahme der Nachfrage im Absatzmarkt"*. Etwa 90 % der Hightech-Startups, der FuE-Dienstleister und der forschenden KMU nennen einen Nachfrageanstieg als notwendig oder unbedingt notwendig, sollen die Innovationsanstrengungen in den Jahren 2004 und 2005 ausgeweitet werden. Bei den innovierenden KMU ohne FuE sind es rund 85 %, und bei den nicht innovierenden KMU immerhin noch fast 80 %. Nach drei Jahren wirtschaftlicher Stagnation in Deutschland bei gleichzeitig überwiegender Inlandsmarktorientierung der KMU ist die hohe Bedeutung dieses Faktors nicht verwunderlich.

Die *„deutliche Erhöhung des Gewinns/Cashflows des Unternehmens"* wird ebenfalls von einer sehr großen Zahl an KMU als eine Voraussetzung für mehr Innovationsaktivitäten genannt. Besonders hoch ist der Anteil der KMU, die diesen Faktor nennen, wiederum in der Gruppe der Hightech-Startups (90 %), gefolgt von den forschenden KMU und den innovierenden KMU ohne FuE (rund 80 %). Von den FuE-Dienstleistern melden gut 70 % eine Verbesserung der Innenfinanzierungsmöglichkeiten als einen entscheidenden Faktor für die Intensivierung von Innovationsaktivitäten, und gut zwei Drittel der nicht innovierenden KMU geben diesen Faktor als notwendig für eine Aufnahme von Innovationsprojekten an.

Die *staatliche Innovationsförderung* als ein Faktor, der zur Ausweitung von Innovationsaktivitäten beitragen kann, unterscheidet sich hinsichtlich ihrer Bedeutung nach den fünf KMU-Gruppen stärker als die beiden zuerst angeführten Faktoren: Vor allem Hightech-Startups und FuE-Dienstleister (jeweils 70 %) führen diesen Faktor an, während knapp 60 % der forschenden KMU, knapp 50 % der innovierenden KMU ohne FuE und gut 40 % der nicht innovierenden KMU in der deutlichen Ausweitung der staatlichen Innovationsförderung eine wichtige Voraussetzung für mehr Innovationen sehen. Dieses Bild stimmt in hohem Maße mit der Ausrichtung der Innovationsaktivitäten und der Hemmnisstruktur der KMU-Gruppen überein. Denn aufgrund der hohen technologischen Unsicherheit, der Konzentration auf originäre Innovationen, des hohen Finanzierungsbedarfs für FuE-Projekte und der hohen potenziellen Spillovers sind vor allem Hightech-Startups auf eine staatliche Finanzierungsunterstützung angewiesen. Bei FuE-Dienstleistern verwundert der hohe Anteil allerdings, da für diese Gruppe unterstellt werden kann, dass aufgrund der Spezialisierung auf bestimmte Technologien und Marktsegmente die Unsicherheit über die Innovationsergebnisse nicht so groß sein sollte, und die Finanzierungsfrage wegen der Erbringung der FuE-Leistungen im Auftrag anderer Unternehmen nicht so drängend. Allerdings sehen wohl viele FuE-Dienstleister in der staatlichen Innovationsförderung eine Möglichkeit, bei geringer Marktnachfrage nach FuE-Dienstleistungen alternative Finanzierungsquellen zu erschließen. Auch spielt für diese KMU-Gruppe der Staat als Auftraggeber von FuE-Projekten eine wichtige Rolle. So weist diese Gruppe auch den höchsten Anteil von staatlichen Mitteln an der Finanzierung der gesamten FuE-Aufwendungen auf (vgl. auch Abbildung 47).

Abbildung 60: Notwendige Veränderungen in den Rahmenbedingungen für die Ausweitung von Innovationsaktivitäten 2004 und 2005: Faktoren differenziert nach KMU-Gruppen (verarbeitendes Gewerbe und wissensintensive Dienstleistungen Deutschlands, in %)

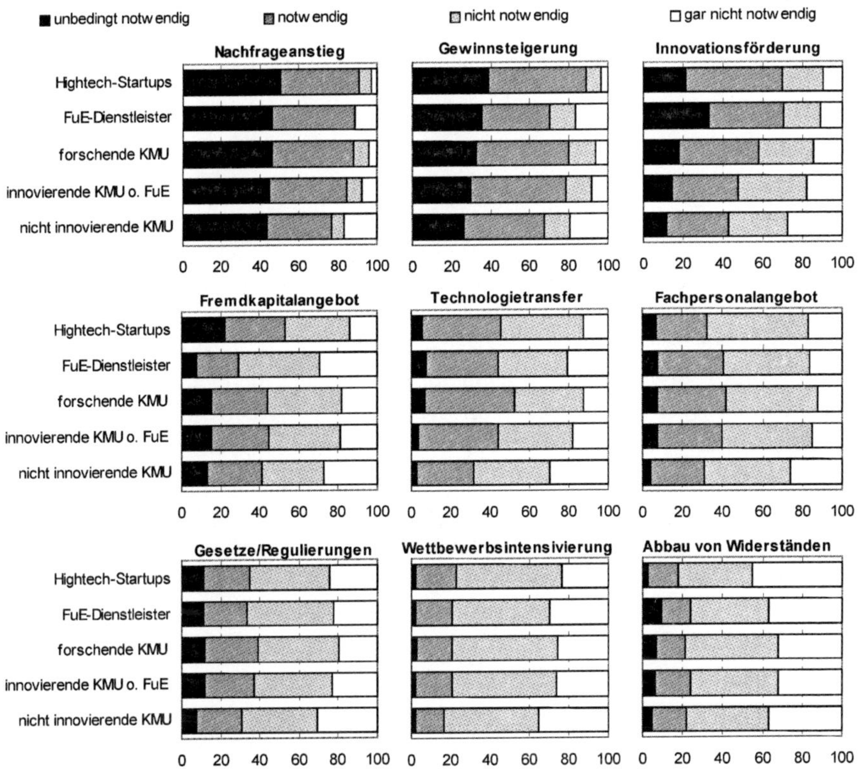

Einschätzung der Bedeutung der angeführten Faktoren für die Ausweitung bzw. Aufnahme von Innovationsaktivitäten in den Jahren 2004 und 2005, Befragung der Unternehmen vom Frühjahr 2004.
Die Formulierung zu den einzelnen Faktoren lautete: Nachfrageanstieg: „Kräftige Zunahme der Nachfrage in Ihrem Absatzmarkt“; Gewinnsteigerung: „Deutliche Erhöhung des Gewinns/Cashflows Ihres Unternehmens“; Innovationsförderung: „Deutliche Ausweitung der staatlichen Innovationsförderung für Unternehmen“; Fremdkapitalangebot: „Deutliche Verbesserung bei Angebot und Zinsen für Fremdkapital“; Technologietransfer: „Verbesserung des Wissens- und Technologietransfers mit der Wissenschaft“; Fachpersonalangebot: „Deutlich besseres und größeres Angebot an Fachpersonal“; Gesetze/Regulierungen: „Beseitigung konkreter rechtlicher Hemmnisse für Innovationen“; Wettbewerbsintensivierung: „Intensiverer Wettbewerb in Ihrem Absatzmarkt“; Abbau von Widerständen: „Abbau von unternehmensinternen Widerständen gegen Innovationsvorhaben“.
Quelle: Mannheimer Innovationspanel – Berechnungen des ZEW. Mittelwerte der Nettostichprobe.

Die *Verbesserung des Fremdkapitalangebots* (einschließlich des Zinsniveaus für Kredite) folgt als viertwichtigster Faktor erst mit deutlichem Abstand. Überraschenderweise – und vermutlich geleitet vom Wunsch nach einer „billigen“ Finanzierung – nennen Hightech-Startups diese Rahmenbedingung am häufigsten (über 50 % erachten sie als notwendig), obwohl für diese KMU-Gruppe angenommen werden kann, dass eine Kreditfinanzierung ein in der Regel wenig geeignetes Finanzierungsinstrument ist, da Hightech-Startups sehr risikoreiche Projekte verfolgen und kaum Sicherheiten anzubieten haben. In den Gruppen der forschenden KMU, der innovierenden KMU ohne FuE und der nicht innovierenden KMU sehen jeweils zwischen 40 und 45 % der Unternehmen in der Verbesserung des Fremdkapitalangebots eine notwendige Voraussetzung für eine Intensivierung ihrer Innovationsaktivitäten. Demgegenüber nennt nur ein Drittel der FuE-Dienstleister diesen Faktor als eine notwendige Veränderung, um mehr Mittel für Innovationsprojekte bereitzustellen.

Mit der FuE-Intensität der KMU-Gruppen steigt die Bedeutung des *Wissens- und Technologietransfers mit der Wissenschaft* für Innovationsaktivitäten tendenziell an. Dementsprechend nennen forschende KMU eine Verbesserung dieser Rahmenbedingung am häufigsten, gefolgt von Hightech-Startups und FuE-Dienstleistern. Knapp jedes zweite Unternehmen in diesen KMU-Gruppen betrachtet die Verbesserung des Wissens- und Technolgietransfers als notwendig für mehr Innovationen. Aber auch ein hoher Anteil der innovierenden KMU ohne FuE (über 40 %) nennt diesen Faktor. Der Anteil der KMU, die besonders stark Verbesserungen in diesem Bereich fordern – indem sie die entsprechende Veränderung als unbedingt notwendig angeben – ist bei diesem Faktor sehr gering, was dahingehend interpretiert werden kann, dass hier weniger stark ein akuter Handlungsbedarf gesehen wird als bei den zuvor genannten Faktoren.

Ein deutlich besseres und größeres *Angebot an Fachpersonal* sowie die *Beseitigung konkreter rechtlicher Hemmnisse* nennen in jeder KMU-Gruppe rund ein Drittel bis 40 % der Unternehmen als notwendig für mehr Innovationen. Während nur ein sehr kleiner Teil der KMU Verbesserungen im Fachpersonalangebot als unbedingt notwendig erachtet, ist der Anteil der Unternehmen, die Anpassungen im rechtlichen Rahmen als unbedingt notwendige Voraussetzung für mehr Innovationen nennen, vergleichsweise hoch. Durch Gesetze und Regulierungen sieht sich somit zwar ein kleiner, mit über 10 % jedoch nicht zu vernachlässigender Teil der KMU in seinen Innovationsaktivitäten behindert und fordert hier Veränderungen, wenn mehr Mittel für Innovationsprojekte bereitgestellt werden sollen. Zwischen den vier Gruppen von KMU, die erfolgreich in der Lage waren, Innovationen einzuführen, zeigt sich kein Unterschied in diesem Anteil. Lediglich die nicht innovierenden KMU nennen seltener eine Veränderung im rechtlichen Bereich als unbedingt notwendig.

Einen *intensiveren Wettbewerb im Absatzmarkt* und den *Abbau von unternehmensinternen Widerständen* gegen Innovationen führt nur eine kleine Minderheit der Unternehmen in jeder KMU-Gruppe als wichtigen Faktor an. Vor allem von einem intensiveren Wettbewerb verspricht sich nur eine verschwindend kleine Zahl von KMU verbesserte Voraussetzungen für Innovationen. Dies ist allerdings vor dem Hintergrund einer sehr verhaltenen Marktdynamik zu sehen, wodurch ein verschärfter Wettbewerb von den Unternehmen rasch als eine Gefährdung ihrer eigenen Marktposition interpretiert wird.

Die Einschätzung der Unternehmen zur Bedeutung der einzelnen Faktoren wird durch verschiedene Bestimmungsgrößen beeinflusst, wobei sich gerade in Bezug auf die für die Zuordnung eines Unternehmens zu einer KMU-Gruppe relevanten Variablen einige auffällige Zusammenhänge zeigen (Tabelle 17):

Die *finanzierungsseitigen Faktoren* (Gewinnausweitung, staatliche Förderung, Fremdkapitalangebot) werden durchweg von kleineren Unternehmen als wichtiger eingeschätzt als von großen. Der Effekt der Unternehmensgröße ist bei der Bedeutung der Verbesserung des Fremdkapitalzugangs am größten und bei der Bedeutung der Gewinnerhöhung am niedrigsten, gleichwohl stets hoch signifikant negativ. Eine Verbesserung des Fremdkapitalangebots und eine Ausweitung der staatlichen Innovationsförderung wird außerdem von jungen Unternehmen stärker gefordert als von alten. Durchweg sehen Produktinnovatoren sowie Unternehmen aus Ostdeutschland finanzierungsseitige Verbesserungen als besonders wichtig für eine Ausweitung der Innovationsaktivitäten an. Die Ausweitung der staatlichen Förderung und ein größeres und günstigeres Kreditangebot ist außerdem für Unternehmen, die im Jahr 2003 zwar Innovationsprojekte durchgeführt haben, jedoch noch keine neuen Produkte oder Prozesse erfolgreich einführen konnten, von besonderer Bedeutung. Hier scheinen Probleme in der Weiterfinanzierung von bereits begonnenen Vorhaben zu bestehen.

Die Ausweitung der *staatlichen Innovationsförderung* wird darüber hinaus von Unternehmen mit einer hohen Innovationsintensität sowie von kontinuierlich forschenden Unternehmen genannt. Dies zeigt die hohe Bedeutung dieser Rahmenbedingung für die KMU-Gruppen der Hightech-Startups und der FuE-Dienstleister an. Eine Verbesserung des *Fremdkapitalzugangs* fordern insbesondere Unternehmen mit einer niedrigen Akademikerquote.

Eine kräftige *Zunahme der Nachfrage* wird vor allem von kleinen Unternehmen, von kontinuierlich forschenden sowie von Produktinnovatoren und Unternehmen mit laufenden, jedoch noch nicht erfolgreich abgeschlossenen Innovationsaktivitäten als Voraussetzung für mehr Innovationen betrachtet.

Für alle nicht finanzierungs- und nachfrageseitigen Faktoren gilt, dass sie von kleinen Unternehmen eher als wichtig angeführt werden als von großen. Dies betrifft sowohl die Verbesserung des *Technologietransfers* mit der Wissenschaft und das *Fachkräfteangebot* als auch die *Beseitigung von rechtlichen Hemmnissen*, den *Abbau von internen Widerständen* sowie der *Intensivierung des Wettbewerbs*. Dies zeigt klar, dass sich kleine Unternehmen in ihren Innovationsbemühungen vor allem Finanzierungsrestriktionen gegenübersehen (wobei angenommen wird, dass ein starkes Nachfragewachstum sich ebenfalls unmittelbar positiv auf die Finanzierungssituation auswirkt), während für große Unternehmen der rechtliche, institutionelle und soziale Rahmen, in dem ihre Innovationsaktivitäten stattfinden, von vergleichsweise größerer Bedeutung ist.

Beim *Fachkräftemangel* zeigt sich, dass er von Unternehmen mit etwa 250 Beschäftigten am stärksten als ein Hindernis wahrgenommen wird und diese Unternehmen am stärksten in ihrer Innovationsentscheidung auf ein verbessertes Fachkräfteangebot reagieren würden. Auch nennen Unternehmen, die einen hohen Anteil an Akademikern unter ihren Beschäftigten aufweisen, Verbesserungen in diesem Bereich überdurchschnittlich häufig als notwendig für eine Steigerung der Innovationsaufwendungen. Dies deutet darauf hin, dass unter der aktuell niedrigen Arbeitsnachfrage in Deutschland der Fachkräftemangel nicht in die Breite wirkt, sehr humankapitalintensive Unternehmen jedoch Knappheiten spüren oder zumindest solche für die nähere Zukunft erwarten. Beim Faktor „Verbesserung des Fachkräfteangebots" ist der Einfluss der Unternehmensgröße im Übrigen besonders stark, d.h. dies ist vor allem für größere Unternehmen eine wichtige Voraussetzung für gesteigerte Innovationsaktivitäten.

Tabelle 17: Einflussfaktoren der Einschätzung von Unternehmen zu den notwendigen Veränderungen für die Ausweitung von Innovationsaktivitäten 2004/05: Marginale Effekte von Probit-Modellen (verarbeitendes Gewerbe und wissensintensive Dienstleistungen Deutschlands)

	Notwendige Veränderungen für die Ausweitung von Innovationsaktivitäten								
	Nachfrage	*Gewinn*	*Förderung*	*Fremdkapital*	*Tech.-transfer*	*Fachkräfte*	*Gesetze*	*Wettbewerb*	*Widerstand*
ln(Beschäftigtenzahl)	**-0,015**	**-0,012**	**-0,027**	**-0,058**	**0,020**	**0,083**	*0,105*	**0,017**	**0,012**
ln(Beschäftigtenzahl)^2	-	-	-	-	-	**-0,008**	**-0,028**	-	-
ln(Beschäftigtenzahl)^3	-	-	-		-	-	**0,002**	-	-
ln(Alter)	n.s.	n.s.	*-0,025*	**-0,027**	n.s.	n.s.	n.s.	*-0,017*	**0,089**
ln(Alter)^2	-	-	-	-	-	-	-	-	**-0,014**
Innovationsintensität	n.s.	n.s.	*0,108*	n.s.	**-0,358**	n.s.	n.s.	n.s.	*-0,328*
Innovationsintensität^2	-	-	-	-	*0,148*	-	-	-	*0,586*
Innovationsintensität^3	-	-	-	-	-	-	-	-	*-0,216*
kontinuierliche FuE	*0,044*	n.s.	**0,102**	n.s.	**0,069**	n.s.	n.s.	n.s.	*-0,046*
gelegentliche FuE	n.s.	n.s.	n.s.	n.s.	*0,063*	n.s.	n.s.	n.s.	n.s.
Produktinnovator	**0,063**	**0,074**	**0,066**	**0,067**	**0,074**	0,061	**0,066**	n.s.	n.s.
Prozessinnovator	n.s.	n.s.	n.s.	n.s.	**0,081**	0,038	**0,070**	n.s.	*0,032*
nicht erfolgrr Innov.-akt.	0,063	n.s.	**0,097**	**0,106**	**0,127**	n.s.	**0,111**	n.s.	n.s.
Exporttätigkeit	n.s.	n.s.	n.s.	n.s.	n.s.	n.s.	n.s.	*0,037*	n.s.
Akademikeranteil	n.s.	n.s.	n.s.	**-0,213**	n.s.	*0,097*	n.s.	n.s.	n.s.
Ostdeutschland	n.s.	**0,063**	**0,136**	**0,050**	*0,042*	n.s.	n.s.	**0,059**	**-0,038**
Wendepunkt(e) Beschäftigtenzahl	-	-	-	-	-	256	12 / 1.544	-	-
Wendepunkt Alter (Jahre)	-	-	-	-	-	-	-	-	23
Wendepunkt(e) Innovationsintensität (%)	-	-	-	-	3,3	-	-	-	1,4 / 4,3

Abhängige Variable: Einschätzung der Bedeutung des jeweiligen Faktors als unbedingt notwendig oder notwendig. In den Modellen sind außerdem Indikatorvariablen für die Branchenzugehörigkeit der Unternehmen berücksichtigt. Fett gedruckte Werte sind signifikant auf dem 5-%-Niveau, kursiv gedruckte Werte auf dem 10-%-Niveau; n.s.: nicht signifikant. Zu den Formulierungen für die einzelnen Faktoren vgl. Abbildung 60.
Quelle: Mannheimer Innovationspanel – Berechnungen des ZEW.

Die *Verbesserung des Wissens- und Technologietransfers* mit der Wissenschaft wird zum einen von Unternehmen mit einer sehr niedrigen Innovationsintensität (inklusive Unternehmen ohne Innovationsaufwendungen) und von Unternehmen mit einer hohen Intensität als eine Voraussetzung für die Ausweitung der Innovationsaktivitäten angesehen. Bei ersterer Gruppe kann vermutet werden, dass es sich vor allem um Unternehmen handelt, die den Einstieg in Innovationstätigkeit suchen bzw. von niedrigem Niveau aus mehr in Innovationsprojekte investieren möchten. Dabei stoßen sie möglicherweise auf Defizite im technologischen Know-how, in der Organisation von Innovationsprozessen und im Zugang zu relevantem Wissen. In einer solchen Situation ist es nicht unwahrscheinlich, dass von einer Kooperation mit wissenschaftlichen Einrichtungen ein Abbau dieser Defizite erwartet wird. Vor allem sehr kleine Unternehmen könnten hier eine „Bringschuld" der wissenschaftlichen Einrichtungen sehen und daher eine Verbesserung des Transfers fordern. Ein verbesserter Wissens- und Technologietransfer ist ansonsten primär für die sehr innovationsintensiv tätigen Unternehmen, die kontinuierlich forschen und die bereits erfolgreich innovieren, von größerer Bedeutung, um die eigenen Innovationsaktivitäten auszuweiten. Dies bestätigt, dass auf Seiten der Unternehmen bestimmte Ressourcen und Fähigkeiten – insbesondere eine eigene FuE-Tätigkeit – vorhanden sein müssen, damit Wissen und Technologie aus der Wissenschaft überhaupt sinnvoll genutzt werden können. Weitere Analysen zeigen, dass vor allem Unternehmen, die bereits mit Hochschulen kooperiert haben (für Kooperationen mit außeruniversitären Einrichtungen ist ein solcher Effekt nicht zu beobachten), eine Verbesserung des Transfers fordern. Die Wahrscheinlichkeit, dass ein verbesserter Technologietransfer als notwendig eingeschätzt wird, steigt für diese Unternehmen um 31 %. Sie sind offenbar mit der Zusammenarbeit mit der Wissenschaft, wie sie sie erlebt haben, nicht zufrieden und sehen wesentlichen Verbesserungsbedarf. Unternehmen aus Ostdeutschland nennen diesen Faktor im Übrigen etwas häufiger als Unternehmen aus Westdeutschland.

Die *Beseitigung von konkreten rechtlichen Hemmnissen* wird einerseits von sehr kleinen und von großen Unternehmen häufig als wichtige Voraussetzung für eine Ausweitung der Innovationsaktivitäten genannt. Von den kleinen Unternehmen nennen diejenigen mit gut 10 Beschäftigten diesen Punkt am häufigsten. Dahinter dürften zum einen Unternehmensgründungen stehen, die sich in den ersten Jahren der Unternehmensexistenz dem Erfordernis gegenübersehen, mit einer Vielzahl von Regulierungen und Verwaltungsverfahren umgehen zu müssen, die sie vermutlich als Behinderung ihrer Unternehmensaktivität, einschließlich ihrer Innovationsaktivitäten, wahrnehmen. Zweitens fallen in diese Gruppe aber auch die Hightech-Startups, die oftmals in neuen Technologiefeldern forschen und entwickeln, in denen durch Regulierungen oder andere administrative Maßnahmen die Richtung der technologischen Forschung eingegrenzt ist. Drittens gilt schließlich für sehr kleine Unternehmen generell, dass rechtliche Beschränkungen und die Erfüllung von Vorschriften stärker ins Gewicht fallen als in größeren Unternehmen, da die Befassung mit ihnen einen bedeutenden Teil der insgesamt geringen Ressourcen des Unternehmens binden kann. Diese Ressourcen – d.h. die Arbeitszeit der Unternehmenseigentümer und der leitenden Angestellten – fehlen dann für innovative Tätigkeiten.

Die *Intensivierung des Wettbewerbs* als eine Voraussetzung für die Ausweitung von Innovationsaktivitäten wird von jungen Unternehmen, von Unternehmen in Ostdeutschland, von exportierenden Unternehmen und von großen Unternehmen eher genannt. Insgesamt spielt dieser Faktor jedoch aktuell kaum eine Rolle für die Steigerung der Innovationstätigkeit in Deutschland, zumindest nicht in der Breite und über alle Sektoren hinweg. Dass junge, ostdeutsche und exportierende Unternehmen diesen Faktor häufiger anführen, verweist in erster Linie auf die schlechtere Marktposition dieser Unternehmen, die unter anderem aus Reputationsnachteilen resultiert. Diese gelten für junge Unternehmen generell sowie für exportierende Unternehmen in den Auslandsmärkten.

Der *Abbau interner Widerstände gegen Innovationen* als Voraussetzung für mehr Innovationen in den Unternehmen ist für größere Unternehmen, für Unternehmen im „mittleren Alter" (mit dem stärksten Effekt bei 20-25 Jahre alten Unternehmen) und für Prozessinnovatoren überdurchschnittlich wichtig, wenn es um eine Ausweitung der Innovationsaktivitäten geht. Demgegenüber sehen kontinuierlich forschende Unternehmen sowie Unternehmen aus Ostdeutschland diesen Faktor deutlich seltener als ein Problem für eine intensivierte Innovationstätigkeit an. Unternehmen ohne Innovationsaufwendungen sowie solche mit einer mittleren Innovationsintensität von etwa 4-5 % nennen diesen Faktor häufiger, während er ansonsten mit steigender Innovationsintensität klar an Bedeutung verliert. Widerstände gegen Innovationsprojekte spielen insgesamt nahezu keine Rolle als Innovationshemmnis und werden auch nur von wenigen Unternehmen als eine wichtige Voraussetzung für eine Ausweitung von Innovationsaktivitäten genannt. Sie sind allerdings in Unternehmen, die noch keine Routine in Innovationsaktivitäten entwickeln konnten, sowie in Unternehmen, die sich im Übergang von einer niedrigen zu einer durchschnittlichen Innovationsintensität befinden, von etwas größerer Bedeutung. Dabei muss nicht unbedingt ein Widerstand in der Belegschaft gegen Innovationen ausschlaggebend für die Wahrnehmung von Widerständen sein, auch ein wenig effizientes Innovationsmanagement kann zu Ablehnungen innerhalb des Unternehmens gegen Innovationsprojekte führen.

5.2 Öffentliche Innovationsförderung

In diesem Abschnitt wird die Verbreitung von öffentlichen Innovationsförderungen in den einzelnen KMU-Gruppen untersucht. Ziel ist zum einen zu ermitteln, inwieweit die einzelnen KMU-Gruppen durch die bestehende FuE- und Innovationsförderung von Ländern, Bund und EU erfasst werden. Hierfür wird der Anteil der geförderten Unternehmen in den einzelnen KMU-Gruppen betrachtet. Zum anderen wird – soweit die verfügbaren Informationen dies erlauben – untersucht, welche konkreten Förderinstrumente die einzelnen KMU-Gruppen vorrangig in Anspruch nehmen und auf welche KMU-Gruppen die verschiedenen Förderinstrumente ausgerichtet sind. Eine Bewertung der Zielerreichung oder Effektivität der einzelnen Förderinstrumente ist nicht Gegenstand dieser Studie.

Den Ausgangspunkt der Analysen bildet die Angabe der Unternehmen zum Erhalt einer öffentlichen finanziellen Innovationsförderung, die regelmäßig (in der Regel zweijährlich) im MIP erhoben wird. Wie alle Fragen zu Innovationsaktivitäten bezieht sich auch diese Frage auf einen dreijährigen Referenzzeitraum. Bei der Interpretation der Ergebnisse ist darauf zu achten, dass es sich um eine Selbstauskunft der Unternehmen handelt, die Gegenstand verschiedener Fehlerquellen sein kann. So können dem Antwortenden unter Umständen keine vollständigen Informationen über den Erhalt von Förderungen vorliegen, insbesondere wenn die Förderungen weiter zurückliegende Jahre betreffen. Auch ist zu beachten, dass insbesondere kreditbasierte Förderungen sehr häufig über die Hausbank abgewickelt werden und der Umstand der Förderung des Kredites dem Antwortenden weniger präsent ist. Die Zuordnung einer erhaltenen Förderung zu Fördermittelgebern kann insbesondere dann schwierig sein, wenn sie über Projektträger abgewickelt wurde. Hinzu kommt, dass die institutionelle Finanzierung mancher Förderprogramme – z.B. der Regionalförderung im Rahmen der EU-Strukturprogramme oder Förderungen im Rahmen der Gemeinschaftsaufgabe – in ihrer Komplexität den Unternehmen gar nicht bekannt ist. Insofern ist mit Unstimmigkeiten zwischen den Unternehmensangaben zur erhaltenen Innovationsförderung und den Angaben der Fördermittelgeber zu rechnen. Dies konnte auch in einer Studie zur öffentlichen Förderung von Innovationsaktivitäten in Deutschland gezeigt werden (vgl. Czarnitzki et al., 2002). Nicht ausgeschlossen werden kann, dass diese Fehlerquellen zu systematischen Verzerrungen bei den Antworten zum Erhalt von Innovationsförderungen führen. Dabei kann vermutet werden, dass bestimmte Förderinstrumente wie z.B. direkte Projektzuschüsse sowie Förderungen mit einem hohen administrativen Aufwand eher in das Blickfeld der Unternehmen bei der Beantwortung der Frage nach Erhalt öffentlicher Förderung rücken als Instrumente, die für Unternehmen weniger gut sichtbar sind, wie z.B. Garantie- oder Refinanzierungsinstrumente zur Stimulierung oder Verbilligung privater Finanzierungsangebote an Unternehmen.

Im Jahr 2003 erhielten – auf Basis der Eigenangaben der Unternehmen – 24 % der Unternehmen mit Innovationsaktivitäten im verarbeitenden Gewerbe und in den wissensintensiven Dienstleistungen Deutschlands eine finanzielle öffentliche Förderung für Innovationsprojekte im vorangegangenen Dreijahreszeitraum (Abbildung 61).[19] Den höchsten Anteil von geförderten Unternehmen weisen die

19 Bei den hier dargestellten Zahlen handelt es sich – im Unterschied zu den Zahlen in den vorangegangenen Abschnitten und Kapiteln – um hochgerechnete Werte. Öffentliche Innovationsförderung umfasst die Förderung durch Bund, Länder, EU, andere Staaten und andere internationale Organisationen, einschließlich der über Projektträger und beauftragte Einrichtungen abgewickelten Förderungen. Die Unternehmen konnten vorgegebene Antwortkategorien für die Fördermittelgeber ankreuzen, aber

Hightech-Startups auf, fast 80 % der Unternehmen in dieser Gruppe erhielten im Zeitraum 2001-2003 eine öffentliche Innovationsförderung. Unter den KMU-Gruppen folgen die FuE-Dienstleister mit einem Anteil geförderter Unternehmen in Höhe von 36 %, die forschenden KMU mit 29 %, die innovierenden KMU ohne FuE mit 16 % und die nicht innovierenden KMU – soweit sie Innovationsaktivitäten in Form von noch laufenden oder abgebrochenen Innovationsprojekten aufweisen – von 13 %.

Abbildung 61: Öffentliche Förderung von Innovationsaktivitäten nach KMU-Gruppen in Deutschland 1998-2000 und 2001-2003 (verarbeitendes Gewerbe und wissensintensive Dienstleistungen Deutschlands, in %)

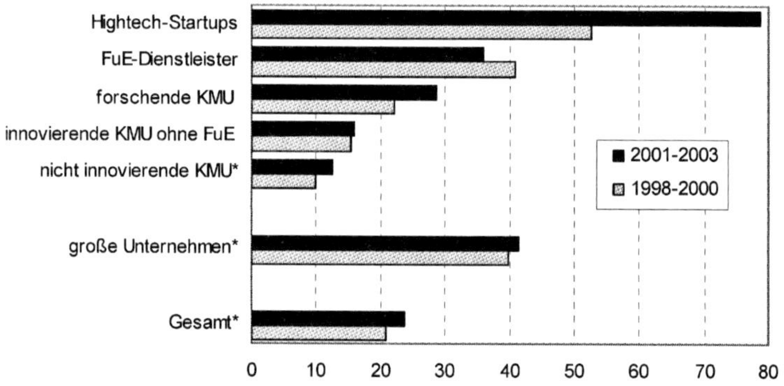

Anteil der Unternehmen, die innerhalb des Dreijahreszeitraums 1998-2000 bzw. 2001-2003 eine öffentliche finanzielle Förderung für FuE- bzw. Innovationsvorhaben erhalten haben.
* nur Unternehmen mit Innovationsaktivitäten (bei nicht innovierenden KMU: nur Unternehmen mit abgebrochenen oder noch laufenden Innovationsprojekten).
Quelle: Mannheimer Innovationspanel – Berechnungen des ZEW. Werte hochgerechnet auf die Grundgesamtheit der Unternehmen mit 5 und mehr Beschäftigten in den betrachteten Sektoren.

Gerechnet auf alle nicht innovierenden KMU liegt der Anteil der geförderten Unternehmen bei unter 2 %. In der Gruppe der großen Unternehmen liegt allerdings der Anteil der geförderten bei 42 % und damit noch höher als bei den FuE-Dienstleistern. Von 2000 auf 2003 gab es im grundsätzlichen Muster keine Veränderungen. Der starke Anstieg der Quote bei den Hightech-Startups ist vor dem Hintergrund einer rückläufigen Unternehmenszahl in dieser Gruppe zu sehen. Im Jahr 2000 umfasste die Gruppe der Hightech-Startups – als Folge der hohen Gründungszahlen in den forschungs- und wissensintensiven Wirtschaftszweigen im Zeitraum von 1996 bis 2000 – eine große Zahl an sehr kleinen Unternehmen, von denen nur ein kleiner Teil eine Innovationsförderung erhielt, wodurch die Quote der geförderten Unternehmen nach unten gedrückt wurde. Der Rückgang bei den FuE-Dienstleistern sollte angesichts der kleinen Unternehmenszahl und

auch in einem Textfeld freie Angaben machen, die später einer der vorgegebenen Kategorien oder der Kategorie „Sonstige" zugeordnet wurden.

der methodischen Einschränkungen in Bezug auf Hochrechnungen von Unternehmensgruppen, deren Merkmale nicht zu den Schichtungsmerkmalen der Stichprobe gehören, nicht überinterpretiert werden. Eine mögliche Ursache dieser Entwicklung – so sie tatsächlich stattgefunden hat und nicht methodisch bedingt ist bzw. innerhalb des statistischen Fehlerbereichs liegt – kann z.B. die verringerte Förderung von forschungsintensiven Unternehmen in Ostdeutschland im Zuge der Umstellung der FuE-Förderprogramme Ost sowie von ProInno ab 2001 sein.

Für alle anderen KMU-Gruppen sowie für die Großunternehmen ist eine leichte Zunahme des Anteils der innovativen Unternehmen, die eine öffentliche finanzielle Innovationsförderung erhalten haben, festzustellen. Bei den forschenden ist der Anstieg dieser Quote etwas deutlicher ausgeprägt und kann unter anderem auf die verstärkte Förderung von KMU in den Fachprogrammen des BMBF zurückgeführt werden (vgl. Fier et al., 2004).

Die Zusammensetzung nach Fördermittelgebern zeigt, dass sowohl der Bund als auch die Länder ähnlich bedeutend für die Innovationsförderung von KMU sind (Abbildung 62). Etwa 15 % der innovativen KMU erhielten im Zeitraum 2001-2003 von Seiten des Bundes eine finanzielle Unterstützung, 12 % der KMU nahmen eine Landesförderung in Anspruch. Ein Viertel der KMU gab an, sowohl von Bund als auch von den Ländern Innovationsfördermittel erhalten zu haben.

Abbildung 62: Öffentliche Förderung von Innovationsaktivitäten in KMU 1998-2000 und 2001-2003 nach Fördermittelgeber (verarbeitendes Gewerbe und wissensintensive Dienstleistungen Deutschlands, in %)

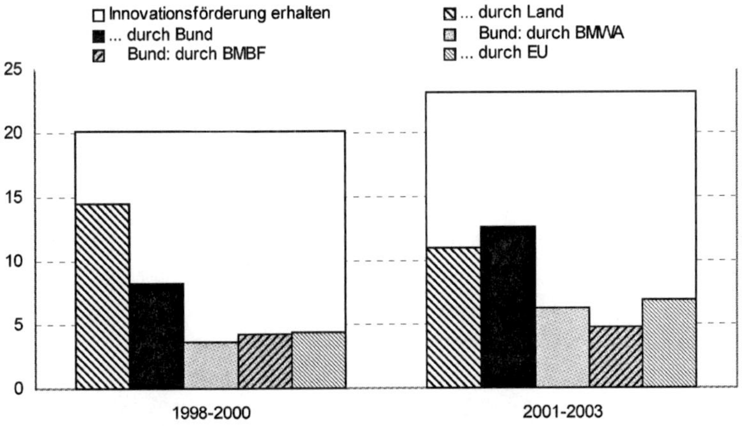

Anteil der Unternehmen, die innerhalb des Dreijahreszeitraum 1998-2000 bzw. 2001-2003 eine öffentliche finanzielle Förderung für FuE- bzw. Innovationsvorhaben erhalten haben.
Quelle: Mannheimer Innovationspanel – Berechnungen des ZEW. Werte hochgerechnet auf die Grundgesamtheit der Unternehmen mit 5 und mehr Beschäftigten in den betrachteten Sektoren.

Ebenfalls wichtig als Fördermittelgeber ist die Europäische Union, wobei dahinter in erster Linie die Rahmenprogramme für Forschung und technologische Entwicklung stehen, allerdings können auch Förderungen im Rahmen der EU-Strukturprogramme zur Angabe „Förderung durch die EU" geführt haben. Rund 15 % der Unternehmen, die den Erhalt einer EU-Innovationsförderung nennen, erhielten gleichzeitig eine Landesförderung, knapp 20 % wurden auch vom Bund gefördert. Insgesamt liegt der Anteil der Unternehmen, die von mehr als einer der drei institutionellen Ebenen im Zeitraum 2001-2003 gefördert wurden, bei 40 %.

Im Vergleich zwischen den beiden Perioden 1998-2000 und 2001-2003 fällt auf, dass der Anteil der Unternehmen mit einer Förderung durch Bund bzw. EU angestiegen ist, während der Anteil der von den Ländern geförderten Unternehmen gesunken ist. Innerhalb des Bundes nahm der Anteil der über das BMWA geförderten Unternehmen stärker zu.

Die einzelnen KMU-Gruppen unterscheiden sich merklich darin, von welchen institutionellen Ebenen sie die Innovationsförderung erhalten haben (Abbildung 63): Hightech-Startups erhielten überwiegend von Seiten des Bundes Innovationsförderung, wobei das BMWA und das BMBF die gleichen Anteile aufweisen. Sehr wichtig sind für Hightech-Startups auch Förderungen durch die EU, während der Anteil der Unternehmen, die Landesförderung für Innovationsprojekte erhalten haben, vergleichsweise niedrig ist.

Demgegenüber sind die Länder als Fördermittelgeber bei innovierenden KMU ohne FuE und bei nicht innovierenden KMU, die laufende oder abgebrochenen Innovationsprojekte aufweisen, etwas stärker vertreten als der Bund. Für FuE-Dienstleister ist die EU wichtigste Quelle für den Erhalt einer Innovationsförderung, gefolgt vom Bund (wobei hier insbesondere das BMWA die dominierende Rolle spielt). Forschende KMU erhalten durch den Bund etwas häufiger eine Förderung als durch die Länder. Somit ergibt sich ein recht klarer Zusammenhang zwischen der FuE-Orientierung der Unternehmen und den Fördermittelgebern: Je forschungsintensiver KMU tätig sind, desto höher ist der Anteil des Bundes und der EU als Förderinstitution, je weniger die Unternehmen auf FuE-Aktivitäten ausgerichtet sind, desto höher ist der Anteil der Länder. Für Innovationsprojekte großer Unternehmen spielt im Übrigen das BMBF die zentrale Rolle als fördernde Institution. Die EU hat für diese Gruppe eine geringe Bedeutung.

Zum anderen zeigt sich, dass die besonders forschungsintensiven KMU-Gruppen einen hohen Anteil an Unternehmen aufweisen, die von mehr als einer institutionellen Ebene Förderungen erhalten: Bei den FuE-Dienstleistern liegt dieser Anteil bei 75 %, bei den Hightech-Startups bei 60 %. Forschende KMU kommen auf etwa 40 %, während in den Gruppen der innovierenden KMU ohne FuE und der nicht innovierenden KMU etwa jedes vierte geförderte Unternehmen von mehr als einer institutionellen Ebene innerhalb eines Dreijahreszeitraums eine Innovationsförderung erhalten hatte.

Abbildung 63: Öffentliche Förderung von Innovationsaktivitäten in Deutschland im Zeitraum 2001-2003 nach Fördermittelgebern und nach KMU-Gruppen (verarbeitendes Gewerbe und wissensintensive Dienstleistungen, in %)

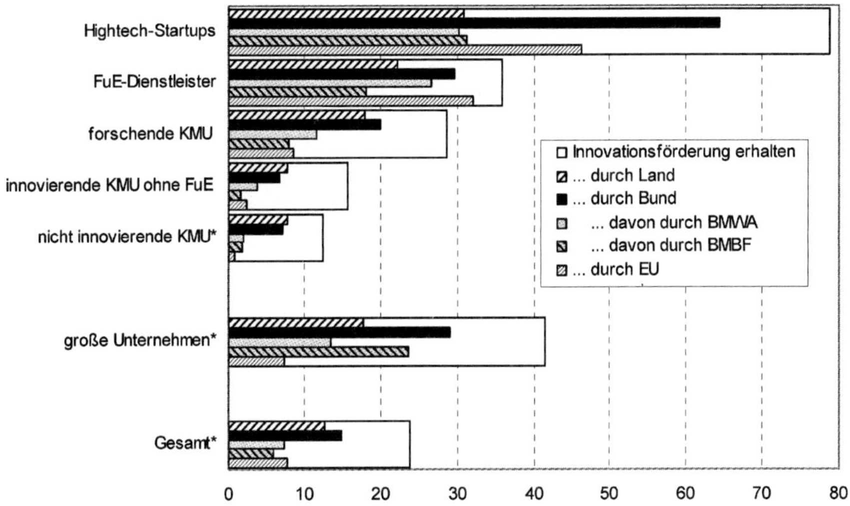

Anteil der Unternehmen, die im Zeitraum 2001-2003 eine öffentliche finanzielle Förderung für Innovationsvorhaben erhielten. Mehrfachnennungen der Fördermittelgeber möglich.
* nur Unternehmen mit Innovationsaktivitäten (bei nicht innovierenden KMU: nur Unternehmen mit abgebrochenen oder noch laufenden Innovationsprojekten).
Quelle: Mannheimer Innovationspanel – Berechnungen des ZEW. Werte hochgerechnet auf die Grundgesamtheit der Unternehmen mit 5 und mehr Beschäftigten in den betrachteten Sektoren.

Die Analyse der Zusammensetzung der von den einzelnen institutionellen Ebenen geförderten Unternehmen nach KMU-Gruppen und deren Veränderung zwischen den beiden Perioden 1998-2000 und 2001-2003 erbringt einige bemerkenswerte Ergebnisse (Abbildung 64). Zunächst zeigt Abbildung 64 nochmals deutlich, dass Hightech-Startups, forschende KMU und große Unternehmen überproportional häufig eine Förderung erhalten. Dies korrespondiert mit der allgemeinen Zielsetzung der Innovationsförderung in Deutschland wie auch in der EU, durch öffentliche Gelder für mit FuE-Projekten verbundene externe Effekte (Spillovers) und hohe Unsicherheiten zu kompensieren. Dementsprechend weisen die dahingehend in ihrer Innovationstätigkeit besonders exponierten Gruppen einen überdurchschnittlichen Anteil an allen geförderten Unternehmen auf – verglichen mit ihrem Anteil an allen Unternehmen mit Innovationsaktivitäten.

Hightech-Startups, für die dieses Argument ganz besonders gilt, machten 1998-2000 rund 15 % und 2001-2003 17 % der geförderten Unternehmen aus, während ihr Anteil an allen innovativen Unternehmen bei 6 % (2000) bzw. 5 % (2003) liegt. Während beim Bund – und hier insbesondere beim BMBF – der Anteil von Hightech-Startups innerhalb der geförderten Unternehmen stark anstieg (1998-2000: 11 %, 2001-2002: 22 %), ist dieser Anteil an den durch die Länder geförderten Unternehmen zurückgegangen (von 21 auf 12 %). Innerhalb der von der EU geförderten Unternehmen in Deutschland stellen Hightech-Startups mit einem Drittel gleichauf mit den forschenden KMU die größte KMU-Gruppe. Auch hier ist gegenüber 1998-2000 ein leichter Anstieg zu beobachten.

Abbildung 64: Verteilung der geförderten Unternehmen nach KMU-Gruppen für verschiedene Fördermittelgeber in der Innovationsförderung (verarbeitendes Gewerbe und wissensintensive Dienstleistungen Deutschlands, in %)

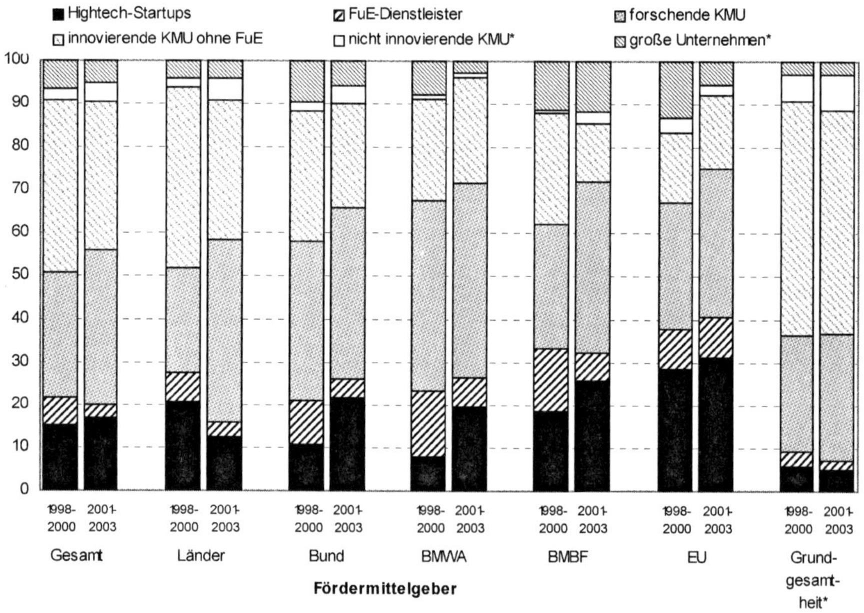

Anteil der Unternehmen, die im Zeitraum 1998-2000 bzw. 2001-2003 eine öffentliche finanzielle Förderung für Innovationsvorhaben erhielten. Mehrfachnennungen der Fördermittelgeber möglich.
* nur Unternehmen mit Innovationsaktivitäten (bei nicht innovierenden KMU: nur Unternehmen mit abgebrochenen oder noch laufenden Innovationsprojekten).
Quelle: Mannheimer Innovationspanel – Berechnungen des ZEW. Werte hochgerechnet auf die Grundgesamtheit der Unternehmen mit 5 und mehr Beschäftigten in den betrachteten Sektoren.

Forschende KMU werden nur leicht überproportional gefördert. Im Zeitraum 1998-2000 machten sie 29 % der geförderten und 27 % aller innovativen Unternehmen aus. In der Periode 2001-2003 stieg ihr Anteil an allen geförderten Unternehmen merklich auf 36 % an, ihr Anteil in der Grundgesamtheit wuchs auf 30 %. Ausschlaggebend hierfür war ihr steigender Anteil innerhalb der Innovationsförderung der Länder. Trotz einer rückläufigen Zahl an Unternehmen, die eine Innovationsförderung durch die Länder berichteten, stieg die Zahl der forschenden KMU, die aus Länderprogrammen eine Innovationsförderung erhielten, und damit ihr Anteil (von 24 auf 42 %). Innerhalb der Innovationsförderung des Bundes stieg der Anteil der forschenden KMU dagegen nur leicht (von 37 auf

40 %), wofür eine stärkere Ausrichtung des BMWA auf diese KMU-Gruppe verantwortlich war.

Für die Gruppe der *FuE-Dienstleister* ist ein überdurchschnittlicher Anteil an allen geförderten Unternehmen nur in der Periode 1998-2000, jedoch nicht mehr in der Periode 2001-2003 zu beobachten. In dieser KMU-Gruppe ist die Beurteilung des staatlichen Interventionsbedarfs schwierig: Konzentrieren sich diese Unternehmen tatsächlich nur auf die Durchführung von Auftragsforschung für Dritte, besteht wenig staatlicher Unterstützungsbedarf. Führen sie aber zumindest in einem größeren Umfang Gemeinschaftsforschungsprojekte (in denen sie selbst einen Teil des Risikos tragen) sowie Eigenforschung zur Weiterentwicklung ihrer technologischen Kompetenz durch, gilt für sie im Prinzip die gleiche Rechtfertigung staatlicher Intervention wie für andere forschungsintensive Unternehmen.

Der Anteil der *innovierenden KMU ohne FuE* an allen geförderten Unternehmen ging von 40 auf 34 % zurück und damit viel stärker als ihr Anteilsverlust unter allen innovativen Unternehmen (von 54 auf 52 %). Hierfür war insbesondere die Förderung durch die Länder und das BMWA ausschlaggebend: Beide Institutionen richteten die Förderung offenbar stärker auf kontinuierlich forschende Unternehmen aus. Der Anteil der ohne regelmäßige FuE-Aktivitäten neue Produkte oder Prozesse einführenden KMU sank innerhalb der Länderförderung von 42 % (1998-2000) auf 32 % (2001-2003) und im Bereich der BMWA-Förderung von 26 auf 14 %. Bei BMBF (25 %) und EU (17 %) blieb der Anteil dieser zahlenmäßig in Deutschland mit Abstand größten Gruppe von KMU mit Innovationsaktivitäten dagegen konstant.[20]

Somit ergeben sich für die einzelnen Förderinstitutionen sowohl entgegengesetzte als auch parallele Entwicklungen bei der Ausrichtung der Innovationsförderung nach KMU-Gruppen: Bund wie Länder ziehen sich aus der Förderung der größten Gruppe innovativer KMU – der innovierenden KMU ohne FuE – tendenziell zurück. Die *Länder* konzentrieren sich auf forschende KMU, während der *Bund* zusätzlich zu diesen vor allem einen deutlich größeren Anteil an Hightech-Startups fördert. Bei der Innovationsförderung der *EU* fällt der rückläufige und insgesamt recht niedrige Anteil der Großunternehmen auf. Möglicherweise verlieren EU-Projekte – eventuell auch wegen der hohen administrativen Kosten, die mit den zunehmend komplexer werdenden Projekten innerhalb der EU-Rahmenprogrammförderung einhergehen – an Attraktivität für große Unternehmen. Für die *BMBF*-Förderung ist zwischen 1998-2000 und 2001-2003 eine Ab-

20 Der Umstand, dass der Anteil der innovierenden KMU ohne FuE in der Summe aller Fördermittelgeber höher ist als für jede einzelne Förderinstitution liegt am sehr niedrigen Anteil der innovierenden KMU ohne FuE mit Förderungen von mehr als einer institutionellen Ebene. Demgegenüber erhalten Hightech-Startups, FuE-Dienstleister, forschende KMU und Großunternehmen häufig von mehreren Institutionen eine Innovationsförderung. Da für die Verteilung nach KMU-Gruppen nur gezählt wird, ob ein Unternehmen zumindest eine Innovationsförderung im betrachteten Zeitraum erhalten hat, sind innovierende KMU ohne FuE in der Gesamtsumme stärker vertreten als dies bei einer Betrachtung einer Gewichtung der Unternehmen mit der Zahl der erhaltenen Förderungen der Fall wäre.

nahme des Anteils großer Unternehmen und von FuE-Dienstleistern zugunsten von Hightech-Startups zu beobachten. Im Rahmen der *BMWA*-Förderung ging ebenfalls der Anteil der FuE-Dienstleister sowie außerdem der Anteil der innovierenden KMU ohne FuE zurück, während Hightech-Startups und forschende KMU ihre Anteile erhöhten.

Die unterschiedliche Wahrscheinlichkeit von KMU-Gruppen, von den einzelnen Förderinstitutionen eine öffentliche Innovationsförderung zu erhalten, spiegelt sich auch im Einfluss der für die Gruppenzuordnung maßgebenden Variablen Größe, Alter, Innovationsintensität, FuE-Tätigkeit und Innovationsausrichtung wider. Zur Untersuchung dieser Zusammenhänge werden nur Unternehmen mit Innovationsaktivitäten berücksichtigt, da Unternehmen, die keine Innovationsaktivitäten durchführen, per Definition nicht gleichzeitig eine Innovationsförderung erhalten können. Die Schätzergebnisse können wie folgt zusammengefasst werden (Tabelle 18):

Die Förderwahrscheinlichkeit steigt monoton mit der *Unternehmensgröße*.[21] Dies gilt für alle hier unterschiedenen institutionellen Fördermittelgeber. Besonders stark ist dieser Effekt bei einer Förderung durch das BMBF oder die Länder (Relation des marginalen Effekts zum Mittelwert der Förderwahrscheinlichkeit in der Stichprobe). Vergleichsweise gering ist er bei Förderungen durch das BMWA und die EU.

Neugründungen und *alte Unternehmen* haben bei fast allen Fördermittelgebern eine höhere Förderwahrscheinlichkeit. Der untere Wendepunkt liegt dabei bei 3-4 Jahren. Die höhere Förderwahrscheinlichkeit von Gründungen mag auch damit zusammenhängen, dass neu gegründete Unternehmen, die von Anfang an auf neue technologische Entwicklungen und einen Innovationswettbewerb gegenüber den älteren Unternehmen setzen, den Erhalt einer allgemeinen Gründungsförderung auch als eine Innovationsförderung interpretieren. Die Innovationsförderung durch das BMWA unterscheidet sich allerdings von diesem Muster: Hier haben Unternehmen mit einem Alter von 8 Jahren die höchste Wahrscheinlichkeit, eine Förderung zu erhalten. Dies kann an dem hohen Anteil der an ostdeutsche Unternehmen gehenden Förderungen liegen, die meist in der ersten Hälfte der 1990er Jahre gegründet wurden und zum Beobachtungszeitpunkt (2000 bis 2003) überwiegend ein Alter von etwa 7-10 Jahren hatten.

Der Einfluss der *Innovationsintensität* der Unternehmen ist schwierig zu interpretieren, da er hochgradig endogen ist: Denn der Erhalt einer Förderung soll ja gerade zu einer Ausweitung – d.h. kurzfristig auch zu einer Intensivierung – der Innovationsaktivitäten der Unternehmen beitragen. Da über die Höhe der erhaltenen Fördermittel keine Informationen vorliegen, ist es auch nicht möglich, eine

---

21 Zwar zeigt sich im Bereich der ganz kleinen Unternehmen (unter 10 Beschäftigte) für alle Fördermittelgeber außer dem BMBF ein nicht linearer Verlauf mit zwei Wendepunkten (Maximum bei 3, Minimum bei 6 Beschäftigten), der aber wegen der Nicht-Repräsentativität der MIP-Stichprobe im Bereich der Unternehmen mit weniger als 5 Beschäftigten nicht aussagekräftig ist.

um Fördermittel reduzierte Innovationsintensität zu berechnen. Die Ergebnisse zeigen jedenfalls einen nicht linearen Zusammenhang zwischen Förderwahrscheinlichkeit und Innovationsintensität, wobei bei allen Fördermittelgebern zumindest drei Wendepunkte signifikant sind. Meistens sind zudem im Bereich der sehr hohen Innovationsintensitäten (20 % und mehr) noch zwei weitere Wendepunkte statistisch signifikant, deren Interpretation inhaltlich wenig sinnvoll erscheint und die daher in Tabelle 18 nicht ausgewiesen sind. Interessant ist, dass für alle inländischen Förderinstitutionen gilt, dass Unternehmen mit einer Innovationsintensität von 1 bis 1,7 % mit einer höheren Wahrscheinlichkeit eine öffentliche Innovationsförderung aufweisen. Diese Wahrscheinlichkeit sinkt dann und erreicht im Fall von Förderungen durch die Länder bei etwa 3 % Innovationsintensität, im Fall von Bundesförderung bei 7 % ihr Minimum. Danach steigt die Förderwahrscheinlichkeit wieder an und erreicht bei 13 % (Länder) bzw. 17 % (Bund) ihr Maximum. Die Wendepunkte liegen im Fall von BMWA-Förderungen jeweils etwas niedriger als bei BMBF-Förderungen, d.h. letztere ist tendenziell auf innovationsintensivere Unternehmen ausgerichtet bzw. vermag durch ihre Förderung eine höhere Innovationsintensität der Unternehmen zu bewirken. Dies wird auch durch den insgesamt stärkeren Effekt der Innovationsintensität auf die Wahrscheinlichkeit, eine BMBF-Förderung zu erhalten, unterstrichen. Generell erhöht die Innovationsintensität die Förderwahrscheinlichkeit auf Bundesseite stärker als auf Länderseite. EU-Förderungen unterscheiden sich von nationalen Förderungen durch einen insgesamt niedrigen Effekt der Innovationsintensität sowie eine deutliche Verschiebung der einzelnen Wendepunkte nach links: Lokale Maxima der Förderung existieren bei einer Innovationsintensität von unter 1 % und von unter 6 %. Ob dieses Ergebnis daran liegt, dass FuE-Förderungen durch die EU auf weniger innovationsintensive Unternehmen abzielen oder dass die Förderbeträge bzw. die Hebelwirkung der Förderung wesentlich niedriger sind, kann im Rahmen dieser Untersuchung nicht gesagt werden.

Von der *FuE-Tätigkeit* geht selbstverständlich ein starker positiver Effekt auf die Förderwahrscheinlichkeit aus, da fast alle Innovationsförderprogramme die Durchführung von FuE im Unternehmen voraussetzen.[22] Interessant ist, dass der Effekt einer gelegentlichen FuE-Tätigkeit nur wenig schwächer als einer kontinuierlichen FuE-Tätigkeit ist, wenngleich er sich stets statistisch signifikant von letzterem unterscheidet. Dies bedeutet, dass auch Unternehmen, die in der Eigenwahrnehmung nicht regelmäßig FuE betreiben, beim Erhalt einer Innovationsförderung gegenüber regelmäßig forschenden nicht grundsätzlich benachteiligt sind. Eine Ursache für dieses Ergebnis könnte aber auch sein, dass durch die Förderung Unternehmen erst zum Einstieg in FuE-Aktivitäten animiert werden.

22 Eine Ausnahme wäre auf Länderseite z.B. das in vielen Ländern angebotene „Innovationsassistenten-Programm", dessen Erhalt nicht notwendigerweise an eine FuE-Tätigkeit des geförderten Unternehmens gebunden ist.

In einer ersten Phase würde die FuE-Tätigkeit innerhalb des Unternehmens dann noch nicht institutionalisiert (d.h. im Rahmen eigener Arbeitsgruppen bzw. Abteilungen oder zumindest durch eigens dafür abgestellte Mitarbeiter) durchgeführt, sondern einen Teil anderer Aktivitätsbereiche (z.B. der Produktion) darstellen und somit als „gelegentlich“ eingestuft werden.

Tabelle 18: Einflussfaktoren des Erhalts einer öffentlichen Innovationsförderung in innovativen Unternehmen in Deutschland: Marginale Effekte von Probit-Modellen (verarbeitendes Gewerbe und wissensintensive Dienstleistungen)

	insgesamt	*Länder*	*Bundesregierung*			*EU*
			gesamt	*BMBF*	*BMWA*	
ln(Beschäftigtenzahl)	**0,037**	**0,018**	**0,026**	**0,021**	**0,007**	**0,001**
ln(Alter)	**0,167**	**0,078**	**0,088**	*0,045*	**0,016**	**0,006**
$\ln(\text{Alter})^2$	**-0,115**	**-0,052**	**-0,069**	**-0,044**	**-0,004**	**-0,002**
$\ln(\text{Alter})^3$	**0,017**	**0,007**	**0,011**	**0,008**	-	**0,0004**
Innovationsintensität	**1,112**	**0,599**	**0,464**	**0,276**	**0,138**	**0,023**
$\text{Innovationsintensität}^2$	**-0,756**	**-0,411**	**-0,182**	**-0,119**	**-0,060**	**-0,020**
$\text{Innovationsintensität}^3$	**0,140**	**0,081**	**0,020**	**0,014**	**0,003**	**0,005**
$\text{Innovationsintensität}^4$	**-0,0052**	**-0,0036**	**-0,0006**	**-0,0004**	**-0,0003**	**-0,0004**
kontinuierliche FuE-Tätigkeit	**0,293**	**0,122**	**0,244**	**0,171**	**0,091**	**0,006**
gelegentliche FuE-Tätigkeit	**0,219**	**0,098**	**0,182**	**0,154**	**0,081**	**0,005**
Produktinnovator	n.s.	n.s.	**0,040**	**0,026**	**0,028**	n.s.
Prozessinnovator	n.s.	*0,022*	n.s.	n.s.	**-0,012**	n.s.
Exporttätigkeit	**0,073**	*0,030*	**0,069**	**0,032**	**0,024**	*0,001*
Akademikeranteil	**0,304**	**0,100**	**0,275**	**0,185**	**0,069**	**0,005**
Ostdeutschland	**0,242**	**0,200**	**0,142**	**0,028**	**0,126**	**0,002**
Mittelwert in der Stichprobe*	39,2	20,6	26,8	18,5	11,2	11,6
Wendepunkt(e) Alter (Jahre) – Maximum / Minimum bzw. nur Maximum	1 / 4	1 / 4	1 / 3	1 / 3	8	1 / 3
Wendepunkte Innovationsintensität (%) – Maximum / Minimum / Maximum	1,0 / 3,4 / 16	1,0 / 3,2 / 13	1,7 / 7,0 / 17	1,5 / 6,6 / 17	1,6 / 6,3 / 14	0,8 / 2,7 / 5,6

* nur Unternehmen mit Innovationsaktivitäten.
Abhängige Variable: Erhalt einer öffentlichen Innovationsförderung, Beobachtungsjahre 2000, 2002 und 2003. In den Modellen sind außerdem Indikatorvariablen für die Branchenzugehörigkeit und das Beobachtungsjahr berücksichtigt. Fett gedruckte Werte sind signifikant auf dem 5-%-Niveau, kursiv gedruckte Werte auf dem 10-%-Niveau; n.s.: nicht signifikant.
Quelle: Mannheimer Innovationspanel – Berechnungen des ZEW.

Allerdings liegen kaum Hinweise vor, dass die existierenden FuE-Förderprogramme einen größeren Anteil an neu in FuE einsteigenden Unternehmen enthalten,[23] und für viele Programme ist die Durchführung von FuE zum Antragszeitpunkt Fördervoraussetzung. Im Vergleich zwischen Bund und Ländern erhöht

23 So entfielen im Programm ProInno, das bis 2004 eine Förderlinie für FuE-Einstiegsprojekte beinhaltete, nur 12 % der Förderungen auf neu in FuE einsteigende Unternehmen (vgl. Kulicke, 2005).

die FuE-Tätigkeit eines Unternehmens die Wahrscheinlichkeit einer Bundesförderung deutlich stärker als einer Landesförderung, d.h. die Bundesprogramme sind stärker FuE-orientiert.

Unternehmen mit erfolgreichen *Innovationsaktivitäten* weisen insgesamt – d.h. im Mittel aller Förderinstitutionen – keine höhere Förderwahrscheinlichkeit auf als innovative Unternehmen, die noch kein neues Produkt bzw. keinen neuen Prozess erfolgreich einführen konnten. Dies ist insofern erstaunlich, als beim Einfluss der Innovationstätigkeit auf den Erhalt einer Förderung von einer hohen Endogenität auszugehen ist, da die FuE-Förderung ja letztlich auf die Umsetzung in Innovationen abzielt und geförderte Unternehmen daher auch eher Innovatoren sein sollten. Offenbar gelingt es aber auch Unternehmen, die noch keine erfolgreichen Innovatoren sind, Fördermittel zu erhalten, und gleichzeitig resultiert aus den geförderten Projekten zumindest nicht innerhalb eines Dreijahreszeitraums die Einführung von Innovationen. Im Vergleich zwischen Produkt- und Prozessinnovatoren und den einzelnen Förderinstitutionen sind allerdings sehr wohl Effekte festzustellen: So besitzen Prozessinnovatoren eine höhere Wahrscheinlichkeit einer Förderung durch die Länder. Demgegenüber werden Produktinnovatoren signifikant häufiger durch den Bund gefördert – bzw. führt die Innovationsförderung des Bundes eher zu einer erfolgreichen Einführung neuer Produkte. Dies gilt für BMBF- ebenso wie BMWA-Förderungen. Im Fall von BMWA-Förderungen weisen Prozessinnovatoren eine geringere Förderwahrscheinlichkeit auf. Dies kann im Zusammenhang mit der starken Kooperationsorientierung der meisten BMWA-Förderprogramme stehen, da im Fall von Prozessinnovationen die Notwendigkeit zu einer kooperativen Entwicklung seltener gegeben ist. Für den Erhalt einer Innovationsförderung durch die EU ist die Ausrichtung der Innovationstätigkeit auf Produkt- oder Prozessinnovationen dagegen ohne Einfluss.

Des Weiteren zeigt sich, dass Unternehmen mit *Exportaktivitäten*, mit einem hohen *Anteil von Akademikern* unter den Beschäftigten und mit einem Sitz in *Ostdeutschland* eine höhere Förderwahrscheinlichkeit besitzen. Diese Effekte waren angesichts der Ausgestaltung und Zielsetzung der Förderprogramme auf allen drei institutionellen Ebenen zu erwarten. Eine Exportorientierung und eine hohe Akademikerquote sind dabei eine besonders wichtige Voraussetzungen für den Erhalt einer Bundesförderung, während der Effekt bei Landesförderungen deutlich niedriger ist. Demgegenüber ist der Effekt eines Unternehmenssitzes in Ostdeutschlang auf den Erhalt einer Landesförderung (+20 Prozentpunkte höhere Wahrscheinlichkeit für innovative Unternehmen) viel höher als auf eine Bundesförderung (+14 Prozentpunkte). Dies bedeutet gleichzeitig, dass westdeutsche Unternehmen eine geringe Wahrscheinlichkeit einer Förderung durch ihr Sitzbundesland aufweisen. Dies mag ein Hinweis auf ein insgesamt geringes Angebot an Innovationsförderung durch die westdeutschen Bundesländer sein.[24] Im

24 Eine Dokumentation des Umfangs der Förderaktivitäten der Bundesländer im Bereich Forschung und Innovation im Unternehmenssektor liegt leider nicht vor.

Vergleich zwischen BMBF und BMWA ergibt sich ein mehr als viermal so hoher Fördereffekt für eine BMWA-Förderung, was die starke Ausrichtung der BMWA-Innovationsförderung auf Ostdeutschland (zumindest in dem hier betrachteten Zeitraum von 1998-2003) unterstreicht.

Der Umstand, eine öffentliche Innovationsförderung zu erhalten, hat im Übrigen kaum Einfluss auf die von den Unternehmen angeführten notwendigen Veränderungen für eine Ausweitung der Innovationsaktivitäten (Tabelle 19, vgl. auch Abschnitt 5.1): Unternehmen mit einer BMBF- oder BMWA-Förderung fordern mit einer höheren Wahrscheinlichkeit eine Verbesserung des Wissens- und Technologietransfers mit der Wissenschaft. Dahinter könnte möglicherweise die Erfahrung aus Verbundprojekten (in der direkten Projektförderung) oder kooperativen Forschungsprojekten (in BMWA-Programmen) stehen, in deren Rahmen die Unternehmen Defizite auf Seiten der Wissenschaft beim Transfer von Forschungsergebnissen bzw. in der konkreten Zusammenarbeit mit Unternehmen wahrnahmen. Interessant ist auch, dass Unternehmen, die von den Ländern eine Innovationsförderung erhielten, mit deutlich höherer Wahrscheinlichkeit eine Ausweitung der staatlichen Innovationsförderung fordern. Aus Unternehmenssicht ist offenbar der Umfang der von den Ländern angebotenen Förderung nicht ausreichend.

Tabelle 19: Marginale Effekte des Erhalts einer öffentlichen Förderung auf die Einschätzung von notwendigen Veränderungen zur Ausweitung der Innovationsaktivitäten 2004/2005: Marginale Effekte von Probit-Modellen (verarbeitendes Gewerbe und wissensintensive Dienstleistungen Deutschlands)

	Notwendige Veränderungen für die Ausweitung von Innovationsaktivitäten								
	Nachfrage	*Gewinn*	*Förderung*	*Fremdkapital*	*Tech.-transfer*	*Fachkräfte*	*Gesetze*	*Wettbewerb*	*Widerstand*
Förderung durch Land	n.s.	n.s.	**0,078**	n.s.	n.s.	n.s.	n.s.	n.s.	n.s.
Förderung durch BMBF	n.s.	n.s.	n.s.	n.s.	*0,075*	n.s.	n.s.	n.s.	n.s.
Förderung durch BMWA	n.s.	n.s.	n.s.	n.s.	**0,095**	n.s.	n.s.	n.s.	n.s.
Förderung durch EU	n.s.	n.s.	n.s.	n.s.	n.s.	n.s.	n.s.	n.s.	n.s.
Umsatzproduktivität	**-0,029**	**-0,049**	**-0,083**	**-0,056**	n.s.	n.s.	n.s.	**-0,040**	n.s.

Nur Unternehmen mit Innovationsaktivitäten. Abhängige Variable: Einschätzung der Bedeutung des jeweiligen Faktors als unbedingt notwendig oder notwendig. In den Modellen sind außerdem alle in Tabelle 17 angeführten Variablen berücksichtigt. Fett gedruckte Werte sind signifikant auf dem 5-%-Niveau, kursiv gedruckte Werte auf dem 10-%-Niveau; n.s.: nicht signifikant. Zu den Formulierungen für die einzelnen Faktoren vgl. Abbildung 60.
Quelle: Mannheimer Innovationspanel – Berechnungen des ZEW.

Für die Einschätzung zu allen finanzseitigen Veränderungsfaktoren (inklusive der Nachfrageausweitung) sowie zum Faktor Wettbewerbsintensivierung spielt im Übrigen die Finanzkraft der Unternehmen eine wesentliche Rolle. Unternehmen mit einer niedrigen Umsatzproduktivität nennen Veränderungen in diesen Bereichen viel eher als notwendig für eine Ausweitung der Innovationsaktivitäten. Da gleichzeitig für den Erhalt einer öffentlichen Förderung kontrolliert wurde, bedeutet dies, dass die Förderung nicht ausreichend war, um für finanzschwache Unternehmen die Finanzierungsrestriktionen bei Innovationsprojekten zu beseitigen.

Für eine Beurteilung, inwieweit die staatliche Innovationsförderung an KMU auch deren spezifische Innovationsbarrieren überwinden hilft, wären detaillierte Informationen zu der Art der Förderprogramme – und damit der Form der staatlichen Unterstützung und der Art der unterstützten Innovationsaktivitäten – notwendig. Solche Informationen liegen allerdings nur für ausgewählte Programme vor:

- Umfassende Informationen existieren für die im Rahmen der *direkten Projektförderung des Bundes* geförderten Unternehmen. Diese sind in der Datenbank PROFI des BMBF zugänglich. Eine Verknüpfung der Adressdaten der geförderten Unternehmen mit den Adressdaten der im MIP befragten Unternehmen ermöglicht eine Zuordnung der geförderten Unternehmen zu KMU-Gruppen bzw. das Zuspielen von Informationen zu Alter, Größe, Innovationsintensität, FuE-Orientierung und Ausrichtung der Innovationstätigkeit. Diese Verknüpfung ist jedoch nur für einen Teil der geförderten Unternehmen möglich, da nicht alle geförderten Unternehmen im MIP befragt werden. Gleichwohl ist davon auszugehen, dass die Stichprobe, für die verknüpfte Daten vorliegen, repräsentativ für alle geförderten Unternehmen ist, da keine Hinweise vorliegen, dass die im Rahmen des MIP befragten geförderten Unternehmen grundsätzlich andere strukturelle Merkmale aufweisen als die nicht befragten geförderten Unternehmen.
- Für die von der KfW[25] im Rahmen des *BTU-Programms*, des *ERP-Innovationsprogramms* (Beteiligungs- und Kreditvariante) sowie der sogenannten *Breitenprogramme* (Kreditprogramme ohne expliziten Innovationsbezug) geförderten Unternehmen ist eine Zuordnung zu KMU-Gruppen ebenfalls möglich, wenngleich aufgrund der verfügbaren Informationen aus den Antragsdaten teilweise leichte Abweichungen von den Gruppendefinitionen in Kauf genommen werden müssen.
- Für die Innovationsfördermaßnahmen, die von den *Ländern* bzw. der *EU* angeboten werden, ist eine Zuordnung zu KMU-Gruppen dagegen nicht möglich. Ebenfalls nicht möglich war es, im Rahmen dieses Projektes Informationen aus Innovationsförderprogrammen, die über den *BMWA-Haushalt* finanziert werden (insbesondere IGF, ProInno, FuE-Förderung in Ostdeutschland), zu berücksichtigen.

Die Verteilung der in der *direkten Projektförderung des Bundes* geförderten Unternehmen – die Daten umfassen sowohl die vom BMBF als auch die vom BMWA verwalteten Fachprogramme – weist erwartungsgemäß einen überproportionalen Anteil der Unternehmen mit kontinuierlichen FuE-Aktivitäten auf

25 Eine Untersuchung ist nur für Programme der KfW (alt) möglich, nicht jedoch für Programme der tbg/DtA.

(Abbildung 65): Die KMU-Gruppen der Hightech-Startups, der FuE-Dienstleister und der Großunternehmen sind deutlich überrepräsentiert im Vergleich zu ihrem Anteil an allen Unternehmen, die Innovationsaktivitäten aufweisen. Unterdurchschnittlich vertreten sind dagegen die innovierenden KMU ohne (kontinuierliche) FuE sowie die nicht innovierenden KMU, soweit sie laufende oder abgebrochene Innovationsaktivitäten aufweisen. Von 1998 bis 2003 zeigt sich dabei ein starker Anstieg bei den forschenden KMU, die im Jahr 1998 noch nicht überproportional vertreten waren. Dieser Zuwachs ist darauf zurückzuführen, dass die Fördermaßnahmen zunehmend auf die Zielgruppe der KMU ausgerichtet wurden. Davon haben insbesondere die forschenden KMU profitiert.

Abbildung 65: Verteilung der Unternehmen, die im Rahmen der direkten Projektförderung des Bundes gefördert wurden, nach KMU-Gruppen (verarbeitendes Gewerbe und wissensintensive Dienstleistungen Deutschlands, in %)

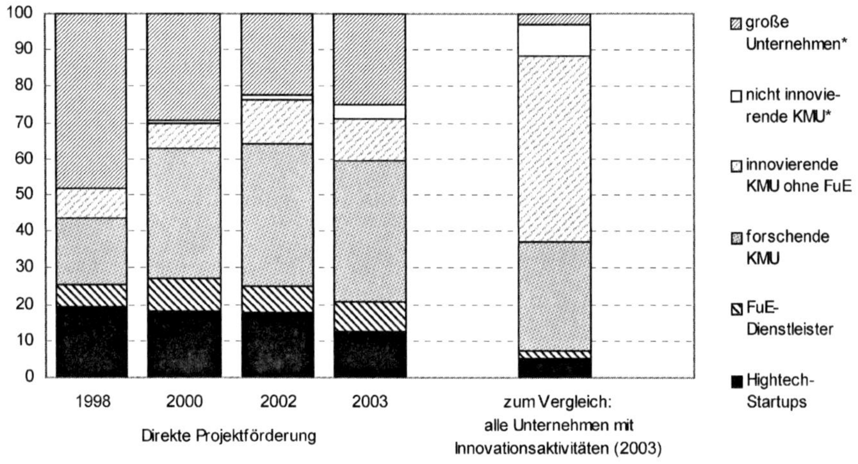

Anteil der Unternehmen, die im jeweiligen Beobachtungsjahr eine finanzielle Förderung im Rahmen der direkten Projektförderung des Bundes für FuE-Projekte erhielten.
* nur Unternehmen mit Innovationsaktivitäten (bei nicht innovierenden KMU: nur Unternehmen mit abgebrochenen oder noch laufenden Innovationsprojekten).
Quelle: Mannheimer Innovationspanel – Berechnungen des ZEW. Mittelwerte der Nettostichprobe (Vergleichszahlen für alle Unternehmen mit Innovationsaktivitäten sind hochgerechnet für die Grundgesamtheit der Unternehmen ab 5 Beschäftigten).

Der Rückgang des Anteils von Hightech-Startups seit dem Jahr 2000 ist das Ergebnis des Rückgangs der Unternehmenszahlen in dieser KMU-Gruppe. Denn der Anteil der Hightech-Startups, die über die direkte Projektförderung Fördermittel erhalten, blieb zwischen 2000 und 2003 konstant. Das Ausscheiden zahlreicher Unternehmen aus dem Markt seit 2000, vor allem aber auch ihr Wechsel zu anderen KMU-Gruppen – allen voran zu den FuE-Dienstleistern und den forschenden KMU – ist somit hauptverantwortlich für den relativen Rückgang der

Förderzahlen. Auffallend ist auch, dass ein vergleichsweise großer Anteil der in der direkten Projektförderung geförderten KMU zu den innovierenden KMU ohne FuE zählt. Dabei handelt es sich überwiegend um gelegentlich forschende Unternehmen, d.h. sie engagieren sich sehr wohl in FuE, jedoch nicht in einem Umfang, der in der Eigenwahrnehmung des Unternehmens als das regelmäßige Betreiben von FuE interpretiert wird. Die Voraussetzung für eine FuE-Förderung erfüllen diese Unternehmen gleichwohl. Das Gleiche gilt im Übrigen für die wenigen nicht innovierenden KMU: Auch in dieser Gruppe finden sich – wenngleich zahlenmäßig wenige – gelegentlich forschende KMU, die gleichzeitig noch nicht erfolgreich Innovationen einführen konnten.

Differenziert nach Förderschwerpunkten zeigen sich deutlich Unterschiede in der Zusammensetzung nach KMU-Gruppen und großen Unternehmen (Abbildung 66): Der höchsten Anteil an Hightech-Startups findet sich im Biotechnologie-Programm. Hier existierte z.B. mit der Maßnahme BioChance ein Förderinstrument, das sich unmittelbar an diese KMU-Gruppe richtete. Ebenfalls hoch ist der Anteil der Hightech-Startups im Förderschwerpunkt „strukturelle Maßnahmen", der im Wesentlichen die unter dem Namen „Unternehmen Region" zusammengefassten Netzwerk-Programme in Ostdeutschland (InnoRegio, Innovative regionale Wachstumskerne) umfasst.

Ein hoher Anteil der Gruppe der forschenden KMU findet sich in den beiden Förderschwerpunkten „Mikrosystemtechnik" und „Fertigungstechnik". Bei beiden Förderschwerpunkten spielt auch die Anwendung neuer Technologien im Produktionsprozess einer wichtigen Rolle. Hier sind gerade forschende KMU prädestinierte Ansprechpartner, da sie meist über Erfahrungen in der Prozesstechnologie verfügen, eigene FuE-Kapazitäten besitzen und dank ihrer längeren Marktpräsenz gut in der Lage sind, neue Technologien bzw. auf Basis neuer Technologien hergestellte Produkte auch rasch in den Markt einzuführen. In der „Fertigungstechnik" findet sich außerdem auch ein größerer Anteil an innovierenden KMU ohne FuE. Dies ist auch vor dem Hintergrund zu sehen, dass dieses adoptionsorientierte Programm geringere Anforderungen an die FuE-Kapazitäten und -Fähigkeiten der Unternehmen stellt als andere Programme der direkten Projektförderung. FuE-Dienstleister weisen überproportional hohe Anteile in den Förderschwerpunkten „Mikrosystemtechnik", „Materialforschung", „Umwelttechnik" sowie „strukturelle Maßnahmen" auf.

Einige Förderbereiche weisen auch trotz der steigenden KMU-Orientierung der direkten Projektförderung weiterhin einen hohen Anteil an Großunternehmen unter den Fördermittelempfängern auf (da große Unternehmen oft auch mehrere und/oder großvolumige Projekte abwickeln, ist ihr Anteil an der Fördersumme nochmals höher). Hierzu zählen mit der Energieforschung und der Verkehrsforschung zwei Förderbereiche, die die so genannte „Großtechnologie" abdecken, d.h. dass mit großem Aufwand und über lange Zeiträume an der Entwicklung neuer Technologien geforscht wird. Dies ist zweifellos eine Domäne der Großunternehmen. Beachtenswert ist allerdings, dass auch in den IuK-Förderschwerpunkten (Informatik, Basistechnologien der Informationstechnik, Multimedia) jedes zweite geförderte Unternehmen ein Großunternehmen ist. Hierbei handelt es sich zumindest teilweise um Technologiefelder, in denen Forschungsprozesse, Innovationen und Marktstrukturen in einer Weise gestaltet sind, dass auch KMU gute Beteiligungs- und Erfolgschancen bei spitzentechnologisch ausgerichteten Innovationsprojekten haben sollten.

Abbildung 66: Verteilung der in der direkten Projektförderung des Bundes geförderten Unternehmen in ausgewählten Förderbereichen nach KMU-Gruppen (verarbeitendes Gewerbe und wissensintensive Dienstleistungen Deutschlands, in %)

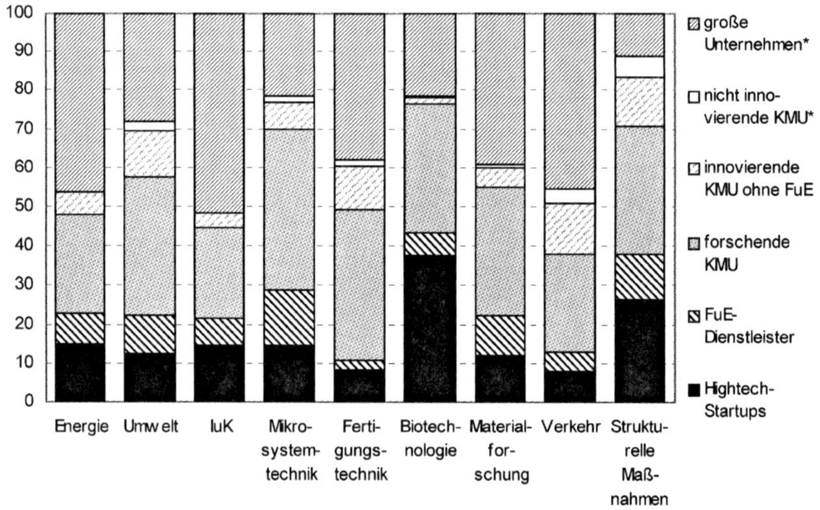

Anteil der Unternehmen, die im jeweiligen Förderbereich bzw. Förderschwerpunkt eine finanzielle Förderung im Rahmen der direkten Projektförderung des Bundes für FuE-Projekte erhielten (Durchschnitt der Jahre 2000, 2002 und 2003). Die hier dargestellten Förderbereiche decken mehr als 90 % der in der direkten Projektförderung geförderten und hier beobachteten KMU ab (vgl. Abbildung 67).
* nur Unternehmen mit Innovationsaktivitäten (bei nicht innovierenden KMU: nur Unternehmen mit abgebrochenen oder noch laufenden Innovationsprojekten).
Quelle: Mannheimer Innovationspanel – Berechnungen des ZEW. Mittelwerte der Nettostichprobe.

Betrachtet man für die einzelnen KMU-Gruppen die Verteilung der geförderten Unternehmen nach Förderbereichen, so sieht man für die Hightech-Startups die vergleichsweise hohe Bedeutung des Biotechnologieprogramms als Zugangsweg zu direkten Projektförderung (Abbildung 67). Angesichts des Anteils dieses Förderbereichs an allen im Rahmen der direkten Projektförderung geförderten Unternehmen im Zeitraum 2000-2002 von 6 % (vgl. Fier et al., 2004: 36) ist der Anteil von gut 15 % bei den Hightech-Startups klar überproportional. Demgegenüber ist ihr Anteil an den beiden von den Förderzahlen her betrachtet größten Förderschwerpunkten – Mikrosystemtechnik und Fertigungstechnik, zusammen rund 28 % – mit etwa 18 % klar unterdurchschnittlich. Diese beiden Programme sind dagegen für forschende KMU, innovierende KMU ohne FuE und nicht innovierende KMU von überproportionaler Bedeutung. Große Unternehmen sind in allen Förderbereichen mit Ausnahme der strukturellen Maßnahmen vertreten, wo die Förderung auf KMU beschränkt ist.

Abbildung 67: Verteilung der geförderten Unternehmen auf Förderbereiche der direkten Projektförderung, differenziert nach KMU-Gruppen (verarbeitendes Gewerbe und wissensintensive Dienstleistungen Deutschlands, in %)

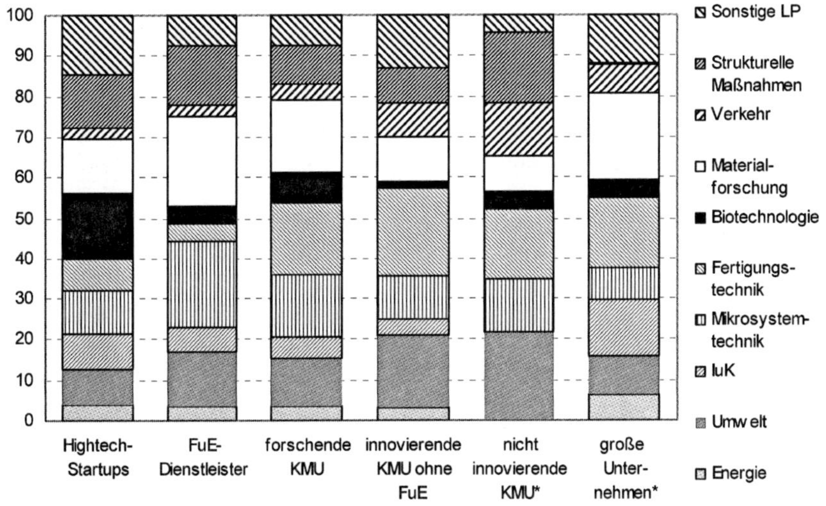

Durchschnitt der Jahre 2000, 2002 und 2003.
* nur Unternehmen mit Innovationsaktivitäten (bei nicht innovierenden KMU: nur Unternehmen mit abgebrochenen oder noch laufenden Innovationsprojekten).
Quelle: Mannheimer Innovationspanel – Berechnungen des ZEW. Mittelwerte der Nettostichprobe.

Die Einflussfaktoren des Erhalts einer direkten Projektförderung des Bundes entsprechen weitgehend jenen einer Innovationsförderung durch den Bund insgesamt, da es sich bei der direkten Projektförderung um das – sowohl gemessen am Volumen als auch an der Anzahl der geförderten Unternehmen pro Jahr – wichtigste FuE-Förderinstrument des Bundes handelt. Unterschiede bestehen dahingehend, dass die Ausrichtung der Innovationsaktivitäten (Produkt-, Prozessinnovator bzw. noch ohne erfolgreiche Innovationen) ebenso wenig einen Einfluss auf die Förderwahrscheinlichkeit hat wie ein Sitz in Ostdeutschland (Tabelle 20). Letzteres ist überraschend, da nicht nur für BMWA- sondern auch für BMBF-Förderungen ein positiver Effekt für einen Unternehmensstandort Ostdeutschland festgestellt wurde.

Eine Erklärung könnte sein, dass BMBF-Förderungen auch Maßnahmen außerhalb der direkten Projektförderung enthalten können (z.B. EXIST, INSTI, Patentförderung), die Förderzahlen in diesem Bereich dürften jedoch relativ niedrig sein. Eine andere Erklärung wäre eine Fehlzuordnung der Förderung des Bundes durch ostdeutsche Unternehmen. Denn während die in Tabelle 18 dargestellten Ergebnisse auf den Angaben der Unternehmen zu den Fördermittelgebern beruhen, beziehen sich die in Tabelle 20 präsentierten Ergebnisse auf eine Zuordnung von Förderdaten zu den sonstigen Unternehmensinformationen auf Basis einer namens- und adressbasierten Zuordnung, sodass hier Fehlzuordnungen ausgeschlossen sind. Möglicherweise ordneten manche ostdeutschen Unternehmen eine FuE-Förderung der Bundesregierung dem Bundesforschungsministerium zu, auch wenn sie aus einem BMWA-Programm oder anderen Programmen stammten.

Tabelle 20: Einflussfaktoren des Erhalts einer direkten Projektförderung des Bundes in innovativen Unternehmen in Deutschland: Marginale Effekte von Probit-Modellen (verarbeitendes Gewerbe und wissensintensive Dienstleistungen)

	Marginaler Effekt
ln(Beschäftigtenzahl)	**0,024**
ln(Alter)	**0,034**
$\ln(\text{Alter})^2$	**-0,032**
$\ln(\text{Alter})^3$	**0,0056**
Innovationsintensität	**0,259**
$\text{Innovationsintensität}^2$	**-0,100**
$\text{Innovationsintensität}^3$	**0,011**
$\text{Innovationsintensität}^4$	**-0,0003**
kontinuierliche FuE-Tätigkeit	**0,149**
gelegentliche FuE-Tätigkeit	**0,122**
Produktinnovator	n.s.
Prozessinnovator	n.s.
Exporttätigkeit	**0,032**
Akademikeranteil	**0,239**
Ostdeutschland	n.s.
Mittelwert in der Stichprobe*	18,2
Wendepunkte Alter (Jahre) – Maximum / Minimum	1 / 3
Wendepunkte Innovationsintensität (%) – Maximum / Minimum / Maximum	1,8 / 6,9 / 17

* nur Unternehmen mit Innovationsaktivitäten.
Abhängige Variable: Erhalt einer direkten Projektförderung des Bundes, Beobachtungsjahre 2000, 2002 und 2003. In den Modellen sind außerdem Indikatorvariablen für die Branchenzugehörigkeit und das Beobachtungsjahr berücksichtigt.
Fett gedruckte Werte sind signifikant auf dem 5-%-Niveau, kursiv gedruckte Werte auf dem 10-%-Niveau; n.s.: nicht signifikant.
Quelle: Mannheimer Innovationspanel – Berechnungen des ZEW.

Auffallend ist außerdem, dass vom Akademikeranteil ein deutlich stärkerer Effekt auf den Erhalt einer direkten Projektförderung des Bundes ausgeht als auf den Erhalt einer Bundesförderung im Allgemeinen, während der Effekt einer kontinuierlichen FuE-Tätigkeit etwas geringer ist. Außerdem tendiert die direkte

Projektförderung noch stärker zur Förderung von großen Unternehmen als die FuE-Förderung des Bundes bzw. jene des BMBF insgesamt.

Aufschlussreich ist nun eine Analyse der Faktoren, die erklären, in welchem Förderbereich der direkten Projektförderung ein Unternehmen gefördert wird. Hierzu werden nur die Unternehmen betrachtet, die eine direkte Projektförderung erhalten haben. Die marginalen Effekte der einzelnen Einflussgrößen sind dementsprechend nur für die Gruppe von Unternehmen zu interpretieren, die sich durch eine generell sehr starke FuE-Orientierung, eine hohe Innovationsintensität und einen hohen Akademikeranteil auszeichnet (Tabelle 21):

- Die *Unternehmensgröße* beeinflusst eine Förderung in den Bereichen „Energie", „Materialforschung", „Verkehr", „IuK-Technologien" und „Fertigungstechnik" positiv, während in den Förderbereichen „Umwelttechnologien" und „Unternehmen Region" die Unternehmensgröße einen negativen Einfluss ausübt, d.h. hier kleinere Unternehmen tendenziell bessere Förderchancen haben.
- Das *Unternehmensalter* ist für den Erhalt von Förderungen in den Bereichen „Umwelttechnik" und „Biotechnologie" ein wichtiges Merkmal: Während im Bereich der Umwelttechnologien ältere Unternehmen eine höhere Förderwahrscheinlichkeit haben, ist sie in der Biotechnologie für junge Unternehmen signifikant höher. Letzteres hängt natürlich auch mit den spezifischen Entstehungszyklen dieser Branchen in Deutschland zusammen: Während die Umwelttechnologie als neues Technologiefeld und neuer Markt in den 1980er Jahren entstanden ist, hat sich die Biotechnologie in Deutschland vor allem nach etwa 1995 besonders dynamisch entwickelt. Dies spiegelt sich auch in der Altersstruktur der forschenden – und damit für die direkte Projektförderung besonders prädestinierten – Unternehmen wider.
- Die einzelnen Förderbereiche unterscheiden sich in Bezug auf die *Innovationsintensität* der geförderten Unternehmen kaum. Einzig im Bereich Umwelttechnologien haben Unternehmen mit einer niedrigen Innovationsintensität eine höhere Förderwahrscheinlichkeit – wenngleich auch hier die Innovationsintensität im Mittel der geförderten Unternehmen deutlich höher als im Mittel aller innovativen Unternehmen ist.
- Von einer kontinuierlichen *FuE-Tätigkeit* geht ein zusätzlicher positiver Effekt (neben dem allgemeinen positiven Effekt auf den Erhalt einer direkten Projektförderung) auf die Förderwahrscheinlichkeit im Bereich „Unternehmen Region" (FuE-Netzwerkförderung in Ostdeutschland) sowie „Materialforschung" aus, während der Effekt auf die Förderwahrscheinlichkeit im Bereich „Arbeitsbedingungen" negativ ist. Letzteres mag an einem höheren Anteil von Dienstleistungsunternehmen (Beratung, Software, baunahe Dienstleistungen) liegen, die seltener kontinuierliche FuE betreiben.
- *Produktinnovatoren* haben eine besonders hohe Förderwahrscheinlichkeit in der Mikrosystemtechnik und in der Fertigungstechnik, während der Effekt auf eine Förderung im Bereich Verkehr/Mobilität negativ ist. Für *Prozessinno-*

vatoren zeigt sich nur für den Förderbereich Arbeitsbedingungen ein signifikanter, positiver Einfluss.

Tabelle 21: Einflussfaktoren der Förderung von Unternehmen in der direkten Projektförderung des Bundes nach Förderbereichen: Marginale Effekte von Probit-Modellen (verarbeitendes Gewerbe und wissensintensive Dienstleistungen Deutschlands)

	Energie	*Umwelt*	*Arbeit*	*Biotech*	*Material*	*Verkehr*	*Region*	*IuK*	*MST*	*FT*
ln(Beschäftigtenzahl)	**0,008**	*-0,013*	n.s.	n.s.	**0,021**	**0,017**	*-0,005*	**0,023**	n.s.	**0,037**
ln(Alter)	n.s.	**0,044**	n.s.	**-0,023**	n.s.	n.s.	n.s.	n.s.	n.s.	n.s.
Innovationsintensität	n.s.	*-0,075*	n.s.	n.s.	n.s.	n.s.	n.s.	n.s.	n.s.	n.s.
kontinuierliche FuE-Tätigkeit	n.s.	n.s.	**-0,051**	n.s.	*0,104*	n.s.	**0,024**	n.s.	n.s.	n.s.
gelegentliche FuE-Tätigkeit	n.s.	n.s.	n.s.	n.s.	n.s.	**0,091**	n.s.	*-0,039*	n.s.	n.s.
Produktinnovator	n.s.	n.s.	n.s.	n.s.	n.s.	*-0,043*	n.s.	n.s.	**0,109**	*0,077*
Prozessinnovator	n.s.	n.s.	**0,026**	n.s.	n.s.	n.s.	n.s.	n.s.	n.s.	n.s.
Exporttätigkeit	n.s.	n.s.	**-0,057**	**0,041**	**0,100**	**-0,067**	n.s.	n.s.	n.s.	n.s.
Akademikeranteil	n.s.	n.s.	n.s.	**0,117**	n.s.	**0,100**	**-0,042**	**0,175**	n.s.	*-0,107*
Ostdeutschland	*-0,025*	n.s.	n.s.	**-0,049**	*-0,055*	n.s.	**0,204**	**-0,033**	n.s.	n.s.
Anteil in der Stichprobe*	5,5	15,6	4,2	8,5	24,9	6,7	11,3	8,5	18,0	22,3

* Nur Unternehmen mit einer direkten Projektförderung des Bundes (in %).
Arbeit: FuE zu Arbeitsbedingungen (Förderbereich H); Region: strukturelle Maßnahmen, d.h. Förderung im Rahmen der Initiative „Unternehmen Region" (insbesondere InnoRegio und innovative regionale Wachstumskerne) in Ostdeutschland; MST: Mikrosystemtechnik; FT: Fertigungstechnik.
Abhängige Variable: Erhalt einer direkten Projektförderung durch den Bund, Beobachtungsjahre 2000, 2002 und 2003. In den Modellen sind außerdem Indikatorvariablen für die Branchenzugehörigkeit und das Beobachtungsjahr berücksichtigt.
Fett gedruckte Werte sind signifikant auf dem 5-%-Niveau, kursiv gedruckte Werte auf dem 10-%-Niveau; n.s.: nicht signifikant.
Quelle: Mannheimer Innovationspanel – Berechnungen des ZEW.

– Eine *Exporttätigkeit* erhöht die Wahrscheinlichkeit, im Rahmen der direkten Projektförderung in der Biotechnologie und der Materialforschung gefördert zu werden, während sie die Förderwahrscheinlichkeit für die Bereich Arbeitsbedingungen und Verkehr senkt. Der negative Effekt in den beiden letztgenannten Bereichen mag mit dem hohen Anteil von Dienstleistungsunternehmen (im Verkehrsbereich inklusive Unternehmen des Transportgewerbes) zusammenhängen, kann aber auch ein Hinweis auf eine tendenziell idiosynkratische, d.h. vor allem auf die Anforderungen im deutschen Markt ausgerichtete, Technikentwicklung sein (vgl. hierzu Beise, 2001).

- Eine hohe *Akademikerquote* erhöht zusätzlich die Förderwahrscheinlichkeit in den Bereichen „Biotechnologie", „Verkehrstechnologien" und „IuK-Technologien", während sie auf eine Förderung im Bereich „Fertigungstechnik" und auf die FuE-Netzwerkförderung Ost negativ wirkt.
- *Ostdeutsche Unternehmen* erhalten vergleichsweise seltener Förderungen in den Bereichen „Energie", „Biotechnologie", „Materialforschung" und „IuK-Technologien", während sie wie zu erwarten stark überproportional in der FuE-Netzwerkförderung Ost vertreten sind.

Ein zweiter Bereich der öffentlichen Innovationsförderung in Deutschland, für den eine Analyse der Verteilung der geförderten Unternehmen nach KMU-Gruppen aufgrund der Datenverfügbarkeit in diesem Projekt möglich ist, betrifft die von der *KfW betriebenen Programme.*[26] Hierbei sind drei Programmgruppen von besonderem Interesse: Erstens das Wagniskapitalprogramm, das von der KfW sowie der Technologie-Beteiligungs-Gesellschaft mbH (tbg), einer Tochter der früheren DtA, betrieben wurde (BTU-Programm),[27] zweitens das ERP-Innovationsprogramm mit seinen zwei Programmsäulen Beteiligungsfinanzierung und Kreditfinanzierung, und drittens die „Breitenprogramme" der KfW, die keinen Fokus auf Innovationsfinanzierung haben, sondern KMU zinsgünstige Kredite für verschiedene Investitionsformen – worunter aber auch Innovationsvorhaben sein können – anbieten. Die Spezialprogramme zur Innovationsförderung (BTU-Programm, ERP-Innovationsprogramm) dagegen richten sich ausdrücklich an Unternehmen, die marktnahe FuE-Vorhaben durchführen sowie neue Produkte und Prozesse auf dem Markt bzw. im Unternehmen einführen. Die geförderten Unternehmen müssen wesentliche FuE-Beiträge im geförderten Projekt selbst erbringen. Das BTU-Programm wandte sich an junge Unternehmen (unter 6 Jahre), während im ERP-Innovationsprogramm keine Altersbeschränkung besteht.

Im *BTU-Programm* wurden im Zeitraum 2000 bis 2003 knapp 1.100 Unternehmen gefördert. Das Programm konzentrierte sich auf zwei KMU-Gruppen (Abbildung 68): Der ganz überwiegende Teil der geförderten Unternehmen sind Hightech-Startups (78 %), ein kleinerer Teil (16 %) fällt wegen einer FuE-Intensität von weniger als 10 % in die Gruppe der forschenden KMU.

Das *ERP-Innovationsprogramm* weist je nach der betrachteten Programmsäule eine unterschiedliche Verteilung nach KMU-Gruppen auf: Mit der Beteiligungsvariante werden in erster Linie Hightech-Startups sowie forschende KMU gefördert. Damit wurden im Beobachtungszeitraum mit dieser Programmvariante ähnliche KMU-Gruppen erreicht wie mit dem BTU-Programm. Dies ist darauf zurückzuführen, dass die Programmrichtlinien sehr ähnliche Fördervoraussetzun-

26 Aufgrund von Unterschieden in der Erfassung der Unternehmenscharakteristika ist eine Zuordnung der geförderten Unternehmen zu den KMU-Gruppen nur für die Programme und Programmvarianten möglich, die bereits vor der Fusion von KfW und DtA bei der KfW angesiedelt waren.

27 Die Antragsperiode endete für das BTU-Programm im November 2004.

gen enthalten und die Beteiligungsvariante (vor allem im Jahr 2000) als Anschlussfinanzierung für über das BTU-Programm geförderte Unternehmen genutzt wurde (Abbildung 68). Von 2000 bis 2003 wurden mit der Beteiligungsvariante des ERP-Innovationsprogramms knapp 120 Unternehmen gefördert.

Abbildung 68: Verteilung der Unternehmen, die im BTU-Programm und im ERP-Innovationsprogramm gefördert wurden, nach KMU-Gruppen (verarbeitendes Gewerbe und wissensintensive Dienstleistungen Deutschlands, in %)

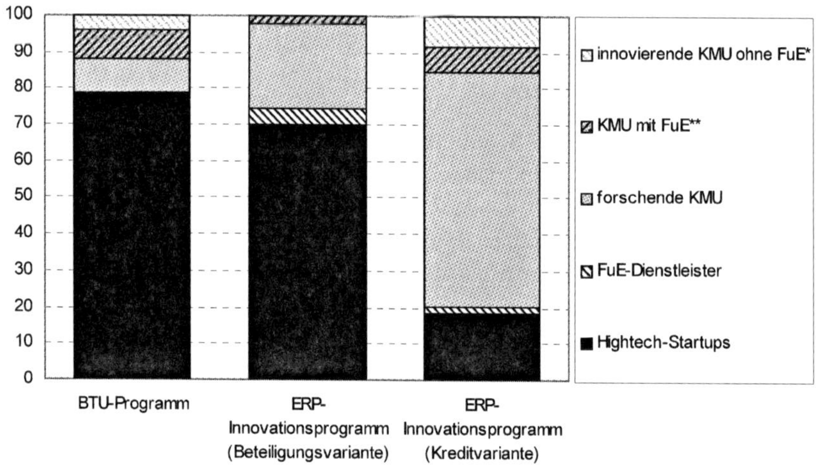

ERP-Innovationsprogramm: Durchschnitt der Jahre 2000 bis 2003. Nur Unternehmen, für die Angaben zu den für die KMU-Gruppenzuordnung relevanten Variablen vorliegen. Die ausgewiesenen Anteile stellen daher lediglich Tendenzaussagen dar, da ein hoher Anteil der geförderten Unternehmen wegen fehlender Informationen nicht eindeutig einer KMU-Gruppe zugeordnet werden konnte.

* „Innovierende KMU ohne FuE" sind abweichend definiert als Unternehmen mit gelegentlicher FuE-Tätigkeit und/oder einem Umsatz mit Produkten, die im vorangegangenen Fünfjahreszeitraum eingeführt worden waren, von mehr als 10 %.

** Wegen fehlender Angaben zur FuE-Intensität ist eine Unterteilung nach den Gruppen Hightech-Startups, FuE-Dienstleister und forschende KMU nicht möglich.

Quelle: KfW – Berechnungen der KfW.

Die Kreditvariante erreicht demgegenüber in erster Linie forschende KMU (rund 70 %). Der niedrigere Anteil bei den Hightech-Startups (rund 20 %) bestätigt wiederum, dass für diese KMU-Gruppe eine Kreditfinanzierung von FuE-Projekten wegen des sehr hohen Risikos und der oftmals nicht ausreichenden Sicherheiten zwar häufig weniger geeignet ist, dass dank der Gewährung von Haftungsfreistellungen Banken jedoch durchaus dazu bewogen werden können, sich in diesem Segment zu engagieren. Da die Gewährung einer Förderung durch die KfW von den Charakteristika des geplanten Vorhabens abhängt, werden mit der Kreditvariante auch Unternehmen ohne kontinuierliche FuE erreicht (9 %). Insgesamt wurden mit der Kreditvariante im Beobachtungszeitraum 670 Unternehmen gefördert.

Die *Breitenprogramme* der KfW (d.h. die allgemeine KMU-(Investitions-)Förderung, deren Zielsetzung keinen Fokus auf Innovationen aufweist) erreichen in erster Linie – entsprechend der in dieser Studie gewählten Klassifikation – die Gruppe der nicht innovierenden KMU (45 %) sowie – in geringerem Ausmaß – die Gruppe der innovierende KMU ohne FuE (37 %) (Abbildung 69).[28]

Abbildung 69: Verteilung der Unternehmen, die in den Breitenprogrammen der KfW gefördert wurden, nach KMU-Gruppen (verarbeitendes Gewerbe und wissensintensive Dienstleistungen Deutschlands, in %)

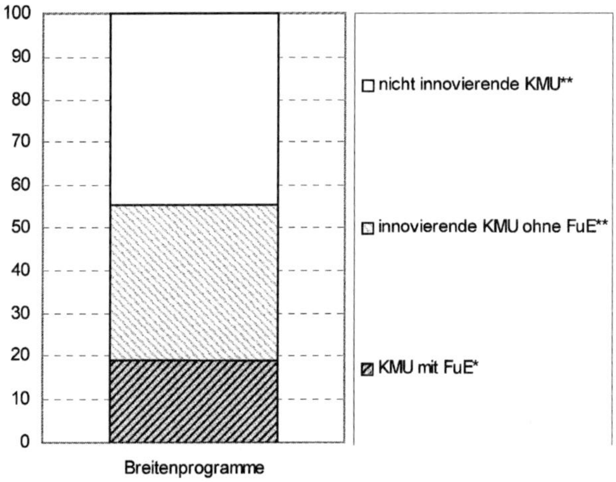

Durchschnitt der Jahre 2000-2003. Nur Unternehmen, für die Angaben zu den für die KMU-Gruppenzuordnung relevanten Variablen vorliegen. Die ausgewiesenen Anteile stellen daher lediglich Tendenzaussagen dar, da ein hoher Anteil der geförderten Unternehmen wegen fehlender Informationen nicht eindeutig einer KMU-Gruppe zugeordnet werden konnte.

* Wegen fehlender Angaben zur FuE-Intensität ist eine Unterteilung nach den Gruppen Hightech-Start-ups, FuE-Dienstleister und forschende KMU nicht möglich.

** „Innovierende KMU ohne FuE" sind abweichend definiert als Unternehmen mit gelegentlicher FuE-Tätigkeit und/oder einem Umsatz mit Produkten, die im vorangegangenen Fünfjahreszeitraum eingeführt worden waren, von mehr als 10 %; „nicht innovierende KMU" sind abweichend definiert als Unternehmen ohne FuE-Tätigkeit und mit einem Umsatz mit Produkten, die im vorangegangenen Fünfjahreszeitraum eingeführt worden waren, von maximal 10 %. Es ist davon auszugehen, dass sich unter den „nicht innovierenden KMU" noch eine Reihe von Unternehmen mit erfolgreich eingeführten Innovationen befindet, insbesondere Prozessinnovatoren.

Quelle: KfW – Berechnungen der KfW.

28 Nicht innovierende KMU sind aufgrund der verfügbaren Informationen abweichend definiert als Unternehmen ohne FuE-Tätigkeit und/oder mit einem Umsatz mit Produkten, die im vorangegangenen Fünfjahreszeitraum eingeführt worden waren, von maximal 10 %, d.h. sie beinhalten auch Unternehmen, die nur Prozessinnovationen eingeführt haben, sowie Produktinnovatoren, die mit neuen Produkten nur geringe Umsätze erzielen konnten. Innovierende KMU ohne FuE sind abweichend definiert als Unternehmen mit gelegentlicher FuE-Tätigkeit und/oder einem Umsatz mit Produkten, die im vorangegangenen Fünfjahreszeitraum eingeführt worden waren, von mehr als 10 %, d.h. sie umfassen keine reinen Prozessinnovatoren und nicht alle Produktinnovatoren, dafür können aber auch einige Unternehmen in diese Gruppe fallen, die mit Innovationsaktivitäten (noch) nicht erfolgreich sind.

Der Anteil der KMU mit kontinuierlichen FuE-Aktivitäten unter den Empfängern dieser Programme beträgt rund 19 %.[29] Der Anteil der Projekte, die im Zusammenhang mit einer Innovation bzw. der Adaption von Produkten oder Prozessen stehen, an allen mit den Breitenprogrammen geförderten Investitionsvorhaben beträgt knapp 18 %. Auch wenn berücksichtigt wird, dass es sich hierbei häufiger um kleinere Veränderungen in der Produktpalette bzw. in den Produktionsverfahren handeln dürfte, kommt den Breitenprogrammen eine besondere Bedeutung bei der Diffusion von Innovationen in der Breite der Wirtschaft zu. Dies gilt insbesondere auch deshalb, weil in den Jahren 2000 bis 2003 in den Breitenprogrammen insgesamt rund 67.000 Unternehmen gefördert wurden.

29 Aufgrund des Fehlens von Angaben zur FuE-Intensität kann die Gruppe der kontinuierlich FuE betreibenden Unternehmen nicht in die drei Gruppen der Hightech-Startups, FuE-Dienstleister und forschenden KMU unterteilt werden.

6 Innovationspolitische Schlussfolgerungen

6.1 Innovationspolitischer Interventionsbedarf nach KMU-Gruppen

Die Analysen zum Innovationsverhalten, zu den Innovationsbarrieren und zu den Innovationspotenzialen der hier unterschiedenen fünf KMU-Gruppen geben zusammengefasst folgende Hinweise auf Aktionsfelder für eine nach KMU-Gruppen differenziert Innovationspolitik:

a. Hightech-Startups

Diese Gruppe, die definiert ist als junge Unternehmen (maximal 10 Jahre alt) mit einer sehr hohen FuE-Quote (mindestens 10 % des Umsatzes), umfasste im Jahr 2003 etwa 5.000 Unternehmen. Mit einem durchschnittlichen Alter von 5 Jahren und einer Durchschnittsgröße von 25 Beschäftigten handelt es sich hierbei um junge, kleine Unternehmen. Gleichzeitig betreiben sie extrem intensiv FuE: Ihre FuE-Quote liegt bei über 40 %. Viele der Unternehmen befinden sich noch in der Entwicklungsphase ihrer (künftigen) Produkte, sodass nur geringe Umsätze anfallen. Die Umsatzproduktivität ist dementsprechend niedrig (durchschnittlich etwa 80.000 € Umsatz je Beschäftigten im Vergleich zu rund 150.000 € im Mittel der KMU). Das Verhältnis aus Innovationserträgen zu Innovationsaufwendungen ist extrem ungünstig. Die Hälfte der Unternehmen schreibt Verluste. Gleichzeitig sind sie überwiegend in Technologiefeldern und Märkten tätig, die durch eine hohe Dynamik, rasche technologische Änderungen und hohe Unsicherheiten über künftige Marktpotenziale und Nachfragepräferenzen gekennzeichnet sind. 80 % der Unternehmen erhielten nach eigenen Angaben im Zeitraum 2001-2003 eine öffentliche finanzielle Unterstützung für Innovationsprojekte. Allerdings erreicht nach den Daten der FuE-Erhebung des Stifterverbands der Anteil der staatlichen Mittel (Zuschüsse zu FuE-Projekten und staatliche FuE-Aufträge) an den gesamten FuE-Aufwendungen – diese beliefen sich 2001 schätzungsweise auf knapp 1 Mrd. € – nur etwa 10 %. Dies mag daran liegen, dass ein großer Teil der staatlichen Förderung über Wagniskapitalprogramme läuft, und die auf diesem Weg erhaltenen Eigenmittel in der FuE-Erhebung nicht als staatliche Fördermittel erfasst werden.

Für diese KMU-Gruppe kommt somit eine Vielzahl von *Innovationsbarrieren* zusammen: Als sehr *kleine* Unternehmen stehen sie vor dem Problem, dass zur Durchführung von FuE-Projekten ein sehr großer Teil ihrer Unternehmensressourcen aufgebracht werden muss. Dieser Ressourceneinsatz hat starken Fixkostencharakter und verschlechtert dadurch die Stückkostensituation gegenüber größeren Wettbewerbern. Die Kleinheit der Unternehmen bedeutet außerdem, dass ein Scheitern eines Projektes leicht den Unternehmensbestand insgesamt gefährden kann. Als *junge* Unternehmen stehen sie vor dem Problem, noch kaum über materielle Sicherheiten (d.h. akkumulierte, in Sachanlagen re-investierte Gewinne der Vergangenheit) zu verfügen, was den Zugang zu Fremdkapital grundsätzlich erschwert. Außerdem haben sie Reputationsnachteile gegenüber bereits etablierten Anbietern. Diese gelten für den Produktmarkt ebenso wie für Faktormärkte (Fremdkapitalzugang, Attraktivität für Fachpersonal). Als extrem *FuE-intensive* Unternehmen weisen sie eine Risikostruktur auf, die eine Unternehmensfinanzierung über Eigenkapital nahe legt, da Fremdkapitalgeber am nicht unwahrscheinlichen Scheitern des Unternehmens voll partizipieren, während sie am gleichfalls nicht unwahrscheinlichen sehr raschen Wachstum und an hohen späteren Gewinnen nur im Ausmaß der Fremdkapitalzinsen beteiligt werden. Als Unternehmen in *neuen und dynamischen Märkten* besitzen sie zwar große Wachstumspotenziale, sind allerdings auch in besonderem Maß der Gefahr von Fehlinvestitionen aufgrund von nicht vorhersehbaren Änderungen in den technologischen und wettbewerblichen Rahmenbedingungen ausgesetzt. Aufgrund der genannten Charakteristika sind die Informationsasymmetrien zwischen Hightech-Startups und potenziellen Financiers sowie die daraus resultierenden negativen Folgen für die Möglichkeit der Finanzierung von Innovationen besonders stark ausgeprägt.

Hightech-Startups verfügen über hohe *Innovationspotenziale*: Eine Mehrheit der Unternehmen plante im Frühjahr 2004, trotz des ungünstigen wirtschaftlichen Umfelds ihre Innovationsaktivitäten 2004/05 auszuweiten. Allerdings wollte auch ein Viertel die Innovationsaufwendungen zurückfahren. Rund ein Drittel der Unternehmen sieht die Entwicklung seiner Innovationsaufwendungen abhängig von Veränderungen in den Rahmenbedingungen.

Die *zentrale Herausforderung* für Hightech-Startups, die ihre vorhandenen hohen Innovationspotenziale nutzen wollen, ist die Sicherstellung einer *ausreichenden Finanzierung* der Unternehmenstätigkeit, was meist gleichbedeutend ist mit der Finanzierung der laufenden FuE-Projekte. Das Finanzierungshemmnis, und mit ihm eng verbunden die hohen Kosten und das hohe Risiko von Innovationsprojekten, steht daher auch an der Spitze der Innovationshemmnisse von Hightech-Startups. Eine Beseitigung dieses Hemmnisses ist aus Sicht der Unternehmen in erster Linie durch eine Erhöhung der Eigenmittel möglich. Da sich Fremdkapital als Finanzierungsform grundsätzlich kaum eignet, bedeutet dies eine Ausweitung des Gewinns oder die Zufuhr zusätzlichen Eigenkapitals. Eine Gewinnerhöhung kann bei Hightech-Startups vor allem durch eine *Ausweitung des Umsatzes* erreicht werden. Denn ihre Produkte sind typischerweise extrem „wissensintensiv", d.h. der größte Block der Produktionskosten sind die Kosten für die Produktentwicklung. Diese sind als FuE-Ausgaben meist bereits in früheren Perioden angefallen, so dass mit den Umsätzen der neuen Produkte hohe Gewinnmargen verbunden sind. Ein Wachstum der Umsätze ist jedoch – trotz des Nischen- und Pilotcharakters vieler Produkte von Hightech-Startups – eng an das gesamtwirtschaftliche Wachstum geknüpft. Jedenfalls sehen 90 % der Unternehmen in dieser KMU-Gruppe die kräftige Ausweitung der Nachfrage als eine Voraussetzung für steigende Innovationsaufwendungen.

Der Gewinn kann aber auch dadurch erhöht werden, dass die Unternehmen von Kosten entlastet werden. Da der Hauptkostenblock FuE ist, kann der Staat beispielsweise durch *Kostenzuschüsse für FuE-Projekte* – wie sie im Rahmen der direkten Projektförderung geleistet werden – unmittelbar die Eigenmittelausstattung der Unternehmen wesentlich beeinflussen. Zuschüsse erscheinen dabei für grundlegende, marktferne Entwicklungen als geeignete Instrumente. Im Rahmen der bestehenden direkten FuE-Projektförderung des Bundes wird bereits ein großer Teil der Hightech-Startups erreicht.

Wagniskapitalmittel stellen eine wichtige Quelle für eine Erhöhung der Eigenmittelausstattung von Hightech-Startups dar. Dies gilt insbesondere für jene Hightech-Startups, die für die Durchführung aufwendiger FuE-Projekte einen sehr hohen Mittelbedarf haben. Allerdings ist – nach den Angaben der Unternehmen im KfW-Mittelstandspanel – der Anteil der Wagniskapitalinvestitionen am gesamten Kapital der Unternehmen dieser KMU-Gruppe gering, zumindest deuten darauf die niedrigen Anteile von Beteiligungskapital an den Investitionen hin. Hierbei ist zu berücksichtigen, dass in dieser Erhebung ein Teil der Wagniskapitalfinanzierungen vermutlich von den befragten KMU den Fördermitteln zugeordnet wird. Für eine große Zahl der sehr kleinen Hightech-Startups, in denen die Forschungstätigkeit im Wesentlichen durch die Gründer selbst erfolgt und die häufig auf die Entwicklung spezialisierter Produkte für kleine Nischenmärkte fokussiert sind, ist allerdings privates Wagniskapital sehr schwer zugänglich. Für Wagniskapitalgeber sind die Informations-, Monitoring- und Betreuungskosten bei solchen typischerweise kleinen Investitionen in der Regel zu hoch.

Für diese Hightech-Startups müssten alternative Wege zur Stärkung der Eigenmittel und zur Projektfinanzierung beschritten werden. Die Bereitstellung öffentlichen Wagniskapitals – wie z.B. durch den neuen Hightech-Gründerfonds – ist dabei ein wichtiger Weg. Durch den Einsatz von mezzaninen, eigenkapitalähnlichen Förderdarlehen für FuE- und Innovationsprojekte kann ebenfalls ein Teil der Hightech-Startups erreicht werden. Eine andere Variante bestünde in der Ausweitung von staatlichen FuE-Zuschüssen, die möglicherweise auch außerhalb der traditionellen Programme (d.h. der Fachprogramme der direkten Projektförderung und der kooperativen FuE-Programme) stattfinden könnte. Ebenso wäre zu prüfen, inwieweit bestehende FuE-Zuschüsse durch spezielle FuE-Projektkredite ergänzt werden können (siehe hierzu auch den Abschnitt 6.2 weiter unten). Eine weitere Variante wäre schließlich eine ergebniswirksame indirekte FuE-Förderung, die auch im Fall von Verlusten eine Mitfinanzierung der FuE-Aufwendungen der Unternehmen – im Sinn einer Kompensation für die auftretenden positiven externen Effekte durch Spillovers – vorsieht. Für ein solches Instrument, insbesondere für Kostenzuschüsse, müssten bessere Wege gefunden werden, welche die Mitnahmeeffekte sowie die Auswirkungen einer verschlechterten Selektion der Projektideen tunlichst gering halten. Hierzu kann auf die Erfahrung anderer Länder mit indirekten FuE-Förderinstrumenten zurückgegriffen werden.

b. FuE-Dienstleister

Die Unternehmenszahl in dieser Gruppe – sie umfasst ältere Unternehmen (mindestens 5 Jahre, in der Regel über 10 Jahre alt) mit einer sehr hohen FuE-Quote von 25 % und mehr – betrug im Jahr 2003 etwa 2.000 Unternehmen. Es handelt sich bei ihnen um meist ältere Unternehmen, wobei das durchschnittliche Alter bei etwa 15 Jahren liegt. Mit einer Durchschnittsgröße von 40 Beschäftigten sind FuE-Dienstleister angesichts ihrer schon langen Marktpräsenz recht klein. Unternehmenswachstum hat für die größere Zahl der FuE-Dienstleister offenbar eine geringe Priorität. Ihr zentrales Merkmal ist eine sehr hohe FuE-Intensität von annähernd 50 %. Sie bieten in erster Linie die Durchführung von Forschungsarbeiten für Dritte an und sind dabei in der Regel auf bestimmte Technologiebereiche bzw. Produkte spezialisiert, für die sie über ausgewiesene Kompetenzen und eine gute Markterfahrung verfügen. Die Produktion ist sehr humankapitalintensiv (Akademikeranteil von zwei Drittel) mit einem hohen Wertschöpfungsanteil und erlaubt nur selten die Nutzung von Skalenerträgen. Die Umsatzproduktivität der FuE-Dienstleister ist mit etwa 110.000 € Umsatz je Beschäftigten im Mittel niedrig. Gleichwohl ist die Profitabilitätssituation nicht so ungünstig wie bei Hightech-Startups. Rund ein Drittel der FuE-Dienstleister wies 2002 eine negative Umsatzrendite auf. FuE-Dienstleister sind in der Mehrzahl frühere Hightech-Startups, die sich dauerhaft auf die Durchführung von FuE spezialisiert haben und die Nachfrage nach spezialisierten FuE-Dienstleistungen abdecken.

Das Auftreten von *Innovationsbarrieren* in dieser KMU-Gruppe hängt stark davon ab, wie weit ein Unternehmen in die Neu- und Weiterentwicklung von Technologien investiert und wie weit es sich auf die Durchführung von FuE-Aufträgen für Dritte beschränkt. Letztere Aktivität ist für das Unternehmen selbst wenig risikobehaftet, und die Finanzierung der FuE-Aktivitäten erfolgt unmittelbar durch die Auftraggeber. Eine spezifische staatliche Unterstützung ist in diesem Fall nicht notwendig. Anders ist die Situation, wenn FuE-Dienstleister selbst in FuE-Projekte investieren und damit voll die Finanzierungslast sowie das technologische und Marktrisiko tragen. In diesem Fall ähneln die Innovationsbarrieren stark jenen der Hightech-Startups, wenngleich die spezifisch für junge Unternehmen geltenden Barrieren nicht zum Tragen kommen. Es gibt Hinweise, dass in den vergangenen Jahren, d.h. nach 2000, eine zunehmende Zahl der FuE-Dienstleister sich verstärkt eigenen FuE-Projekten zugewendet hat. Jedenfalls spricht die Struktur der wahrgenommenen Hemmnisse, die weitgehend deckungsgleich mit jenen von Hightech-Startups ist, dafür. Ein Grund für diese Entwicklung könnten Absatzschwierigkeiten bei der FuE-Auftragsforschung sein. So gewann das Hemmnis der mangelnden Kundenakzeptanz stark an Bedeutung, und eine Ausweitung der Nachfrage wird von fast allen FuE-

Dienstleistern als eine notwendige Voraussetzung für mehr Innovationsaktivitäten betrachtet.

Die mittelfristige Planung der Innovationsaktivitäten für 2004/05 sah im Frühjahr 2004 auch recht verhalten aus: Die Zahl der FuE-Dienstleister, die ihre Innovationsaufwendungen zurückfahren wollten, war größer als die, die für 2004 eine Ausweitung planten. Neben einer *Nachfrageerhöhung* steht dabei aktuell ebenfalls die Finanzierungsfrage im Zentrum. Für FuE-Dienstleister spielt insbesondere die Ausweitung der *öffentlichen Innovationsförderung* eine entscheidende Rolle: 70 % erachten diese Veränderung als notwendig für mehr Innovationen. Dies ist vor dem Hintergrund eines rückläufigen Anteils der FuE-Dienstleister an den durch die öffentliche Hand im Rahmen von Innovationsprogrammen geförderten Unternehmen zu sehen. Gleichzeitig sind sie so stark wie keine andere Gruppe von staatlichen Mitteln für die Finanzierung ihrer FuE-Aufwendungen abhängig (2001: etwa 15 %, inklusive Ausland, bei gesamten FuE-Aufwendungen von schätzungsweise etwas mehr als 900 Mio. €).

FuE-Dienstleister scheinen derzeit weniger im Fokus der Innovationspolitik zu stehen als noch Ende der 1990er Jahre: Als alte Unternehmen fallen sie aus vielen auf junge Unternehmen ausgerichteten Programmen heraus, als wachstumsschwache Unternehmen sind sie für eine auf mehr Beschäftigung abzielende Wirtschaftspolitik wenig attraktiv. Folglich hat sich ihr Anteil an allen Unternehmen, die von Ländern, BMBF und BMWA gefördert wurden, verringert. Innerhalb von EU-Programmen konnten sie dagegen ihre Position halten. Hier können sie möglicherweise ihre Kombination aus technologischer Kompetenz und dem Management von FuE-Prozessen gut verbinden.

Eine spezifische *Förderpolitik* für FuE-Dienstleister zu entwickeln, scheint nicht angebracht. Ihre aktuellen Probleme dürften auch mit der verringerten Dynamik der Auslagerung von FuE durch große Unternehmen im Zuge der allgemeinen Kosteneinsparungen zu tun haben. Bei einem erneuten Anziehen der Konjunktur sollten sich daher Teile der Probleme wieder auflösen. Inwieweit FuE-Dienstleister stärker als bisher in EU-Projekte in der Rolle als Koordinator eingebunden werden können, müsste geprüft werden.

c. Forschende KMU

Forschende KMU stellen den Kern der Technologien entwickelnden KMU in Deutschland dar. Sie zeichnen sich durch eine kontinuierliche FuE-Tätigkeit bei einer mittleren FuE-Intensität (bis maximal 25 %, in der Regel jedoch unter 10 %) aus. Mit rund 29.000 Unternehmen im Jahr 2003 machen sie den ganz überwiegenden Teil der kontinuierlich FuE betreibenden KMU aus. Ihre FuE-Aufwendungen von über 3 Mrd. € im Jahr 2001 repräsentieren deutlich über 50 % der gesamten FuE-Aufwendungen im deutschen KMU-Sektor. Sie zeichnen sich durch die Kombination von hoher technologischer Kompetenz, guter Marktkenntnis und etablierten Absatzkanälen aus und setzen überwiegend auf kundenorientierte Innovationen mit hohem technologischem Anspruch. Ein effizientes

Innovationsmanagement ist vergleichsweise weit verbreitet und trägt zu einem sehr günstigen Verhältnis zwischen Output und Input von Innovationsprozessen bei. Forschende KMU sind meist wachstumsorientiert, was sich in einer hohen durchschnittlichen Beschäftigtenzahl (120) bemerkbar macht. Auch sind sie die wichtigste KMU-Gruppe, aus der sich spätere Großunternehmen rekrutieren. Sie erzielen eine hohe Umsatzproduktivität, und der Anteil der profitablen Unternehmen ist mit über 70 % so hoch wie in keiner anderen KMU-Gruppe.

Die *Innovationsbarrieren* in forschenden KMU entsprechen im Wesentlichen jenen Barrieren, die im Allgemeinen als typisch für Innovationsaktivitäten von KMU angesehen werden: Hohes Risiko und hohe Kosten bei gleichzeitig begrenzten Ressourcen stellen grundsätzliche Barrieren für Investitionen in FuE und neue Produkte und Prozesse dar. Wirken diese Hemmnisse in der Wahrnehmung der Unternehmen zu stark, besteht die Gefahr eines – zumindest vorübergehenden – Rückzugs aus der FuE- und Innovationstätigkeit. Diese Entwicklung war nach 2000 bei einer großen Zahl an forschenden KMU zu beobachten: Etwa 40 % der forschenden KMU des Jahres 2000 reduzierten ihre FuE-Tätigkeit oder stellten diese ganz ein, so dass sie 2003 nicht mehr zu dieser KMU-Gruppe zählten. Ein (temporärer) Rückzug aus FuE-Aktivitäten ist für diese Unternehmen insofern eine Option, da ihnen – als im Markt bereits gut etablierte Unternehmen – auch alternative Strategien zur Sicherung der Wettbewerbsfähigkeit offen stehen, wie etwa verstärkte Konzentration auf Marketing und Vertrieb, Produktions- und Vertriebskooperationen, oder die Nutzung von Kostenvorteilen aus einer Internationalisierung des Unternehmens. Für die Entscheidung, weiter in die Entwicklung neuer Produkte und Prozesse zu investieren, dürften insbesondere die Absatzerwartungen eine große Rolle spielen. So lag im Jahr 2002 das Hemmnis der mangelnden Kundenakzeptanz unter den Innovationen behindernden Gründen vergleichsweise weit vorn. Finanzierungsseitig ist die Situation für Innovationen in den forschenden KMU – im Vergleich zu anderen KMU-Gruppen – recht günstig: Sie profitieren grundsätzlich von der (im Vergleich zu den anderen hier untersuchten KMU-Gruppen) günstigeren Eigenkapitalausstattung und den niedrigeren langfristigen Verbindlichkeiten. Die hohe Profitabilität mit einer Umsatzrendite von im Mittel etwa 4-5 % erlaubt die Finanzierung von FuE-Aufwendungen (im Mittel knapp 5 % des Umsatzes) aus dem Cashflow.

Forschende KMU blicken überwiegend optimistisch in die Zukunft, wenngleich ein nicht unbedeutender Teil (über 25 %) seine künftigen Innovationsaufwendungen vom Eintreten bestimmter Veränderungen in den Rahmenbedingungen abhängig macht. An erster Stelle steht hier – wie auch bei allen anderen KMU-Gruppen – ein kräftiger Nachfrageanstieg. Angesichts des hohen technologischen Anspruchs kommt auch dem Zugang zu externem Wissen – insbesondere über Kooperationen mit der Wissenschaft – eine wichtige Rolle zu. So hat die Verbesserung des Wissens- und Technologietransfers für die forschenden KMU eine ähnlich hohe Bedeutung für die Ausweitung ihrer Innovationsanstrengungen wie die Erhöhung der staatlichen Innovationsförderung.

Als „Kern" des innovativen KMU-Sektors in Deutschland kommt den forschenden KMU traditionell eine große Aufmerksamkeit durch die *Innovationspolitik* zu. Diese spiegelt sich in einem überproportionalen und jüngst steigenden Anteil unter allen im Rahmen von innovationspolitischen Maßnahmen geförderten Unternehmen wider. Viele Fördermaßnahmen sind insbesondere auf die Hemmnisstruktur der forschenden KMU ausgerichtet: So unterstützen die kooperativen FuE-Programme des BMWA die Unternehmen beim Zugang zu wissenschaftlichem Know-how. Die Fachprogramme der direkten Projektförderung sowie die Spezialprogramme der KfW zur Innovationsförderung bieten eine finanzielle Förderung für FuE-Projekte, die oft typisch für diese KMU-Gruppe sind: hoher technologischer Anspruch verbunden mit dem Ziel einer raschen Umsetzung in marktfähige Produkte.

Zusätzliche Maßnahmen zur besseren Nutzung der Innovationspotenziale in dieser KMU-Gruppe müssten in erster Linie bei jenen forschenden KMU ansetzen, die als eine Art „Grenzproduzenten" innerhalb dieser Gruppe vor dem Rückzug aus FuE-Aktivitäten stehen, da sie sich aus einer Fortführung von FuE geringere künftige Erträge versprechen als bei einer Fokussierung ihrer Ressourcen auf andere, ihre Wettbewerbsfähigkeit stärkende Felder. Die Zahl der aus FuE aussteigenden forschenden KMU hat im Zeitraum 2000-2003 gegenüber 1998-2000 stark zugenommen. Die wohl wichtigsten Rahmenbedingungen, um kontinuierliche FuE-Aktivitäten in dieser KMU-Gruppe zu erhalten, sind positive Absatzerwartungen und Innovationsanreize, die aus einer hohen Nachfrage ihrer Kunden nach neuen Produkten resultieren. Ein dynamisches Marktumfeld als Voraussetzung für Investitionen in FuE und Innovationen muss daher ein generelles Ziel der Innovationspolitik sein, wenngleich dieses nicht durch innovationspolitische Instrumente zu erreichen ist.

Im Bereich des innovationspolitischen Instrumentariums können durch kostengünstigere Finanzierungsinstrumente oder eine indirekte FuE-Förderung eigenständige Anreize für den Erhalt einer kontinuierlichen FuE-Tätigkeit gesetzt werden. Gerade für die nicht an der technologischen Spitze forschenden KMU mit einem geringen Bedarf an FuE-Kooperationen gibt es derzeit nur wenig Möglichkeiten, aus öffentlichen Mitteln eine Kompensation für die externen Effekte ihrer FuE-Tätigkeit zu erhalten. Einzelne Länderprogramme mögen hierfür geeignet sein, doch scheint der Umfang der Projektförderungen sehr gering zu sein, jedenfalls fordern gerade die von Länderseite geförderten Unternehmen – und unter diesen stellen forschende KMU die größte Gruppe – eine Ausweitung der staatlichen Innovationsförderung. Hier sollten von Bundesseite stärker in die Breite wirkende Finanzierungsinstrumente (Kredite) sowie Wagniskapital für FuE und Innovationen angeboten werden. Insbesondere wäre an eine Ausweitung von (mezzaninen) Innovationsfinanzierungen in Richtung FuE, mit einer entsprechenden Anpassung der Kreditkonditionen (in Hinblick auf Besicherbarkeit, Zinsniveau, Laufzeit, Tilgungsstruktur), zu prüfen. Entscheidend für die Wirksamkeit dieses Instruments ist ein leichter, unbürokratischer Zugang für KMU.

Eine andere Möglichkeit wäre die Einrichtung einer indirekten FuE-Förderung für KMU, wie etwa eine steuerliche Begünstigung von FuE-Aufwendungen (erhöhter Abschreibungssatz) oder eine Förderung der FuE-Personalkosten durch niedrigere Lohnnebenkosten, wie sie von zahlreichen Ländern angewendet wird (vgl. van Pottelsberghe et al., 2003; OECD, 2002; Guellec und van Pottelsberghe, 2001; Hall und van Reenen, 2000). Sie würde die Opportunitätskosten der Unternehmen bei einem Ausstieg aus FuE erhöhen und könnte dazu beitragen, dass forschende KMU auch unter konjunkturell ungünstigen Rahmenbedingungen weiterhin – wenngleich mit verminderten Ressourcen – FuE betreiben. Damit könnten mögliche Hürden bei einem späteren Wiedereinstieg in FuE vermieden werden. Bei der Ausgestaltung von steuerlichen Begünstigungen ist besonders darauf zu achten, die Mitnahmeeffekte so gering wie möglich zu halten sowie eine Einpassung in die Systematik und Einfachheit des Unternehmenssteuersystems zu gewährleisten.

d. Innovierende KMU ohne FuE

Das Gros der KMU mit Innovationsaktivitäten befindet sich in der Gruppe der innovierenden KMU ohne (kontinuierliche) FuE: Bei ihnen handelt es sich um Unternehmen, die erfolgreich neue Produkte oder Prozesse eingeführt haben, die jedoch – zumindest im jeweiligen Beobachtungsjahr – keine kontinuierlichen FuE-Aktivitäten aufweisen. Im Jahr 2003 stellten sie mit rund 50.000 Unternehmen über die Hälfte aller KMU mit Innovationsaktivitäten. Ihre Zahl schwankt zwischen den einzelnen Jahren sehr stark, so umfasste diese Gruppe 1998 – im Jahr einer sehr hohen Innovationsbeteiligung der Unternehmen in Deutschland – noch über 75.000 und damit gut 70 % der innovativen KMU. Dies weist auf ein weiteres wichtiges Merkmal dieser Gruppe hin, nämlich die geringe Persistenz der Gruppenzugehörigkeit: Innovierende KMU wechseln häufig zu anderen Gruppen, sei es, indem sie (wieder) kontinuierliche FuE-Aktivitäten aufnehmen und so zu forschenden KMU werden, sei es dadurch, dass sie keine Innovationen mehr einführen und so in die Gruppe der nicht innovierenden KMU fallen. Unter konjunkturell günstigen Umständen scheint der Wechsel nach „oben“ (d.h. zu den forschenden KMU) stärker auszufallen als in konjunkturell rezessiven Phasen. Innovierende KMU ohne FuE weisen im Mittel eine recht hohe Innovationsintensität von etwa 6 % auf, wovon immerhin ein Viertel auf FuE entfällt. FuE wird unternehmensintern allerdings nicht auf einer kontinuierlichen Basis durchgeführt, und die FuE-Ausgaben enthalten auch einen signifikanten Anteil an externer FuE. Die Innovationsstrategien dieser KMU-Gruppe zielen vor allem auf innovative Lösungen für einzelne Kunden ab, wobei der Fokus weniger auf technologisch neuen Produkten als vielmehr der geschickten Kombination vorhandener Technologien sowie der Verbindung mit Dienstleistungen liegt. Innovationen sind in dieser Gruppe auch stark auf die Erzielung von Rationalisierungserfolgen ausgerichtet, um Vorteile im Preiswettbewerb zu erreichen. Die Adoption von Technologien und die Übernahme von Innovationen, die bereits andere in den Markt eingeführt haben, sind weitere Charakteristika der Innovationsprozesse. Diese Innovationsstrategie erlaubt hohe Erträge bei insgesamt relativ niedrigen Aufwendungen für Innovationen, sodass sich ein ähnlich günstiges Output-Input-Verhältnis wie bei forschenden KMU ergibt. Die Wachstumsaussichten dieser Unternehmen sind allerdings bei einer solchen „Adoptionsstrategie" offenbar weniger gut, jedenfalls liegt die durchschnittliche Beschäftigtenzahl mit etwa 80 unter der von forschenden KMU. Die Profitabilitätssituation ist im Mittel nur wenig schlechter als bei forschenden KMU.

Innovationshemmnisse werden von innovierenden KMU ohne FuE generell seltener wahrgenommen als von den drei oben dargestellten KMU-Gruppen. Innerhalb der Hemmnisse kommt organisatorischen Problemen eine große Bedeutung zu, was auf Defizite im Innovationsmanagement hindeuten kann. Da diese KMU-Gruppe eine große Zahl an Unternehmen umfasst, die ihre Innovationsprozesse jüngst umgestaltet haben – sei es durch Aufnahme von Innovationsaktivitäten oder durch Einstellung kontinuierlicher FuE –, ergeben sich besondere Anforderungen an die Organisation dieser Prozesse. Finanzierungsrestriktionen scheinen in dieser KMU-Gruppe von vergleichsweise geringer Bedeutung zu sein. So nennen innovierende KMU ohne FuE am seltensten „abgebrochene Kreditverhandlungen, weil die Bank kein Angebot gemacht hatte". Abgebrochene Kreditverhandlungen führen auch am seltensten unter allen KMU-Gruppen zum Verzicht auf die Investition, und in keiner KMU-Gruppe ist der Anteil der Unternehmen höher, die trotz gescheiterter Kreditverhandlung die Investition wie geplant umsetzen. Dies deutet darauf hin, dass Innovationsprojekte ein vergleichsweise geringes Risiko aufweisen, und die Unternehmen über ausreichende Sicherheiten für Bankkredite verfügen. Gleichwohl hat auch bei den innovierenden KMU ohne FuE die Bedeutung des Finanzierungshemmnisses in den vergangenen Jahren deutlich zugenommen.

Innovierende KMU ohne FuE sind bezüglich ihrer mittelfristigen Innovationsabsichten im Durchschnitt ähnlich optimistisch wie forschende KMU: Jedes zweite KMU in dieser Gruppe rechnet mit steigenden Innovationsaufwendungen für 2004/05, und nur 20 % hatten im Frühjahr 2004 bereits beschlossen, ihre Innovationsaktivitäten zu reduzieren. Bei gut 25 % hängt eine mögliche *Ausweitung der Innovationsaktivitäten* jedoch von Veränderungen in den Rahmenbedingungen ab. Dabei spielt neben dem Anziehen der Nachfrage vor allem auch eine Ausweitung des Gewinns eine große Rolle. Recht hoch ist auch der Anteil der Unternehmen, die eine Verbesserung des Technologietransfers fordern. Für einen kleinen Teil der innovierenden KMU sind fehlende technologische Informationen ein wichtiges Hemmnis. Gleichzeitig nutzen diese Unternehmen relativ selten wissenschaftliche Einrichtungen als Kooperationspartner, und insbesondere die wissenschaftlich-technische Beratung ist – im Vergleich zu anderen KMU-Gruppen – eine selten genutzte Kooperationsform. Dies kann als Hinweis auf eine Zugangsbarriere zur Teilnahme am Technologietransfer gesehen werden.

Innerhalb der *staatlichen Innovationsförderung* haben die innovierenden KMU ohne FuE jüngst als Zielgruppe an Bedeutung verloren. Dies hat in erster Linie mit einer immer stärkeren Ausrichtung der Förderinstrumente auf die Unterstützung von FuE-Aktivitäten zu tun, während Maßnahmen, die auf Nicht-FuE-Teile von Innovationsprojekten abzielen – wie z.B. Innovationsmanagement-Beratung, *Best-Practice*-Verbreitung, Investitionszuschüsse oder verbilligte Kredite für neue Anlagen, Vermarktungsförderung für neue Produkte – auch aus wettbewerbsrechtlichen Gründen (EU-Beihilferecht) zurückgefahren oder eingestellt wurden. Insbesondere die Länder und das BMWA haben zuletzt deutlich weniger Unternehmen aus dieser Gruppe gefördert (laut Eigenangaben der Unternehmen). Gleichwohl ist der Anteil der Unternehmen, die eine Ausweitung der staatlichen Innovationsförderung fordern, in dieser KMU-Gruppe niedriger als bei den forschenden KMU. Dies unterstreicht, dass die Finanzierungsfrage nicht so stark im Zentrum der Innovationshemmnisse steht wie bei anderen KMU-Gruppen.

Eine Politik zur *Stimulierung der Innovationspotenziale* in innovierenden KMU ohne FuE muss verschiedene Wege beschreiten: Für die bereits in FuE engagierten Unternehmen gilt es, Anreize für eine kontinuierliche FuE-Tätigkeit zu schaffen. Hierfür sind zum einen die gleichen Instrumente geeignet, die forschende KMU vom Ausstieg aus kontinuierlichen FuE-Aktivitäten abhalten sollen, d.h. in die Breite wirkende finanzielle Anreize für die Durchführung von FuE-Projekten. Zum anderen wären aber auch spezielle Maßnahmen für die Förderung des *Einstiegs in kontinuierliche FuE* denkbar. In den 1980er Jahren wurden mit dem Programm „Personalkostenzuschuss" dahingehend Erfahrungen gemacht, und dieses Programm konnte eine große Zahl an Unternehmen erreichen. Das Programm ProInno bot ebenfalls eine spezielle Einstiegsförderung an, die jedoch kaum angenommen wurde. Hier wäre zu prüfen, wie ein solches Instrument besser ausgestaltet werden könnte, um Unternehmen, die in kontinuierliche FuE-Aktivitäten einsteigen, die Teilfinanzierung von FuE-Projekten bei geringen administrativen Kosten zu ermöglichen. Hierfür könnte z.B. ein mezzanines Förderkreditprogramm, das speziell auf FuE-Einsteiger abzielt, zum Einsatz kommen. Eine indirekte FuE-Förderung könnte ebenfalls Anreize für die Aufnahme von FuE bieten, wenngleich wegen der niedrigen impliziten Förderquote (d.h. des Förderanteils an den gesamten FuE-Kosten) keine sehr hohe Mobilisierungswirkung erwartet werden sollte.

Ein zweiter wichtiger Ansatz ist die Schaffung von Anreizen für innovierende KMU, aus Innovationsaktivitäten nicht auszusteigen. Hierzu zählt zum einen der Abbau von Innovationshemmnissen, die zu einer Aufgabe von Innovationsprojekten führen können. Dies betrifft neben ungünstiger Absatzbedingungen vor allem die Verfügbarkeit und den Preis von für Innovationsaktivitäten kritischen Faktoren, insbesondere *qualifiziertes Personal* und *Fremdkapital*. Wenngleich der Fachpersonalmangel gegenwärtig nicht akut ist, gilt es angesichts der demografischen Entwicklung und der Entwicklung der Absolventenzahlen in technischen Fachgebieten, für einen möglichen kommenden Wirtschaftsaufschwung eine Fachkräfteknappheit rechtzeitig zu verhindern. Angesichts der Finanzierungsstruktur dieser KMU-Gruppe scheinen zur Finanzierung von Innovationsprojekten insbesondere (mezzanine) Kreditinstrumente geeignet. Hier bieten die Programme der KfW einen Ausgangspunkt. So sind auch Personalkosten für konkrete Innovationsvorhaben in den Spezialprogrammen der KfW zur Innovationsförderung förderfähig. Die Verpflichtung zur Zurückzahlung der Fördermittel aus dem ERP-Innovationsprogramm, das für diese KMU-Gruppe vorrangig in Frage kommt, setzt darüber hinaus Anreize zu einer effizienten Mittelverwendung. Die geplanten Modifikationen dieses Programms zielen unter anderem darauf ab, die Finanzierung von Innovationsprojekten kostengünstiger zu gestalten.

Ein dritter Bereich der Innovationsstimulierung in dieser KMU-Gruppe betrifft den Zugang zu modernen *Methoden des Innovationsmanagements* sowie zu einer technisch-wissenschaftlichen Beratung. Hier wurden in der jüngsten Vergangenheit bereits neue Maßnahmen gesetzt, wie etwa eine verbesserte Transparenz der Qualität von Weiterbildungs- und Beratungsanbietern. In Hinblick auf die Nutzung der wissenschaftlichen Einrichtungen als Partner in der Beratung zu technischen Fragen könnten auch neue Instrumente geprüft werden, so z.B. ein Gutscheinsystem zur Inanspruchnahme von wissenschaftlich-technischen Beratungsleistungen, wie es derzeit z.B. in den Niederlanden eingesetzt wird.

e. Nicht innovierende KMU

Diese derzeit zahlenmäßig größte KMU-Gruppe – 2003 gehörten ihr rund 55.000 Unternehmen an – umfasst Unternehmen, die in den vorangegangenen drei Jahren keine erfolgreichen Innovationsaktivitäten aufweisen. Ein kleiner Teil in dieser Gruppe – rund 15 % – betreibt Innovationsprojekte, die jedoch noch zu keiner Einführung eines neuen Produktes oder Prozesses geführt haben oder die wieder abgebrochen wurden. Diese innovativen KMU – ihre Zahl belief sich 2003 auf rund 8.000 – sind in ihrem Innovationsverhalten sehr ähnlich zu den innovierenden KMU ohne FuE. So liegt die Innovationsintensität ebenfalls bei 5-6 %, und die Innovationsstrategien sind ebenfalls ähnlich. Diese Unternehmen sind somit entweder „auf dem Sprung" in die Gruppe der innovierenden KMU, oder es handelt sich um Wechsler aus dieser Gruppe, die mit ihren Innovationsbemühungen nicht erfolgreich waren. Der „Austausch" zwischen den beiden KMU-Gruppen umfasste zwischen 2000 und 2003 etwa 15 % der Unternehmen der nicht innovierenden KMU. Nicht innovierende KMU sind allerdings im Schnitt kleiner (ca. 60 Beschäftigte) und weisen eine niedrigere Profitabilität auf (knapp ein Drittel mit negativen Renditen, geringerer Anteil an hoch profitablen Unternehmen). Dies kann als Folge einer fehlenden Innovatorenrente sowie aus geringeren Wachstumspotenzialen von nicht innovierenden Unternehmen interpretiert werden.

Das Gros der nicht innovierenden KMU verzichtet auf Innovationsaktivitäten, weil entweder wegen früherer Innovationen aktuell kein Bedarf gesehen wird (etwa 45 %) und/oder weil die Marktgegebenheiten keine Innovationsaktivitäten erfordern (zuletzt über 60 %). Knapp 10 % der Unternehmen in dieser Gruppe führen an, dass wegen Hemmnissen der Start von Projekten verhindert wurde und es deshalb zu keinen Innovationsaktivitäten kam. Von den rund 15 % der nicht innovierenden KMU mit laufenden oder abgebrochenen Innovationsaktivitäten melden weniger als die Hälfte Innovationshemmnisse. Damit liegt dieser Anteil niedriger als in jeder anderen KMU-Gruppe. Unter den Hemmnisfaktoren ist das Finanzierungsproblem klar das dominierende. Dies wird auch dadurch unterstrichen, dass ein relativ großer Teil der Unternehmen in dieser KMU-Gruppe gescheiterte Kreditverhandlungen meldet, weil die Bank kein Angebot vorgelegt hat. Dahinter steht zum einen die geringe Eigenkapitalbasis dieser Unternehmen (wohl auch als Folge der niedrigeren Profitabilität), die eine Ausweitung der Verbindlichkeiten erschwert, sowie eine schlechtere Einstufung im Rating durch die Banken, jedenfalls wird ein ungünstiges Rating von den KMU in dieser Gruppe häufiger als eine Schwierigkeit bei Kreditverhandlungen angeführt. Nicht innovierende KMU sind außerdem in besonderem Maß durch die anhaltend schwache Binnenkonjunktur in Deutschland betroffen, da sie meist auf regional eng abgegrenzten Märkten tätig sind und selten exportieren (Exportquote von etwa 10 %).

Die nicht innovierenden KMU sind jene Unternehmen, die eine Erhöhung der Innovationsbeteiligung im deutschen KMU-Sektor bewirken könnten. Im Frühjahr 2004 war die Bereitschaft, in Innovationsaktivitäten einzusteigen bzw. die bereits bestehenden Aktivitäten auszuweiten, in dieser Gruppe recht hoch: 30 % planten fest mit verstärkten Innovationsanstrengungen, während sich nur ein kleiner Teil der bereits innovationsaktiven Unternehmen wieder aus dem Innovationsgeschäft zurückziehen wollte. Nur rund ein Drittel hat sich bereits entschieden, weiterhin keine Innovationsaktivitäten durchzuführen. Würden die Planungen umgesetzt, ist für 2004 und 2005 wieder mit einem Anstieg der bis 2002 rückläufigen und 2003 stagnierenden Innovationsbeteiligung von KMU in Deutschland zu rechnen. Allerdings hängt für ein Viertel der Unternehmen die Entscheidung noch von bestimmten Voraussetzungen ab: Dabei steht, ebenso wie bei den anderen KMU-Gruppen, ein Anstieg der Nachfrage und eine Verbesserung der Gewinnlage im Mittelpunkt.

Inwieweit dieses *Potenzial für mehr Innovationstätigkeit* in Deutschland genutzt werden kann, hängt im Wesentlichen an den gleichen Faktoren, die die Investitionsbereitschaft von KMU beeinflussen: Positive Absatzerwartungen, steigende Gewinne und die Verfügbarkeit von günstigen Fremdfinanzierungsmitteln sind hier die zentralen Punkte: Nur bei Erwartung einer steigenden Nachfrage nach den eigenen Produkten lohnen sich Investitionen. Dass nicht innovierende KMU auf Innovationen setzen, um bei einer erwarteten rückläufigen Nachfrage die eigenen Absatzprobleme über neue Produkte zu lösen, ist wenig wahrscheinlich. Denn hierfür müssten sie zunächst hohe Vorleistungen erbringen (deren Finanzierung schwierig ist), außerdem haben sie im Innovationswettbewerb mit bereits erfolgreichen Innovatoren bei nicht expandierenden Märkten Nachteile (z.B. mangelnde Reputation), die wohl nur durch Niedrigpreisstrategien kompensiert werden können, was die Finanzierungsproblematik von Innovationen verschärft. Eine Politik zur Verbreiterung von Innovationsaktivitäten in der Wirtschaft muss daher zuallererst eine auf Wachstum zielende Politik sein.

Eine *Verbesserung der Finanzierungssituation* in dieser KMU-Gruppe kann zum einen an den kostenseitigen Faktoren ansetzen, zum anderen die Konditionen für eine Fremdkapitalfinanzierung verbessern. Eine kostenseitige Entlastung zur Gewinnsteigerung etwa bei Steuern oder Löhnen müsste auf breiter Front ansetzen, um die große Zahl an Unternehmen in dieser Gruppe zu erreichen. Dies ist aber kaum mit einer die Binnenkonjunktur fördernden Politik zu vereinbaren, da gleichzeitig die beiden wichtigsten volkswirtschaftlichen Nachfrageaggregate – die private Konsumnachfrage und die staatliche Nachfrage – geschwächt würden. Angesichts der niedrigen Exportorientierung in dieser KMU-Gruppe und der grundsätzlichen Barrieren für die Aufnahme von Exportaktivitäten (Kleinheit der Unternehmen, Spezialisierung auf kundenspezifische Produkte mit hohem Dienstleistungsanteil und damit eingeschränkter Handelbarkeit) würde eine solche Kostenentlastung in der Breite auch kaum die Wettbewerbsfähigkeit des einzelnen Unternehmens verbessern. Eher angebracht wäre dagegen eine Verbesserung der Fremdkapitalverfügbarkeit, da diese über eine stärkere Kreditnachfrage gleichzeitig auch Wachstumsimpulse setzt. Bezüglich der Wirkung auf die Innovationstätigkeit dieser Unternehmen muss berücksichtigt werden, dass große Teile dieser KMU-Gruppe auf Innovationen verzichten, weil sie derzeit keinen Bedarf für Innovationen sehen.

6.2 Vorschläge für innovationspolitische Maßnahmen

Aus den oben dargelegten Ausführungen können eine Reihe von Vorschlägen für innovationspolitische Maßnahmen zur besseren Nutzung der Innovationspotenziale von KMU in Deutschland abgeleitet werden. Diese verstehen sich im Wesentlichen als eine Ergänzung bzw. Adaption des bestehenden Förderinstrumentariums.

Die Versorgung der wachstumsorientierten, forschungsintensiven Jungunternehmen mit *Wagniskapital* ist eine zentrale Voraussetzung dafür, dass aus dem großen Pool an Hightech-Startups eine größere Zahl von Unternehmen auch die Entwicklung zu im Markt etablierten, forschenden KMU schafft und damit ihre Wachstumspotenziale nutzt. Wagniskapital ist sowohl für die Seed- und Startup-Phase als auch für weitere Finanzierungsrunden erforderlich. Zwar deutet sich nach der Konsolidierung der vergangenen Jahre ein Anspringen des deutschen Wagniskapitalmarkts an (vgl. Zimmermann und Karle, 2005), dennoch wird vor allem die Frühphasenfinanzierung (Seed- und Startup-Phase) in Deutschland noch auf absehbare Zeit staatlicher Unterstützung bedürfen. Für eine Finanzierung von innovativen Unternehmensgründungen ohne öffentliche Unterstützung ist der private Wagniskapitalmarkt in Deutschland derzeit und wohl auch für die kommenden Jahre bei weitem nicht ausreichend (vgl. BVK, 2005; Rammer, 2004a). Hierfür sind daher öffentliche Mittel gefordert. Der gemeinsam von BMWA, KfW und Industrieunternehmen aufgelegte *Hightech-Gründerfonds* soll diese Rolle übernehmen und ist hierfür ein geeignetes Instrument. Eine ausreichende Kapitalversorgung für diesen Fonds ist sicherzustellen. Die Reform der Wagniskapitalinstrumente des Bundes im Jahr 2004 mit der Einführung des ERP-Startfonds sowie eines Dachfonds soll unter anderem die Versorgung von Startups mit Beteiligungskapital sichern und darüber hinaus die Finanzierungsmöglichkeiten für weitere Finanzierungsrunden von bereits mit Wagniskapital ausgestatteten Unternehmen verbessern. Hier sollte kontinuierlich geprüft werden, ob dieses Ziel auch erreicht wird, und gegebenenfalls sollten Anpassungen in den Instrumenten vorgenommen werden. Zusätzlich sollte geprüft werden, ob zur Intensivierung des Technologietransfers aus der Wissenschaft nicht spezielle Fonds (Spinoff-Fonds) mit Hilfe von Bund und Ländern geschaffen werden sollten (vgl. Egeln et al., 2003: 176ff.).

Zusätzlich zur Wagniskapitalfinanzierung ist auch die *direkte Förderung von FuE-Projekten* für forschungsintensive, junge Unternehmen eine geeignete Unterstützungsform, insbesondere wenn diese Forschung noch marktfern ist und durch die Förderung eine raschere Kommerzialisierung von neuen Technologien und damit eine Verbesserung des Marktzugangs für die jungen Unternehmen, z.B. über Kooperationen mit etablierten Unternehmen, erreicht wird. In der direkten Projektförderung des Bundes wurden im Bereich der Biotechnologie mit dem Instrument BioChance gute Erfahrungen gemacht. Dank dieser Maßnahme ist der Anteil von Hightech-Startups an allen Fördermittelempfängern in diesem Förderbereich weit überdurchschnittlich. Wenngleich die Situation der Biotechnologie eine besondere ist, existieren gleichwohl eine Reihe anderer Technologiefelder, die im Prinzip ähnlich gute Markteintrittsmöglichkeiten für Hightech-Startups bieten und die ebenso über eine direkte Projektförderung unterstützt werden könnten. Es sollte daher geprüft werden, inwieweit *„Chance"-Elemente* nicht in einer großen Zahl von Fachprogrammen zum Einsatz kommen könnten, indem ein Teil der Fördermittel für diesen Maßnahmentyp reserviert werden. Dies wäre eine ähnliche Vorgehensweise, wie sie in den USA mit dem SBIR-Programm schon lange erfolgreich praktiziert wurde und die jüngst auch von Großbritannien und Japan in adaptierter Form in deren FuE-Fördersysteme übernommen wurde (vgl. Rammer et al., 2004a). Zu beachten ist allerdings, dass in den USA FuE-Vorhaben von neu gegründeten Unternehmen auch mit bis zu 100 % gefördert werden können, während der EU-Beihilferahmen nur Förderungen bis zu 50 % der gesamten FuE-Kosten erlaubt. Hier wäre eine Änderung des EU-Beihilferahmens zu überlegen, um für junge, stark technologieorientierte und forschungsintensive Unternehmen in der Phase der Erstproduktentwicklung auch Förderungen ohne Eigenmittelbeteiligung der Unternehmen zu ermöglichen.

Für eine große Zahl der forschenden KMU in Deutschland bieten die vorhandenen FuE-Förderprogramme (wie die BMWA-Kooperationsprogramme oder die Verbundforschung in der direkten Projektförderung) eine gute Grundlage, um Forschungsprojekte durch den Staat kofinanzieren zu lassen und so einen Ausgleich für die externen Effekte ihrer FuE-Aktivitäten zu erhalten. Zwei Gruppen von forschenden KMU werden jedoch durch diese Instrumente kaum erreicht: KMU, die mit niedrigem oder mittlerem technologischem Anspruch FuE betreiben und dabei – meist im Verein mit einer kundenspezifischen Ausrichtung – auf eine rasche Markteinführung neuer Produkte und Prozesse abzielen, sowie KMU, die im Anschluss an eine FuE-Projektförderung Mittel für die Weiterentwicklung der FuE-Ergebnisse in marktfähige neue Produkte einschließlich der Entwicklung bzw. Anpassung von Produktionsprozessen benötigen. Diese FuE-Tätigkeit von KMU verspricht aufgrund ihrer Anwendungsnähe hohe Markterfolge und Wachstumseffekte. Allerdings ist auch diese Form der FuE durch Unsicherheit und Spillovers gekennzeichnet, so dass es zu Finanzierungsschwierigkeiten und zur Zurückstellung von FuE-Projekten kommen kann. Solche FuE-Projekte erfüllen in der Regel nicht den hohen technologischen Anspruch der Fachprogrammförderung oder sind außerhalb der festgelegten Technologieschwerpunkte angesiedelt. Viele dieser KMU betreiben auch nicht kooperativ FuE, sodass die FuE-Kooperationsprogramme nicht in Frage kommen. Hier ist ergänzend die Einführung eines *Kreditfinanzierungsinstruments für FuE* in Form von zinsverbilligten, nicht besicherbaren staatlichen FuE-Projektkrediten zu prüfen. Durch die Freistellung von einer Besicherung wird die für eine private Kreditfinanzierung vorhandene Restriktion, dass FuE-Aktivitäten nämlich nur selten besicherungsfähige Sachmittelinvestitionen umfassen, umgangen. Die Rückzahlung der Förderung erlaubt den Einsatz eines hohen Mittelvolumens. Entscheidend für den Erfolg eines solchen Instruments ist ein wenig bürokratischer Zugang. Im Fall einer Anschlussfinanzierung an FuE-Projekte, die über die direkte Projektförderung gefördert wurden, kann auf die Mitwirkung der Projektträger bei der Prüfung von Anträgen zurückgegriffen werden. Eine mögliche Ausgestaltung eines solchen Instruments ist in KfW (2004: 14ff.) beschrieben. Für eine Anschlussfinanzierung kämen neben FuE-Krediten auch stille Beteiligungen in Frage. Für die anderen KMU müsste eine dezentrale Zugangsform gefunden werden. In beiden Fällen müssten die Antragsbearbeiter auch über das notwendige kreditwirtschaftliche Know-how verfügen. Die Rückzahlungspflicht des Kredits sollte nicht am Projekt-, sondern am Unternehmenserfolg festgemacht werden, um *moral hazard* zu vermeiden (d.h. die gezielte Herbeiführung eines Nicht-Erfolgs von FuE-Projekten, um den Kredit in einen Zuschuss zu verwandeln).

Für forschende KMU, die quasi als „Grenzproduzenten“ innerhalb dieser Gruppe vor dem Ausstieg aus FuE stehen, sind diese Programme wenig geeignet. Um für diese Unternehmen Anreize zur Fortführung von FuE-Aktivitäten zu setzen, müssten die Opportunitätskosten eines Ausstiegs erhöht oder die Kosten der Durchführung und Finanzierung von FuE gesenkt werden. Dies kann z.B. durch eine *indirekte, speziell auf KMU ausgerichtete FuE-Förderung* erreicht werden. Wie eine solche im Prinzip ausgerichtet werden könnte, wird in Rammer et al. (2004a: 110ff.) diskutiert. Jedenfalls kann dabei auf die Erfahrung von einer großen Zahl anderer Länder zurückgegriffen werden, die solche indirekten Instrumente schon seit längerer Zeit einsetzen. Im Prinzip können auch Programme, die den Zugang von KMU zu Krediten auf breiter Front verbessern und verbilligen, zur Erreichung dieses Ziels beitragen. Dabei müssten die Fremdkapitalkosten signifikant unter den Marktzinsen liegen sowie eine hohe Zahl an KMU erreicht werden. Die stärkere Verbilligung des Zinssatzes sowie die mezzaninen Ausgestaltungselemente bei der zukünftigen Kreditvariante des ERP-Innovationsprogramms gehen in diese Richtung und leisten somit einen Beitrag, damit forschende KMU ihre Aktivitäten beibehalten und in der Vergangenheit nicht innovierende KMU in die Entwicklung von neuen Produkten und Dienstleistungen einsteigen können. Um das Ziel einer deutlichen Verbreiterung der FuE-Tätigkeit bzw. der Sicherung einer hohen Zahl von FuE betreibenden KMU zu erreichen, wäre allerdings eine merkliche quantitative Ausweitung der entsprechenden Programme mit einem entsprechenden Mittelaufwand notwendig. Vor dem Hintergrund, dass größenordnungsmäßig von etwa 30.000 FuE betreibenden KMU in Deutschland auszugehen ist – wenngleich viele nur geringe FuE-Aktivitäten entfalten –, brächte ein starker Anstieg der Nachfrage nach diesen Programmen auch zusätzliche administrative Kosten in der Bearbeitung der Anträge mit sich.

Generell gilt, dass eine Stärkung der *Eigenkapitalausstattung* der Unternehmen Entscheidungen zur Durchführung von FuE positiv beeinflusst. Allerdings ist der quantitative Effekt nicht allzu groß: Eine Erhöhung der Eigenkapitalausstattung um 20 Prozentpunkte, was im Mittel der KMU annähernd eine Verdoppelung bedeuten würde, erhöht die FuE-Intensität bei jungen Unternehmen um 0,25 Prozentpunkte, bei alten nur um 0,05 Prozentpunkte. Die Wahrscheinlichkeit, FuE durchzuführen, steigt um 1,8 (für junge) bzw. 1,1 Prozentpunkte (für alte). Angesichts einer durchschnittlichen FuE-Intensität der jungen KMU von etwa 7 % und der älteren KMU von etwa 2,5 % und einer FuE-Beteiligung der jungen von etwa 35 % und der älteren von knapp 25 % ist durch eine allgemeine Eigenkapitalverbesserung alleine wenig Dynamik zu erreichen. Da eine Erhöhung der Eigenkapitalbasis von KMU aber nicht nur auf die Durchführung von FuE positiv wirkt, sondern auch den Zugang zu Fremdkapital und damit die Möglichkeiten für Investitionen und nicht auf FuE abzielende Innovationsprojekte verbessert, sollten hier Aktivitäten gesetzt werden. Eine im Zuge der Neugestaltung des ERP-Innovationsprogramms bereits eingeführte Maßnahme ist die Vergabe von mezzaninen, eigenkapitalähnlichen Krediten etwa in Form von Nachrangdarlehen. Der verstärkte Einsatz solcher Instrumente überall dort, wo Innovationsaktivitäten von Unternehmen finanziert werden, sollte geprüft werden.

KMU, die eine kontinuierliche FuE-Tätigkeit aufnehmen möchten, finden im derzeitigen Fördersystem in Deutschland nur wenig zusätzliche (d.h. über Marktsignale hinausgehende) Anreize, diesen mit hohem Risiko sowie großen Anpassungserfordernissen an das Innovationsmanagement verbundenen Schritt zu machen. Das im Rahmen von ProInno angebotene Instrument der Einstiegsförderung wurde kaum genutzt. Für die FuE-Einstiegsförderung sollten Instrumente eingesetzt werden, die bei geringen administrativen Kosten für das Unternehmen ebenso wie für die öffentliche Hand eine Kofinanzierung von FuE-Projekten in Unternehmen vorsehen, die *FuE-Aktivitäten neu aufnehmen*. Eine Möglichkeit wäre, innerhalb eines indirekten Förderungsinstrumentariums spezielle Konditionen für solche Unternehmen vorzusehen. Eine alternative Variante wäre eine Projektförderung, die nicht auf bestimmte Technologiefelder abzielt. In diese Richtung wirken die bereits weiter oben dargelegten Maßnahmen zur Modifizierung des ERP-Innovationsprogramms sowie die vorgeschlagenen FuE-Projektkredite. Speziell bezüglich der Einstiegsförderung ist wichtig, dass solche Instrumente dezentral implementiert werden können, damit die potenziellen Teilnehmer darüber informiert werden und auf einfachem Weg eine Antragstellung vornehmen können. Die traditionelle Umsetzung über zentrale Projektträger erscheint hierfür zu hohe Zugangsbarrieren zu setzen.

Gerade innovierende KMU ohne FuE stehen bei einer Ausweitung ihrer Innovationsaktivitäten immer wieder vor organisatorischen Problemen, die oft mit notwendigen Änderungen im *Innovationsmanagement* zusammenhängen. Hier ist der Zugang zu modernen Methoden des Innovationsmanagements wichtig. In der jüngsten Vergangenheit wurden bereits neue Maßnahmen eingeführt, wie etwa eine verbesserte Transparenz der Qualität von Weiterbildungs- und Beratungsanbietern. Auch die INSTI-Innovationsaktion zielt teilweise in diese Richtung. Eine weitere, schon lange bestehende Aktivität ist das TOP-Besuchsprogramm. Zu prüfen wäre, ob auf der Grundlage der Erfahrungen mit diesen Instrumenten eine Verbreiterung des Teilnehmerkreises erreicht werden kann, um angesichts der großen Zahl an innovierenden KMU mit organisatorischen Problemen – schätzungsweise 10.000 Unternehmen alleine in der Gruppe der innovierenden KMU ohne FuE berichten dieses Hemmnis – eine signifikante Zahl an Unternehmen zu erreichen.

Zur Stärkung des Wissens- und Technologietransfers zwischen Wissenschaft und Unternehmen wurde in den vergangenen Jahren eine Reihe von Maßnahmen ergriffen und umgesetzt (vgl. BMBF und BMWA, 2002). Der Fokus lag dabei auf Verbesserungen der Verwertung von in der Wissenschaft hervorgebrachten neuen Technologien, sei es über Neugründungen von Unternehmen, sei es über die Verwertung von Patenten. Aktuell ist die Schaffung eines neuen Anreizsystems in der Diskussion – die so genannte *Forschungsprämie* –, die für von Unternehmen eingeworbene Drittmittel zur Durchführung von Gemeinschafts- oder Auftragsforschung eine Zusatzzahlung an die wissenschaftliche Einrichtung in Höhe von 25 % vorsieht (vgl. BDI, 2004). Wenngleich dieses Instrument zweifelsfrei starke Anreize für wissenschaftliche Einrichtungen zur Aufnahme bzw. Intensivierung der Forschungszusammenarbeit setzt, so enthält es gleichzeitig die

Gefahr von Wettbewerbsverzerrungen, da private Anbieter von FuE-Dienstleistungen, d.h. insbesondere die hier abgegrenzte Gruppe der FuE-Dienstleister, benachteiligt werden könnten. Denn es ist nicht unwahrscheinlich – und auch praktisch schwer zu verhindern –, dass die wissenschaftlichen Einrichtungen einen Teil der Prämie in die Kosten für ihre FuE-Leistung einkalkulieren und somit einen günstigeren Preis als bisher setzen können. Dies würde die ohnedies schon schwierige Marktstellung der privaten Anbieter von FuE-Arbeiten – so werden große Teile der Fixkosten in wissenschaftliche Einrichtungen in der Regel über die Grundfinanzierung abgedeckt – weiter verschlechtern. Im Fall einer Einführung der Forschungsprämie wäre daher genau darauf zu achten, dass solche Verzerrungen ausgeschlossen werden.

In Hinblick auf die Stärkung der Zusammenarbeit zwischen Wissenschaft und KMU scheinen ohnedies andere Stoßrichtungen dringlicher: So melden zum einen gerade jene KMU, die bereits mit der Wissenschaft zusammenarbeiten, dass eine Verbesserung des Wissens- und Technologietransfers notwendig sei. Dies weist klar darauf hin, dass aus Sicht der Unternehmen die Zusammenarbeit nicht so funktioniert hat, wie sie es sich gewünscht hätten. Offenbar sind Hochschulinstitute von ihrer Forschungsausrichtung und ihrer Organisation her auf KMU als Partner in Forschungsprojekten nicht so gut eingestellt. Eine Möglichkeit, um dies zu verbessern, wäre die stärkere Kooperation zwischen forschenden KMU und Universitäten im Rahmen von Diplomarbeiten und Dissertationen. Finanziell könnte der Wissens- und Technologietransfer durch ein auf KMU beschränktes Instrument der Forschungsprämie sowie die Einrichtung der oben angesprochenen Spinoff-Fonds unterstützt werden.

Für nicht forschende KMU hat die Wissenschaft vor allem die Funktion als Wissensquelle zur Lösung wissenschaftlich-technischer Probleme. Neben der Nutzung des kodifizierten Wissens (d.h. von Publikationen) ist hierfür die direkte Beratung ein wichtiger Transferkanal. Dieser ist allerdings nur wenig verbreitet. Hier kann ein Angebotsdefizit auf Seiten der wissenschaftlichen Einrichtungen vermutet werden, da innerhalb des Wissenschaftssystems für solche Aktivitäten keine Anreize existieren. Um die Zusammenarbeit in der *wissenschaftlich-technischen Beratung* zwischen KMU und Wissenschaft zu verbessern, müssen daher die Anreizsysteme verändert werden. Dies bedeutet erstens, in den dabei relevanten Fächern – wie technische Wissenschaften und Betriebswirtschaftslehre – solche Aktivitäten adäquat bei der Bewertung der Leistungen der Einrichtungen zu berücksichtigen. Zweitens kann durch die Einführung eines kleinen finanziellen Anreizsystems – etwa in Form von Beratungsgutscheinen für innovierende KMU – auch über die finanzielle Seite die Bereitschaft zu solchen Formen der Zusammenarbeit erhöht werden. Dabei wäre zu prüfen, inwieweit für diese Aktivitäten insbesondere die Fachhochschulen geeignete Partner sind.

Die Unterstützung von Innovationsaktivitäten von KMU erfolgt in Deutschland nicht nur durch Bundesprogramme, sondern auch zu einem erheblichen Teil über die *Aktivitäten der Länder*. Der Anteil der über Länderprogramme geförderten

KMU ist allerdings zwischen den Perioden 1998-2000 und 2001-2003 deutlich von 14 auf 11 % gesunken. Vor allem innovierende KMU ohne FuE sowie Hightech-Startups erhielten signifikant seltener eine Länderförderung für Innovationsprojekte. Während für Hightech-Startups die Bundesförderung sowie die EU-Rahmenprogrammförderung vielfältige alternative Fördermöglichkeiten bieten, gilt dies für die breite Masse der innovierenden KMU ohne regelmäßige FuE-Aktivitäten nicht. Für sie bieten die meisten Bundesprogramme zu wenig Platz. Die Kreditprogramme der KfW stehen auch dieser Gruppe offen, innovierende KMU ohne FuE stellen jedoch nicht den Hauptteil der geförderten Unternehmen. Für die Innovationsförderung gilt generell, dass der Anteil der Länder an den Förderungen der Unternehmen umso höher ist, je weniger die Unternehmen auf FuE-Aktivitäten ausgerichtet sind, während für die Förderung des Bundes und der EU der umgekehrte Zusammenhang gilt.

Gleichzeitig gibt es keine Zusammenschau über Umfang und konkrete Ausrichtung der von den Ländern betriebenen Innovationsprogramme. Insbesondere fehlen Informationen über die Gründe der rückläufigen Anteile geförderter Unternehmen, die vorrangig westdeutsche Bundesländer zu betreffen scheinen. Für eine kohärente Ausgestaltung der Innovationsförderung in Deutschland wären solche Informationen nützlich und sollten über geeignete Wege beschafft werden.

Literatur

Acs, Z. und D. Audretsch (1990), *Innovation and Small Firms*, Cambridge, Ma.

Arnold, J. M. und K. Hussinger (2004), *Export Behavior and Firm Productivity in German Manufacturing – A Firm-Level Analysis*, ZEW Discussion Paper No. 04-12, Mannheim.

BDI (2004), *BDI-Innovationsprogramm für eine nachhaltige Innovationspolitik. Die Wertschöpfung in Deutschland steigern*, Berlin.

Beise, M. (2001), *Lead Markets. Country-Specific Success Factors of the Global Diffusion of Innovations*, ZEW Economic Studies, Bd. 14, Heidelberg.

Blind, K., J. Edler, R. Frietsch und U. Schmoch (2003), *Erfindungen kontra Patente*, Karlsruhe.

BMBF und BMWA (2002), *Wissen schafft Märkte. Aktionsprogramm der Bundesregierung*, Berlin.

BVK (2005), *BVK Statistik 2004. Das Jahr 2004 in Zahlen*, Berlin.

Czarnitzki, D. und K. Kraft (2004), *On the Profitability of Innovative Assets*, ZEW Discussion Paper No. 04-38, Mannheim.

Czarnitzki, D., T. Doherr, A. Fier, G. Licht und C. Rammer (2002), *Öffentliche Förderung der Forschungs- und Innovationsaktivitäten von Unternehmen in Deutschland*, Studien zum deutschen Innovationssystem No. 17-2003, Berlin.

Ebling, G. und N. Janz (1999), *Export and Innovation Activities in the German Service Sector: Empirical Evidence at the Firm Level*, ZEW Discussion Paper No. 99-53, Mannheim.

Egeln, J., S. Gottschalk, C. Rammer und A. Spielkamp (2003), *Spinoff-Gründungen aus der öffentlichen Forschung in Deutschland*, ZEW Wirtschaftsanalysen, Bd. 68, Baden-Baden.

European Commission (2004), *Business Demography in Europe. Results for 10 Member States and Norway. Data 1997-2001*, Luxemburg.

European Commission (2005), *European Innovation Scoreboard 2004. Comparative Analysis of Innovation Performance*, Brüssel.

Fier, A., T. Eckert, T. Doherr und B. Aschhoff (2004), *Auswertungen zur direkten Projektförderung an kleine und mittlere Unternehmen*, Mannheim.

Fryges, H. (2004), *Stepping in and out of the International Market: Internationalisation of Technology-Oriented Firms in Germany and the UK*, ZEW Discussion Paper No. 04-65, Mannheim.

Guellec, D. und B. van Pottlesberghe (2001), The Effectiveness of Public R&D Policies, *Revue d'Economie Industrielle* 94, 49-68.

Hall, B. und J. van Reenen (2000), How Effective Are Fiscal Incentives for R&D? A Review of the Evidence, *Research Policy* 29, 449-469.

KfW (2004), *Innovationen sichern Zukunft. Neue Finanzierungsinstrumente für mehr Innovationen*. Abschlussbericht der AG „Innovationsfinanzierung" unter Leitung der KfW, Frankfurt.

Knigth, F. H. (1921), *Risk, Uncertainty, and Profit*, Boston.

Koschatzky, K., M. Reinhard, C. Grenzmann et al. (2002), *FuE-Dienstleistungen in Deutschland. Bestandsaufnahme, Marktanalyse und innovationspolitische Schlussfolgerungen*, Karlsruhe.

Kulicke, M. (Hrsg.) (2005), *Untersuchung der Wirksamkeit von PRO INNO – PROgramm INNOvationskompetenz mittelständischer Unternehmen*, Stuttgart.

OECD (2002), *Tax Incentives for Research and Development: Trends and Issues*, Paris.

OECD und Eurostat (1997), *Oslo-Manual. Proposed Guidelines for Collecting and Interpreting Technological Innovation Data*, Paris.

Rammer, C. (2004a), *Unternehmensdynamik in Deutschland 1995-2003: die Rolle forschungs- und wissensintensiver Branchen und eine Einordnung im internationalen Vergleich*, Studien zum deutschen Innovationssystem No. 11-2005, Berlin.

Rammer, C. (2004b), *FuE-Verhalten von jungen Unternehmen in Deutschland – eine Panelanalyse für den Zeitraum 1998-2003*, Studien zum deutschen Innovationssystem No. 8-2005, Berlin.

Rammer, C., B. Aschhoff, T. Doherr, B. Peters und T. Schmidt (2005a), *Innovationsverhalten der deutschen Wirtschaft. Indikatorenbericht zur Innovationserhebung 2004*, Mannheim.

Rammer, C., B. Peters, T. Schmidt, B. Aschhoff, T. Doherr und H. Niggemann (2005b), *Innovationen in Deutschland. Ergebnisse der Innovationserhebung 2003 in der deutschen Wirtschaft*, ZEW Wirtschaftsanalysen, Bd. 78, Baden-Baden.

Rammer, C., H. Penzkofer, A. Stephan und C. Grenzmann (2004b), *FuE- und Innovationsverhalten von KMU und Großunternehmen unter dem Einfluss der Konjunktur,* Mannheim.

Rammer, C., W. Polt, J. Egeln, G. Licht und A. Schibany (2004a), *Internationale Trends der* Forschungs- *und Innovationspolitik. Fällt Deutschland zurück?*, ZEW Wirtschaftsanalysen, Bd. 73, Baden-Baden.

Reinhard, M. (2000), Absorptionsfähigkeit der Unternehmen – Theorie und Empirie in der Literatur, empirische Befunde der Untersuchung, in: Schmoch, U., G. Licht und M. Reinhard (Hrsg.), *Wissens und Technologietransfer in Deutschland*, Stuttgart, 243-268.

Schäfer, D., A. Werwatz und V. Zimmermann (2004), The Determinants of Debt and (Private) Equity Financing: The Case of Young, Innovative SMEs from Germany, *Industry and Innovation* 11, 255-248.

Van Pottelsberghe, B., P. Boekholt, F. Cherbonnier, T. Geary, T.Grosfeld, H. Höfner, G. Hutschenreiter, P. Lanser, G. Licht, P. Mohnen und J. F. Sanz (2003), *Improving the Effectiveness of Fiscal Measures to Stimulate Private Investment in Research*, Brüssel.

Zimmermann, V. und H. Karle (2005), Das Geschäftsklima im deutschen Beteiligungskapitalmarkt. Entwicklung und Einflussfaktoren, *Finanz Betrieb* 6/2005, 445-455.